5-7, rue de l'Ecole-Polytechnique, 75005 Paris

http://www.harmattan.fr

ISBN : 978-2-343-10046-3
EAN : 9782343100463

PLASTICITÉ
ET INSTABILITÉ DÉVELOPPEMENTALE

Sébastien Varin

PLASTICITÉ ET INSTABILITÉ DÉVELOPPEMENTALE

Concept en biologie
Exemple des végétaux

L'Harmattan

« La connaissance est le début de l'action ; l'action l'accomplissement de la connaissance. » Wang-Yang-Ming

« Ecouter et choisir entre les avis, voilà le premier pas de la connaissance ; voir et réfléchir sur ce qu'on a vu, voilà le second pas de la connaissance. » Confucius

« La connaissance est la seule chose qui s'accroît lorsqu'on la partage, C'est la connexience. » Sacha Boudjema (4 juin 2013)

AVANT-PROPOS

> *« Lorsque Gregor Samsa s'éveille, un matin, après des rêves agités, il est bel et bien métamorphosé. Doté d'une épaisse carapace d'où s'échappent de pitoyables petites pattes ! Lugubre cocasserie ? »* [Kafka F., 2000. La métamorphose. (David C., traduction et préface), Collection Folio Classique, Edition Galimard, 129p].

Dans la mythologie antique et la littérature, nombreux sont les hommes trop orgueilleux punis pour leur *hybris* (υβριϛ). En effet, alors qu'ils cherchent à ressembler aux Dieux, à les défier ou à les égaler, une punition et sentence divine ont lieux. Ces punitions entraînent souvent des métamorphoses et génèrent des polymorphes. Les métamorphoses d'Ovide décrivent qu'un « esprit » humain peut-être enferme dans un corps végétal, animal ou minéral.

Par exemple, dans le cas d'animaux : Arachné dans le sixième livre des *Métamorphoses d'Ovide*, se compare à Athéna et est ensuite transformée en araignée. Lycaon, quant à lui, défie Jupiter et remet en doute sa nature divine. Il sera alors transformé en loup. Il est intéressant de remarquer que comme la fable se situe dans le premier livre des *Métamorphoses*, il s'agit également de la première métamorphose humaine.

Contrairement au cinéma, la description des métamorphoses et leurs registres dans la nature sont peu détaillés dans la littérature.

Bien que la métamorphose de lycaon soit assez bien détaillée. L'auteur du moyen-âge (l'*Ovide moralisé)* se contente de deux éléments : les bras devenus cuisses et les vêtements transformes en poils. Le texte latin utilise des verbes qui montrent le changement et la transformation vers 236-237 : *« in uillos abeunt uestes, in crura lacerti : fit lupus »* Traduction des vers : *« Ses vêtements se convertissent en un poil hérissé ; ses bras deviennent des jambes : il est changé en loup »*. Ovide quant à lui est en effet connu pour la description précise d'un état à un autre des victimes de métamorphoses. Il décrit souvent ce que devient chacune des parties de leurs corps.

« Toute sa rage concentrée dans sa bouche. Sa soif habituelle de carnage se tourne contre les troupeaux. Maintenant encore, il se complaît dans le sang. Ses vêtements se changent en poils, ses bras en jambes. Il devient un loup et conserve encore des traces de son ancienne apparence : même couleur claire des poils, même air farouche, même yeux ardents ; c'est toujours la même image de la férocité ». [Ovide, Les 16 Métamorphoses, I, traduit par C. Bertagna].

Par exemple dans le cas de végétaux, refusant les avances d'Apollon (parfois Priape), la nymphe Daphné (parfois Dryopé) est à bout de force. Elle succombe à la fatigue de cette fuite rapide face au dieu, et tourne ses yeux vers l'eau de Pénée. Elle demande de l'aide à son père :

« Elle pâlit, épuisée par la rapidité d'une course aussi violente, et fixant les ondes du Pénée : « S'il est vrai, dit-elle, que les fleuves participent à la puissance des dieux, ô mon père, secourez-moi ! ô terre, ouvre-moi ton sein, ou détruis cette beauté qui me devient si funeste" ! À peine elle achevait cette prière, ses membres s'engourdissent ; une écorce légère presse son corps délicat ; ses cheveux verdissent en feuillages ; ses bras s'étendent en rameaux ; ses pieds, naguère si rapides, se changent en racines, et s'attachent à la terre : enfin la cime d'un arbre couronne sa tête et en conserve tout l'éclat ». [Ovide, Les 16 Métamorphoses, I, Apollon et Daphné, Daphné (I, 452-567), 543].

Ainsi, de grands poètes comme Ovide (Naissance : 20/03/43 av J.C. ; Décès : 17ou18 après J.C) aux grands scientifiques comme Leonard De Vinci (Naissance : 15/04/1452 ; Décès : 2/05/1519) dans son *Codex Atlanticus* jusqu'aux périodes de classifications systématiques du monde du vivant, par exemple la phyllotaxie, morphotypes et la phylogénétique. De tout temps, dans chaque civilisation et aussi monstrueux que soit-il, l'Homme s'intéresse à la Forme et au Phénotype des Etres vivants. Ces recherches ont parfois entraîné des périodes sombres dans l'Histoire de l'espèce humaine avec la théorie obsolète des races au XVIIIème siècle qui est toujours d'actualité avec la xénophobie. C'est pourquoi, le thème de la Forme et du Phénotype est un sujet à ne pas prendre avec légèreté et souvent tabou.

De la Forme au Phénotype

La forme d'un objet n'est pas seulement intéressante du point de vue visuel ou esthétique. Elle a un impact sur ses propriétés mécaniques & physiques, et dans le cas des plantes, sur ses propriétés biochimiques, physiologiques, écologiques donc sur sa Fitness jusqu'à l'initiation de nouvelles perceptions du monde pour les animaux grâce aux modifications fonctionnelles. Les physiciens étudient depuis longtemps ces propriétés qui forment le domaine de la résistance des matériaux, de la mécanique. Où, ils étudient les déformations et modifications de matériaux sous diverses contraintes et perturbations. Sans trop s'éloigner des concepts et méthodes de mathématiques et géométriques actuelles. De plus, les botanistes, naturalistes et écologues ont réalisé un travail colossal de classification de la biodiversité notamment sur la base des formes grâce à la géométrie depuis des siècles.

Mais, la plupart des êtres vivant montrent tous une grande Plasticité généralement par exemple morphologique au cours de leur croissance et développement. Pour les plantes, c'est un moyen supplémentaire pour s'adapter au milieu environnant car, elles sont immobiles suite à leur enracinement ; pour les insectes, c'est un moyen d'accéder à de nouveaux environnements par la mise en place de nouvelles fonctions biologiques comme les ailes permettant le vol libre.

Cadrons le sujet et commençons par quelques définitions. Selon le dictionnaire Petit Larousse :

1) La Forme (n.f. ; *forma*) est I1. la Manière d'être extérieure, configuration des corps, des objets ; aspect particulier. Organisation des contours d'un objet, structure, configuration. 2. Structure expressive, plastique de l'œuvre d'art. II. 1. Mode, modalité selon lesquels quelque chose d'abstrait se présente, peut exister.

De nombreuses disciplines existent pour étudier la « Forme ». Par exemple, nous avons la géométrie. En botanique, la phyllotaxie est souvent abordée et étudié comme approche des formes dans le monde végétale. D'après le dictionnaire Petit Larousse, la Phyllotaxie (n.f.) (syn. Foliation) est 1. la Disposition des feuilles sur la tige. Elle étudie l'ordre dans lequel sont disposés les organes végétaux de chaque côté ou autour d'un axes, en particulier comment sont implantés les bourgeons, les feuilles ou les rameaux sur les tiges.

2) Le Phénotype (n.m. ; gr. *Phainein,* montrer, et *tupos*, marque) est : i) l'ensemble des somatiques apparents d'un individu, qui expriment l'interaction du génotype et du milieu ; ii) l'expression visible des gènes ; iii) l'ensemble de caractères anatomiques, physiologiques et antigéniques permettant d'identifier et de classer chaque type d'individu comme les bactéries ou virus.

3) La Plasticité (n.f.) 1. Caractéristique d'une matière très malléable. Qualité sculpturale. 2. Possibilité pour quelqu'un de s'adapter avec souplesse à une situation nouvelle. 3. Aptitude d'un tissu lésé à se reconstituer.

Qualité de ce qui est plastique, malléable. Qualité de ce qui est souple, modifiable. Qualité sculpturale d'une œuvre d'art. Propriété d'un solide dans le domaine des déformations permanentes. Théorie dont l'objet est d'expliquer et de prévoir le comportement du solide dans cet état de déformation.

4) Plastique (adj. Latin *plasticus*, du grec *plastikos,* qui concerne le moulage). I.1. Se dit de toute substance pouvant être mise en œuvre et façonné par modelage ou par moulage ; malléable. Qui concerne les « caractères » purement formels d'une œuvre, dans le domaine des arts plastiques (jeu des lignes, des formes, des couleurs). II.1. Qui vise à donner des corps, des objets une représentation, une impression esthétiques. III. Se dit des substances qui prennent part à l'édification et à la croissance des différentes parties des organismes vivants (Carbone, hydrogène, oxygène, azote et, dans une moindre mesure, soufre et phosphore).

Forces & Mécanismes forgeant le Phénotype

La forme optimale d'un individu pour un environnement donnée est le résultat de plusieurs phénomènes concomitants : les **« forces ou mécanismes » d'informations & de communications biologiques** (l'information génétique & biologique portée par l'individu), **les « forces ou mécanismes » génétiques** (l'information génétique portée par l'individu ; le génome & déterminisme génétique ; dynamique génétique : mutation, épigénétique, crossing-over, acétylation-méthylation, etc. ; les gènes de croissance, développement et embryogenèse : gènes homéotiques, ontogénétiques, etc.) ; **les « forces ou mécanismes » de croissances et développements** (photo-tropisme, gravi-tropisme, chimiotactisme, les méristèmes, mort cellulaire comme la senescence et l'apoptose, etc.), **les « forces ou mécanismes » biochimiques, physiologiques et nutritionnelles** (l'auto-assemblage et l'auto-organisation, métabolisme, le contrôle permanent exercé par des processus de rétroactions, hormones, hubs nutritionnels, carences, déficiences, toxicités, homéostasies et environnements internes de l'organisme en lien étroit avec l'environnement externe), **les « forces ou mécanismes » physiques intrinsèque à l'organisme** (les lois physiques et mécaniques qui interviennent dans la régulation, la croissance et le développement de la structure (comme les parois cellulaires, membrane cellulaire et pression osmotique dans les vacuoles et tissus conducteurs et liquides par exemple, dans un tissu, certaines cellules grossissent plus vite que d'autres cellules auxquelles elles sont accolées, cela crée des contraintes mécanismes et des frottements.), cinématique et dynamique (photo-tropisme, gravi-tropisme, chimiotactisme), et thermo dynamisme, physique quantique (comme dans les microtubules potentiellement le siège de la « Conscience » (Hameroff S, 1998).

A partir de là, soit l'ensemble des différents niveaux d'organisation de l'individu (moléculaire, cellulaire, tissulaire, etc.) tente de maintenir une homogénéité, soit au contraire l'hétérogénéité est amplifiée. Ainsi, nous n'observons pas un phénotype stable dans le temps mais, un phénotype qui se modifie.

Cependant, la diversité et la variabilité au sein d'une population sont des facteurs structurants, et il est tentant d'extrapoler cette hypothèse à d'autres populations que celles des cellules végétales. Par exemple, la texture lisse ou gaufrée d'une feuille serait le résultat de disparités élémentaires et contrôlées par l'ensemble des cellules. Si les tiges sont droites, les feuilles sont plates, et un tissu est lisse, ce n'est pas obligatoirement la conséquence d'une croissance cellulaire uniformément et de même vitesse. Cela est probablement dû à l'existence d'une « rétroaction » permanente. La croissance non uniforme des cellules végétales est amplifiée lorsqu'il s'agit de créer des nouveaux organes comme les feuilles ou les fleurs. L'hétérogénéité est nécessaire dans la construction de l'ensemble de l'individu, dans ce cas nous parlons de croissance. Par ailleurs, le développement est la mise en place de fonctions particulières associées à ces tissus, organes, systèmes et appareils.

Donc, le Phénotype résulte des interactions étroites entre les forces et mécanismes physico-chimiques et biologiques présentent dans l'environnement interne de l'individu (intracellulaire et tissulaire, microbiotes, etc.) et externe (Ecosystemes, Biotopes, biomes) qui régissent l'expression de l'information génétique portée par le support d'information génétique comme l'ADN, l'ARN, etc.

Alors, Pourquoi certains individus présentent-ils des phénotypes similaires mais, avec des génotypes différents ? Comme la confusion régulièrement faite entre le persil (*Petroselinum crispum* (Mill.) Nymann ex A.W. Hill 1925 ; Genre : *Petroselinum*, Famille :

Apiaceae, Ordre : Apiales) et la petite cigüe (*Aethusa cynapium* L., 1753, Genre : *Aethusa*, Famille : *Apiaceae*, Ordre : Apiales).

Et, Pourquoi des génotypes identiques (Clones) présent-ils des phénotypes différents ?

La Nature imprévisible dans ces formes Im-Parfaites

Le vivant a ceci de remarquable par rapport au monde « inerte », que chaque cellule, chaque être est en constante interaction avec ce qui l'entoure, et s'adapte ou tente de s'adapter. C'est la théorie de l'évolution de Darwin.

La particularité du monde vivant est incroyable. Il est autonome et en même temps dépendant de son environnement. Chaque cellule est un espace relativement clos et ouvert sur le monde dans laquelle elle se développe, crois, évolue. Elle échange en permanence avec l'extérieur de la matière, de l'énergie et de l'information. Ce sont les bases conceptuelles de la biochimie et de l'écologie. Ainsi, des flux d'aliments et substances diverses, d'énergies, des signaux de communications, sensorielles et des dialogues moléculaires ont lieu au sein de cette cellule. Ainsi, comme le déclare Lamber & Rezsöhazy, (2007) et Dumont (2014), le concept récent de Plasticité montre comment un organisme vivant, sous l'influence de son monde extérieur, tend à changer de forme tout en restant cohérent.

Comme le dit si bien Dumont (2014) dans sa synthèse sur les formes géométriques dans le règne végétal : « *La beauté du végétal se situe dans l'espace entre ordre logique et perturbation. L'arbre n'est pas régulier au point d'être ennuyeux, et il n'est pas biscornu au point d'être informe* » [Dumont, 2014].

Ainsi, la « Forme » d'un organisme vivant est la conséquence et le résultat visuel macroscopique, de la somme d'évènements et d'interactions moléculaires, cellulaires, tissulaires, organismiques et systémiques, d'individus et de populations complexes au sein d'un environnement identifié et défini.

Le flux d'informations multiples qui circulent au niveau microscopique s'inscrit dans un environnement qui est lui-même un système complexe hors équilibre, mais qui permet de faciliter la création d'un équilibre et de générer de l'ordre par le Vivant. Pour aborder ces questions, de nouvelles méthodes d'analyses de propriétés physiques constituantes, biochimiques, physiologies, éco-physiologiques, d'écologies fonctionnelles, d'écologie sont nécessaires.

Les flux de matières et d'énergies au sein d'un organisme peuvent être abordés par l'étude du développement ou de croissance. Certaines étapes du développement des systèmes biologiques peuvent être approchées par une problématique d'interface dynamique et d'auto-organisation. Ainsi, elles font le fruit de modélisations par des approches pluridisciplinaires à partir de domaines variés tel que des modèles géométriques et mathématiques, physiques, biochimiques, physiologiques. Dans le cas des modèles physiques, la solidification des matériaux, les milieux élastiques, les milieux excitables, (etc.) servent souvent de point de départ pour poser une vision mathématique du développement. Alors, la morphogenèse est comprise comme un phénomène d'instabilité, et généralement par une transition non-linéaire.

Les nouveaux champs de recherches multidisciplinaires sont nombreux. Ils se placent à la croisée de nombreuses disciplines, mathématiques, informatiques, physiques des matériaux et biochimie, génétique, physiologies végétales et animales, écologiques.

Aujourd'hui, les caractéristiques fonctionnelles des êtres vivants, que l'on nomme les traits d'Histoire de Vie « Trade off », traits fonctionnels, sont pour une grande part des caractéristiques et des formes morpho-anatomiques quantifiés par la géométrie. Un large éventail de chercheurs s'intéresse à ces formes géométriques chez les plantes. Citons par exemple, les agronomes et les agroforestiers qui cherchent à optimiser et améliorer : 1) la qualité et 2) les productions végétales, et les informaticiens et infographistes qui tentent de représenter les plantes d'une manière réaliste ou d'installer des réseaux de communications efficaces.

De ce fait, le problème de la Forme et notamment du Phénotypes ne sont pas des épiphénomènes inconsistants car, il participe à l'essence même des choses et à la compréhension de notre Monde. La « Forme » d'un objet vivant correspond à la terminologie de la vision du « Phénotype » au travers de l'outil d'invention « Humaine » : les mathématiques ; et des senseurs d'observations des formes présentées par la nature que sont les yeux, les appareils optiques (microscope) et d'exploration du monde vivant. Quant au « Phénotype », il est bien la résultante d'une information biologique en interaction entre le déterminisme génétique, l'auto-organisation pour une adaptation aux conditions d'un environnement. La « Forme » de la plante est le fruit de l'observation du « Phénotype » qui est le résultat d'une machinerie à la fois complexe en équilibre constant entre rigidité et souplesse.

La biologie pose aujourd'hui des défis multidisciplinaires et stimule les innovations en instrumentation, en techniques de calculs et en modélisation.

Les avancées de la biologie contemporaine et l'émergence de nouvelles disciplines, telle l'Eco-Evo-Devo viennent encore bouleverser et approfondir notre compréhension du vivant (Lambert & Rezsöhazy, 2007) car, à toutes les échelles, la constitution du vivant se fonde sur une caractéristique fondamentale et transversale : la Plasticité.

Cette Plasticité est une condition nécessaire pour que la vie apparaisse, se maintienne et puisse évoluer. Ainsi, comme le signal Lamber & Rezsöhazy (2007), nous découvrons cette étonnante capacité que peuvent avoir certains composants à s'in-former (recevoir une forme) et à se dé-former, tout en gardant unité et cohérence.

Pour montrer l'omniprésence de cette propriété et toute la fécondité du concept de Plasticité, de nombreux auteurs convient les lecteurs à des voyages au cœur des gènes, génomes, embryons, appareils & systèmes, organismes, des espèces et populations. Ainsi, les recherches actuelles montent un incroyable foisonnement d'idées, d'interactions et de projets.

Mais, parfois certaines informations sont erronées ou absentes et induisent des confusions. Ces confusions introduisent des erreurs de principes de bases et obscurcissent le concept de la Plasticité.

J'ai clarifié le concept de la Plasticité qui nous permet d'apprécier, comme le signal si bien Lambert & Rezsöhazy (2007) et Dumont (2014), cette révolution conceptuelle et nous conduit au seuil d'une nouvelle philosophie de la Vie. La Vie comme forme « libre d'elle-même », fluide et malléable, équilibre dynamique entre robustesse et vulnérabilité, résistance et fragilité (Lambert & Rezsöhazy, 2007).

Un grand débat houleux et sujet à discorde

A ce jour, les débats suscités par la « Plasticité du vivant » sont nombreux. Cette question de la Plasticité est loin d'être anecdotique et constitue un sujet brulant dans le monde de la recherche en biologie, biologie évolutive et pose un nouveau regard sur le rôle de la génétique et du concept despotique et généocentriste : de la notion de « gène » & de génome.

Pour certain le séquençage du génome humain aurait expliqué tous les maux de l'homme. Or, ce n'est pas le cas. Nous nous sommes aperçus que la génétique et le génome expliquaient une faible partie du problème.

Suite à une confusion fondamentale entre « l'**information** » génétique et le « **support** » de l'information génétique mêlée à la notion d'**évolution**. De nombreux chercheur ce sont placés des œillères qui présentaient la voie où « le gène explique tout » : le tout ADN. Mais, le problème est réellement plus complexe.

Intéressons-nous aux faits concrets :

- i) La métamorphose du stade larvaire au stade adulte montre bien qu'un même génotype peut se traduire en deux phénotypes différents. Une chenille et un asticot ne ressemble pas à un papillon ni à une mouche. Bien que le génome soit identique les Formes et Phénotypes sont modifiés et différents (Ontogenèse).
- ii) Certaines espèces se métamorphosent sous l'effet d'un changement de milieu ou d'un milieu changeant. Par exemple, lors de modifications des contraintes, perturbations tel les variations alimentaires, d'éclairement, de température et d'humidité (Acclimatation). Ces perturbations modifient les couleurs et motifs les ailes de papillons (Polyphénisme et polymorphisme génétique), les couleurs et comportement des criquets, les inflorescences des angiospermes et également présente chez des clones (épigénétique). Dans de nombreux cas les chercheurs ont réussi à reproduire artificiellement et à expliquer ces transformations par un contrôle des conditions environnementales absolues et en condition de production de biomasse maximale qui n'est pas obligatoirement la « croissance optimale » ou de « Fitness maximal » d'un individu.
- iii) Les anomalies de naissance sont un bon exemple d'aléas hors de portée du mécanisme de sélection naturelle. Certes, le génome et les mécanismes de croissance & de développement ont un rôle important mais, l'environnement semble être l'orchestre et maître d'œuvre (en d'autres termes : le Coupable).
- iv) Le contraste entre la versatilité de nombreuses espèces et « l'immuabilité » génétique et morphologique des espèces comme le Ginkgo ou le Cœlacanthe. Selon les espèces, les mécanismes de contrôles du phénotype serait plus ou moins strict. Ce n'est pas un hasard si les espèces aux phénotypes les plus stables de l'évolution sont aussi celles qui résistent le mieux aux radiations entrainant des mutations comme le scorpion. La structure même du support de l'information génétique n'est pas un hasard. Le coefficient de Chargaff (ou

rapport GC) et le pourcentage AT/GC semblent être un atout évolutif pour stabiliser le phénotype adapté à un environnement précis et stable via la présence d'un plus grand nombre de liaisons hydrogènes lors d'un fort taux de GC au niveau génétique. Ce choix adaptatif fixe de manière plus durable l'information génétique sur un support biologique plus stable et moins sujet aux aléas du temps et de l'environnement.
- v) et les mécanismes induisant un chaos (une Stochasticité) aux différents niveaux d'organisation du vivant ont également un grand rôle à jouer comme l'impact aléatoire du stress oxydants et des mutations.

Donc, le génotype n'est pas la seule explication et n'explique pas à lui seul l'ensemble des phénotypes variés et multiples que l'on retrouve dans l'environnement. Le Génotype semble être à la disposition de l'Environnement. Et, comme le dit Varin (2009) le Phénotype est le reflet du Génotype au travers du miroir de l'Environnement.

Ainsi, la Plasticité est conditionnée par la capacité d'un même génotype à produire différents phénotypes selon, le miroir de l'environnement (Varin, 2009). Finalement, le miroir environnemental peut avoir plusieurs facettes et projeter différents phénotypes pour un même génotype.

De nouvelles disciplines : les gènes et le génome n'explique pas tous dans la forme

Il y a quelques dizaines d'années, la découverte de gènes responsables du développement de la forme des organismes vivants a initié une nouvelle discipline dans le champ de la biologie. La mutation de ces quelques gènes particuliers provoque des modifications importantes dans la forme globales de la plante ou de l'animal.

Les gènes particulièrement responsables de la forme de la plante ou de l'animal sont appelés des gènes homéotiques. Ces gènes homéotiques et boites homéotiques « ou gènes chefs d'orchestres », en lien avec la différentiation cellulaire et l'épigénétique, déterminent le plan d'organisation d'un être vivant (Ontogénétique). Or, il semble que ces gènes soient presque identiques chez des espèces très éloignées dans la lignée de l'évolution. Cela confirme d'une part l'existence d'espèces communes à l'origine d'autres espèces dans l'arbre phylogénétique. Cela indique d'autre part que de petites modifications dans la séquence de ces successions nucléotidiques « gènes » peuvent avoir des effets très important sur la morphologie finale de l'organisme. Ces différences peuvent être provoquées, au cours de l'ontogénèse (onto & morphogénèse), par une simple variation de la période pendant laquelle de tels gènes sont exprimés (Phénologie).

Donc, l'étude comparée de ces quelques gènes sur des organismes très variés, que cela soit dans le monde animal ou le monde végétal, apporte des connaissances à la fois sur le développement d'une plante, d'un insecte ou mammifère et sur l'évolution du monde vivant dans son ensemble.

Le temps est venu. Nous pouvons à présent parler d'Eco-évo-devo. Il s'agit de l'un des courants de pensées les plus dynamiques en biologie de l'évolution au début du XXIe siècle. Ces nouveaux champs de recherches sont appelés : i) Evo-Dévo, contraction de l'expression anglaise *evolutionary developmental biology* en français : biologie « génétique » évolutive du développement ; et ii) Eco-Dévo, contraction de l'expression anglaise *ecological developmental biology* en français biologie du développement écologique.

Le principal objectif de la **biologie évolutive du développement écologique**, aussi connu comme « éco-évo-dévo », est de découvrir les règles qui sous-tendent les interactions entre l'environnement, les gènes, et le développement d'un organisme et d'intégrer ces règles dans la théorie évolutionniste. Elle se situe à l'intersection entre la génomique, la phylogénie moléculaire, l'embryologie et la génétique du développement.

Au sein de l'éco-évo-dévo, certains concepts clefs et émergents sont clarifiés à ce jour. Ces concepts montrent que l'environnement est une source et un inducteur de variations génotypiques et phénotypiques pour de multiples niveaux d'organisation biologique, tandis que le développement agit comme un régulateur qui peut masquer, la libération, ou créer de nouvelles combinaisons de variations. La sélection naturelle peut ensuite corriger cette variation, donnant lieu à de nouveaux phénotypes. Dans l'approche « éco-évo-dévo », la combinaison des approches génomiques et écologiques va enrichir mutuellement ces deux domaines. Enfin, il faut noter que ce perfectionnement conceptuel n'est pas la seule manière d'améliorer notre compréhension de l'évolution, des mécanismes génétiques sous-jacents aux réponses des organismes à leurs milieux naturels.

Un reproche largement ignoré : La Plasticité axée sur une vision environnementale

L'étude des formes (Conséquence) et les explications qui permettent son induction (Causes) connaissent un renouveau scientifique. Depuis l'augmentation de la puissance informatique qui a lieu depuis les années 1980, nous disposons d'analyses statistiques, d'images et les modélisations informatiques poussées. De plus, des nouveaux outils techniques d'explorations fonctionnelles sont mis à contribution comme : i) des banques mutants (OGM), ii) des banques de phénotypes et d'écotypes, iii) des outils d'imagerie comme l'IRMS, la microscopie confocale ou à fluorescence (autrefois, nous pouvions observer au microscope électronique uniquement des cellules mortes. Maintenant, la microscopie sur tissu vivant permet d'étudier *in vivo* les zones en croissance, à savoir les méristèmes), iii) et les techniques d'explorations fonctionnelles et de phénotypages.

Par exemple, en 2009, deux prix ont été attribués à une équipe de chercheurs (INRA, CNRS, pour leurs travaux intitulés « Comment les plantes acquièrent-elles leur forme ? » (Hamant *et al.,* 2008). Pour comprendre le monde du vivant, les équipes sont maintenant pluridisciplinaires. **Cette équipe composée de chercheurs français, américains et suédois, pilotée par des chercheurs lyonnais de l'INRA, en collaboration avec l'ENS de Lyon, le CNRS, l'Université Claude Bernard Lyon I et l'Université Paris 7, a mis en lumière un mécanisme fondamental de la morphogénèse des plantes. Au terme d'un travail interdisciplinaire combinant expérimentation et modèles informatiques. Ces chercheurs ont montré que les forces physiques générées par des tissus en croissance déterminent l'orientation du cytosquelette des cellules. Celui-ci, à son tour, contrôle la forme des cellules et détermine en grande partie celle de la plante (Hamant *et al.*, 2008).**

Les expériences consistent à modifier localement les champs de contraintes, les forces et les tensions sur les cellules, et à observer comment les protéines des microtubules réagissent en modifiant leur orientation dans l'espace. Généralement, ces études sont menées sur la célèbre dicotylédone modèle *Arabidopsis thaliana* L. Heynh. (Arabette des dames) et monocotylédones modèle *Brachypodium distachyon* (L.) P. Beauv.

Aux yeux de nombreux chercheur et du grand public qui ont lu le gène Egoïste de Dawkins (Dawkins, 1976 ; Dawkins & Jones-Gordin, 2003), la théorie synthétique de l'évolution a comme seul point de départ les mutations génétiques aléatoires, dont les effets sur les organismes sont soumis à la loi de la sélection naturelle. Dans ce schéma et cette vision génocentrique, l'évolution fonctionne à sens unique.

A ce jour, l'environnement est maintenant au centre du schéma et influence beaucoup d'autres niveaux. Donc, entre acquis et inné, la différence devient infime car, on pourrait presque dire que le « gène propose et l'environnement dispose ».

Le lien entre génotype et phénotype passe par une succession d'étapes critiques. Ces étapes ont lieu de préférence durant la phase embryonnaire parfois à l'âge adulte. En gros, elles ont lieu lors des phases de structuration & de mise en place, renouvellement et maintenance de la Forme donc du Phénotype ou « morphotype ». Il s'agit des mécanismes de *développement* et de la *croissance* durant laquelle se joue un enchevêtrement complexe d'interactions entre tous les niveaux et dont émerge l'incroyable plasticité du phénotype. On est à l'opposé de ce qu'affirmait Dawkins (1990) pour qui « *les détails du développement embryonnaire environnemental, aussi intéressants qu'ils soient, sont inutiles du point de vue de l'évolution* » [Dawkins, 1990].

Dans ce dessin, le pouvoir des gènes est considérablement atténué. Comme le signale Denis Noble (Noble *et al.*, 2007), on pourrait remplacer la sentence de Dawkins par son contraire, ce serait tout aussi arbitraire :« *Les gènes sont aujourd'hui piégés en grandes colonies, enfermés dans des êtres hautement intelligents, façonnés par le monde extérieur, communiquant avec lui par des processus complexes par lesquels, aveuglément, comme par magie, la fonction émerge. Ils sont en vous et en moi ; nous sommes le système qui permet à leur code d'être lu* » [Noble *et al.*, 2007].

Mais, d'une manière générale, ces études semblent toujours axées de manière génocentrique. Et, c'est le reproche anticipé que Darwin ce fit bien avant Noble ou Dawkins. Il se reprocha de ne pas avoir mis suffisamment de poids sur l'importance de l'action directe de l'environnement sur la génération du phénotype.

Ainsi, dans le cadre de l'écologie fonctionnelle et de l'écophysiologie, la Plasticité étudie la variation et l'amplitude de la variation de forme du phénotype que peut développer un génotype (Génome) pour un individu ou une population en fonction de différents environnements (Varin, 2009). Elle détermine la frontière de l'élasticité du phénotype et constitue le pivot permettant un saut génétique ou fixation génétique initiant une Evolution étroitement lié à un écosystème (Environnement). Elle constitue un point de connexion ou chainon manquant avec l'Eco-évo-devo.

Plasticité & instabilité développementale. Concept en biologie : exemple des végétaux

Ce livre largement illustré est consacré à une approche moderne du concept de la Plasticité et des processus qui permettent aux plantes de développer un phénotype.

Le livre comprend, en guise d'introduction générale, un historique suivi d'un exposé schématique du concept de la plasticité et de sa quantification (chap. 1). Ces généralités, sont accessibles au lecteur plus ou moins averti des problèmes posés par la Plasticité et la genèse du Phénotype. Elle lui servira d'introduction aux autres parties beaucoup plus spécialisés comportant la notion de croissance & développements (chap. 2) et la notion de stochasticité ou instabilité développementale dans le cas particulier du façonnage du système racinaire (chap. 3).

Cette étude est basée sur une rétrospective de la Plasticité dans le monde animal et végétal. Elle se focalise sur un exemple simple, celui des plantes modèles principalement non fixatrice d'azote avec un exemple de dicotylédones (*Arabidopsis thaliana* L. Heynh Col-0) et un exemple de monocotylédones (*Brachypodium dystachyon* (L.) P. Beauv) et des fixatrices d'azote comme *Trifolium repens* L.

J'ai eu recours le plus souvent possible à une représentation sous forme de schéma issue des articles d'origine pour ne pas dénaturer les idées transmises par les auteurs nommés. En revanche, lorsqu'il était nécessaire pour clarifier et classer les données abstraites dont certains sont issue de plusieurs disciplines, j'ai été amené à former des figures synthétiques et logigrammes d'analyses du concept. Donc, j'ai concentré un maximum d'information tous en réduisant les figures à leur strict minimum. De même, les aspects historiques exhaustifs et les notions philosophiques de base qui me semblaient particulièrement indispensable ont été regroupés dans l'avant-propos et la première partie introductive du livre (chap. 1). De plus, pour une navigation rapide dans le livre un résumé en français et en anglais de chaque chapitre et associé à leurs plans d'organisation.

Ce travail émane en grande partie des activités de recherches que j'ai effectuées depuis ce jour. Il forme mon héritage : un mémoire et un bilan des connaissances scientifiques acquit sur ce sujet. Il me permettra de tourner la page et de m'ouvrir la porte à une nouvelle vie dans ce monde de changements globaux qui caractérise la fin du XXème et ce début de XXIème siècle (Changements environnementaux, de paysages, d'économiques, de politiques voir de civilisations). Où, l'Homme devra faire preuve d'une grande plasticité comportementale pour survivre.

Mon intention première a été de rendre l'étude de la Plasticité accessible à tous, à des non-spécialistes de cette question et à un lectorat scientifique très large : aux artistes, philosophes, aux simples passionnés, aux étudiants des classes préparatoires et des premiers et seconds cycles de l'université, candidats aux concours du CAPES et de l'agrégation, ainsi qu'à leurs enseignants en agronomie, pharmacie et différentes disciplines de la biologie, de la chimie, des mathématiques et de la physique.

Sébastien Varin

« Nous ne pouvons simplifier à l'extrême des phénomènes complexes. » Auteur anonyme

RÉFÉRENCES

Dawkins R., 1976. The Selfish Gene. *Oxford University Press,* 74p.

Dawkins R., Jones-Gorlin N., 2003. Le gène égoïste. *Odile Jacob*, 200p.

Dumont E., 2014. La géométrie dans le monde végétal. *Les éditions Ulmer.* 191p.

Hamant O., Heisler M., Jönsson H., Krupinski P., Uyttewaal M., Bokov P., Corson F., Sahlin P., Boudaoud A., Meyerowitz A.M., Couder Y., Traas J., 2008. Developmental patterning by mechanical signals in *Arabidopsis*. *Science*, 12.

Hameroff S., 1998. Quantum compuntation in brain microtubules? The Penrose-Hameroff 'Orch OR' model of consciousness. *Phil. Trans. R. Soc. Lond.* A 356, 1869-1896.

Lambert D., Rezsöhazy R., 2007. Comment les pattes viennent au serpent : essai sur l'étonnante plasticité du vivant. *Champs Fammarion,* 412p.

Noble D., Ojeda C., Assadas V., 2007. La musique de la vie : La biologie au-delà du génome [The music of life : Biology beyond the genome]. Edition Seuil. Collection Scienc. Ouv. 34-35.

Varin S., 2009. Plasticité fonctionnelle du trèfle blanc en réponse à la disponibilité en soufre. Spécialité : Physiologie, Biologie des Organismes, Populations (écologie fonctionnelle et biotechnologie), *Ecole Doctorale Normande de Chimie-Biologie, Thèse de doctorat de l'université de Caen,* 213p.

CHAPITRE 1

La plasticité

« Peu d'êtres sont capables d'exprimer posément une opinion différente des préjugés de leur milieu. La plupart des êtres sont mêmes incapables d'arriver à formuler de telles opinions. »
Albert Einstein, physicien allemand (1879-1955)

Résumé

La plasticité est une idée introduite par Woltereck en 1909, juste après la séparation conceptuelle du génotype et du phénotype par Wihelm Johannsen (1909). Alors que la plasticité phénotypique a été l'objet de beaucoup de recherches et de débats dans la littérature en écologie fonctionnelle-écophysiologie, écologie et écologie évolutive récente, le caractère plastique des traits et évolutif du phénomène de plasticité a été souvent négligé. Or, le rôle joué par le concept de la plasticité & plasticité phénotypique dans l'évolution représente un intérêt pour la recherche moderne. Par ailleurs, une perspective développementale doit finalement être une partie intégrante de notre compréhension de la façon dont les organismes font face aux environnements hétérogènes. Cet aspect doit s'intégrer dans l'analyse de la plasticité pour éviter de graves erreurs.

Dans cette synthèse bibliographique, j'utilise les plantes modèles courantes à cycle de développement rapide pour répondre aux questions suivantes concernant la plasticité, plasticité phénotypique, plasticité ontogénétique & développementale : i) Est-ce que la réponse de la plante à la variation de l'environnement correspond à la plasticité phénotypique ou ontogénétique ? ; ii) Y a-t-il des différences génétiques et environnementales dans les paramètres décrivant les trajectoires ontogénétiques ? ; ii) Est-ce que les variations ontogénétiques pour des traits essentiels sont induites par des différences de génotypes et d'environnements au cours du développement, de la croissance et de la phénologie de la plante ? ; iii) Y a-t-il une variabilité phénotypique, ontogénétique, génétique, stochastique lors de la corrélation entre les traits ou individus soumis à des variations environnementales? J'utilise également les végétaux comme exemple biologique complexe illustrant le concept de plasticité utilisable dans de nombreux domaines.

Basé sur des preuves de la littérature, cette synthèse propose que, dans la nature, la plasticité phénotypique des plantes est généralement exprimée aux niveaux : de la population individuel et sub-individuel.

Si les normes de réaction, à savoir le type et le degré de réponse des plantes et organismes aux variations de l'environnement, sont une propriété des génotypes, ils sont exprimés au niveau de gènes plastiques, de phénomènes épigénétiques ou des sous-unités modulaires régulatrices du développement chez la plupart des organismes vivants comme les plantes, insectes, etc. Chez les plantes, nous soutenons donc que la plasticité phénotypique est une réponse multi-échelle systémique et locale, physiologique et génétique de la plante entière et une propriété des méristèmes individuels, des feuilles, des branches et des racines, déclenchée par des conditions environnementales locales et internes en lien étroit avec les variations environnementales externes dans lequel évolue les individus et les traits.

Ainsi, la recherche continue sur la plasticité des plantes et animaux, divers traits fonctionnels et développementaux. Cette plasticité illumine de manières générales les propriétés fondamentales qui influencent la croissance et la fitness des plantes et également des animaux. Dans cette synthèse bibliographique, j'ai essayé de clarifier ce concept de la plasticité.

Mots clefs : *Plasticité, phénotypique, ontogénétique, développementale, génétique, épigénétique.*

Abstract

Plasticity is an idea introduced by Woltereck in 1909, just after the conceptual separation of genotype phenotype Wihelm Johannsen (1909). While phenotypic plasticity has been the focus of much research and debate in the recent research of functional ecology-Eco physiology, ecology and evolutionary ecological literature, the developmental nature of the phenomenon has been mostly overlooked. But, the role played by the concept of & plasticity phenotypic plasticity in the evolution is of interest to modern research. In addition, a developmental perspective must ultimately be an integral part of our understanding of how organisms cope with heterogeneous environments. This aspect would be integrated into analysis of Plasticity concept to avoid serious mistakes.

In this review, I use plants common models with one rapid cycling of development (*Arabidopsis thaliana, Brachypodium distachyon and others)* to address the following questions concerning Plasticity, phenotypic plasticity and ontogenetic & developmental plasticity: i) Does the plant response to environmental variation correspond to phenotypic or ontogenetic plasticity?; ii) Are there genetic and/or environmental differences in parameters describing ontogenetic trajectories? ; iii) Is ontogenetic variation of essential trait are induced by differences in genotypes and/or environments during development, growth and phenology of plants?; iv) Is there phenotypic, ontogenetic, genetic, stockastic variability for the correlation between the functional characters (or trades) confront to one environmental variation?

Based on evidence from the literature, this review proposed that, in nature, phenotypic plasticity in plants is usually expressed at a population, individual, sub-individual level.

While reaction norms, i.e. the type and the degree of plant responses to environmental variation, are a property of genotypes, they are expressed at the level of plastic genes, epigenetic phenomenon or modular regularizes subunits in most organisms for example plants, insects, etc. In plants, we thus contend that phenotypic plasticity is a multi-scale systemics response and local of whole-plant, physiologic and genetic, and a property of individual meristems, leaves, branches and roots, triggered by variation of local and internal environmental conditions closely with external environmental changes within which individuals and traits are compels or disturbed.

Thus, research continues on the plasticity of plants or animals, various operational and developmental traits. This plasticity general ways illuminates the fundamental properties that influence the growth and fitness of plants and also animals. In this literature review, I tried to clarify the concept of plasticity.

Key words: *Plasticity, phenotypic, ontogenetic, developmental, genetic, epigenetic.*

Liste des abréviations

ADNc : Acide désoxyribonucléique complémentaire
ANOVA : Analysis of variance
CS : Character stat
E : environnement
ESPI : Environmentally Standardized Plasticity Index
G : génotype
NoR : norme de réaction
Po : plasticité ontogénétique
Pp : plasticité phénotypique
RDPI : Relative Distance Plasticity Index
V : variance

CHAPITRE 1

La plasticité

Introduction

Faisant suite aux études nommées « importance de l'environnement : usage et non usage » de Lamark (1744-1829) et Darwin (1809-1882) et en accord avec cette Philosophie zoologique, émise à propos de la girafe : « *Cet animal [...] vit dans des lieux où la terre, presque toujours aride et sans herbage, l'oblige à brouter le feuillage des arbres, et de s'efforcer continuellement à l'atteindre. Il est résulté de cette habitude [...] que ses jambes de devant sont devenues plus longues que celles de derrière, et que son cou s'est tellement allongé, que la girafe, sans se dresser sur les jambes de derrière, élève sa tête et atteint à six mètres de hauteur [...].* ». La plasticité est une idée introduite par Woltereck (1877-1944) en 1909, Juste après la séparation conceptuelle du génotype du phénotype par Wihelm Johannsen (1857-1927) (1909) (Pigliucci, 2001) (Figure. 1). Un des premiers exemples étudiant la plasticité phénotypique fait référence au travail de cet auteur. Il décrivit les changements saisonniers de la *daphnia* qui ont été induits par la présence d'un prédateur. Les animaux présentant des têtes avec une forme de « casque » sont moins enclins à la prédation (Figure. 2).

Figure 1. Photographies des fondateurs du Concept de « Plasticité »: **XVI & XVIIème siècles : 1.** René Descartes (1596-1650) (réédition intégrale 1964-1974); **2.** William Harvey (1578-1657); **3.** Henry More (1614–1687); **4.** Ralph Cudworth (1617–1688); **5.** Marcello Malpighi (1628-1694); **XVIIème & XVIIIème siècles : 6** Caspar Friedrich Wolff (1734-1794); **7.** Jean-Baptiste de Lamark (1744-1829); **8.** Johann Wolfgang von Goethe (1749-1832); **XVIII & XIXème siècles : 9.** Charles Darwin (1809-1882); **10.** Moritz Wagner (1813-1887); **11.** Oscar Hertwig (1849-1922); **XIX & XXème siècles : 12.** Oscar Vogt (1870-1959); **13.** Ivan Ivanovich Schmalhausen (1884-1963), **14.** Sigmund Freud (1856-1939); **15.** Wihelm Johannsen (1857-1927); **13.** Hans Driesch (1867-1941).

Figure 1 suite. Photographies des fondateurs du Concept de « Plasticité » suite : **17.** Hermann Nilsson-Ehle (1873-1949); **28.** Theodosius Dodzhansky (ou Dobjansky) (1890-1975); **19.** Richard Woltereck (1877-1944); **20.** Nikolay Vladimirovich *Timofeeff-Ressovsky* (1900-1981); **XXème & XXI siècles : 21.** Conrad Hal Waddington (1905-1975); **22.** Leigh Van Valen (1935-2010); Photographies disponibles de quelques chercheurs clefs contemporains sur la plasticité dans son concept large et étroit : **23.** Anthony D. Bradshaw. (?); **24** Mary Jane West Eberhard (?); **25.** Massimo Pigliucci (1964-); **26.** Ariel Novoplansky (?); **27.** JP Grime (?); **28.** Stephen C. Stearns (?); **29.** H Frederick Nijhout ; (?); **30.** Carl Schlichting ; **31.** Samuel M Scheiner ; **32.** Thomas De Witt.

Figure 2. *Daphnia* étudiées par Wihelm Johansen (1909) (Dodson, 1989 ; Pigliucci, 2001) et photos de Ralph Tollrian. Exemple de plasticité phénotypique adaptative. Le développement du « casque » ou crête est induit par la présence d'un prédateur. Il peut également être induit simplement par libération de substances chimiques dans l'eau, même sans la présence physique réelle du prédateur. Le casque réduit le taux de prédation mais comporte probablement un coût en termes de métabolismes et de mobilités (efficacité dans la natation). (D'après Dodson, 1989 adapté de Woltereck).

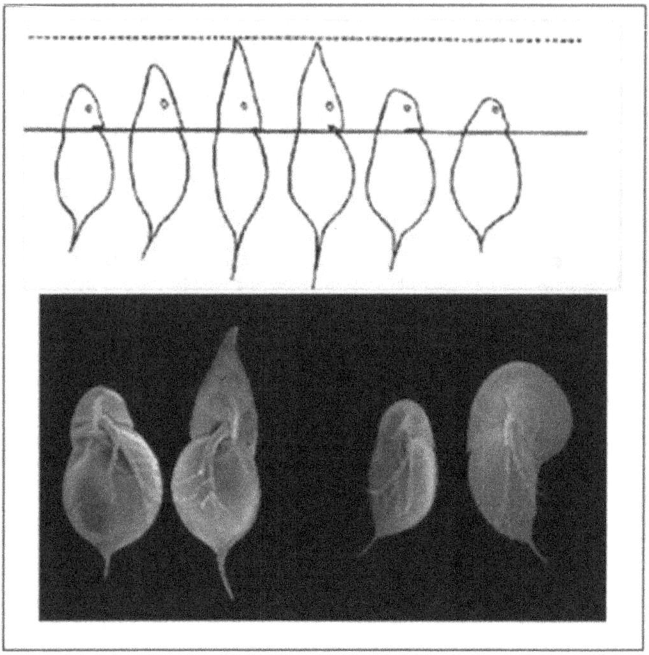

Nilsson-Ehle (1873-1949) (1914), utilise le mot « Plasticité » pour la première fois à propos de l'adaptation de plantes alpines aux basses altitudes. L'importance de la plasticité et des normes de réaction (NoR) a été minimisée pendant longtemps, du fait de la vision très « *genocentrique* » des évolutionnistes anglo-saxons : 1937 - « *Genetics and the origin of species* ». Mais, Dodzhansky *et al.* (1983) intègre le concept de NoR à la théorie évolutive (Figure. 1).

Par la suite, Bradshaw (1965) a mis de nouveau le concept de plasticité en avant dans les domaines de la recherche en écologie et en écologie de l'évolution. La plasticité a été définie par Bradshaw en 1965 de la manière suivante : « *Plasticity is shown by a genotype when its expression is able to be altered by environmental influences* (Bradshaw, 1965) ». La plasticité phénotypique est la version scientifique moderne du débat philosophique antique de la « nature *vs* nurture ».

Il y a une vingtaine d'années, l'idée a été suggérée que la plasticité comportementale et physiologique peut affecter la dynamique de population. Elle fut passée en revue dans différentes publications influentes : Schlichting (1986), Sultan (1987), Wuest-Eberard (1989), Scheiner (1989). Ainsi, de nombreux papiers théoriques et empiriques innombrables sont disponibles en ressource bibliographique. Par ailleurs, la sortie de différents livres traitant de la plasticité établies par les auteurs : Pigliucci (2001), West-Eberhard (2003), Schneiner & Dewitt (2004) sont disponibles de nos jours. Les études initiales de la plasticité des plantes se sont souvent concentrées sur des descripteurs simples de la croissance et de la morphologie tels que la taille des plantes, le nombre de branche et la longueur des entre-nœuds, bien qu'une partie étudie directement des aspects fonctionnels de plasticité telle que l'évaluation de l'allocation du carbone chez les plantes qui peut être mesurée par les proportions de différents tissus végétaux ou les rapports d'assimilations d'éléments minéraux (Schlichting, 1986 ; Bradshaw & Hardwick, 1989).

Des études plus récentes se sont concentrées sur ces aspects de plasticité qui se rapportent directement aux caractéristiques fonctionnelles des végétaux « Traits fonctionnels (Violle *et al.,* 2007), Traits d'Histoire de Vie ». Les traits d'histoire de vie servent à décrire les végétaux, ils permettent d'appréhender leurs capacités de dispersion, d'établissement et de persistance (Noble & Slatyer, 1980). Ils regroupent un ensemble de critères écologiques, morpho-anatomiques et physiologiques. Ces traits permettent d'évaluer la fonctionnalité et le succès reproducteur de ces végétaux dans leurs environnements. Par conséquent, cela permet d'évaluer leurs importances écologiques et évolutives. En outre, les chercheurs réalisent de plus en plus d'études sur la plasticité dans des environnements expérimentaux qui sont écologiquement appropriés à la mise en place de ce type d'étude, plutôt que dans des ensembles arbitraires aux conditions contrastés.

Au début des années 1990, la plasticité développementale et physiologique avait été étudiée principalement chez les plantes, les algues, les invertébrés marins, les insectes, les poissons, les amphibies, les reptiles et de petits mammifères (Sultan, 1995). Plus récemment, la plasticité structurale, la biochimie et l'activité métabolique ont été décrites chez un lichen (Pintado *et al.,* 1997). La plasticité a été étudiée de manière importante chez les plantes. La recherche récente a mis en évidence, chez les végétaux, des modes souvent subtiles et complexes de réponse plastique. Elle a commencé à aborder plusieurs questions fondamentales au sujet de la signification adaptative, les mécanismes génétiques et mécanismes proches (physiologiques) mais également les implications écologiques et évolutives à grande échelle de la plasticité des plantes. Ces études montrent typiquement les effets dramatiques des changements environnementaux sur la croissance et le développement des modèles étudiés. Ces réponses environnementales sont présentées par le détail des traits, des ressources spécifiques, des caractéristiques évolutives qui varient en fonction des génotypes, des populations et des espèces.

Ces quinze dernières années, nous avons vu une explosion d'intérêt pour cette capacité que présente un génotype à produire différents phénotypes dans différents environnements, ce phénomène est connu sous le nom de « Plasticité ». La présentation de la synthèse bibliographique suivante donnera : 1) une brève vue d'ensemble du concept de la plasticité, 2) des traditions historiques de l'emploi du terme plasticité dans les sciences du vivant associé à leurs spécificités conceptuelles, 3) du rôle écologique de la plasticité, 4) des méthodes d'approches principales de la recherche sur ce sujet, 5) la mise en évidence des liens entre les usages et concepts contemporain de la plasticité. Car, la science a fait une avancée dans ce domaine, ouvrant à de nouvelles perspectives de recherche. Ainsi, beaucoup de notre champ de connaissance sur la plasticité et plasticité phénotypique vient des études réalisées chez les végétaux expert dans la maitrise de l'épigénétique dont les phénotypes ont un intérêt pour la production agricole, l'énergie et l'économie comme le colza, le maïs, le blé et le riz.

I. La Plasticité

Depuis l'antiquité, le terme de **Plasticité** a été utilisé parfois à tort, à travers et sans jamais avoir véritablement éprouvé le besoin de le définir précisément. Pourquoi ? Pour trois raisons essentielles : i) l'universalité du concept ; ii) le terme « plastique » ; iii) son historicité (Varin, 2005, 2009ab).

Aujourd'hui, **il est nécessaire de prendre ses distances par rapport à ces approches** à la vue des avancées des sciences physico-chimiques-biochimiques, biophysiques, biologie animale & végétale, Eco-physiologie, Ecologie fonctionnelle, écologie, des sciences de l'information, des neurosciences et sciences cognitives, ou de l'Art et des génies technologiques et « plastiques » (Varin, 2005, 2009ab).

II. Définition et Etymologie de la Plasticité en science du vivant

« *Plasticité* » est un mot relativement récent. Il fut introduit au XIXème siècle par Goethe (Figure. 1). Du latin *plasticus*, l'origine étymologique du terme vient du grec ancien *« πλαστικός, plastikos, plastikê »* dérivé du verbe πλάσσειν, *plássein* (« mouler, former ») et relatif au modelage, signifiant « former » contrairement à « *plasma* » signifiant « être formé » qui se trouve être un dérivé. Par ellipse, nous avons de la matière plastique.

Les sens de ce terme se sont peu à peu complexifiés :

i) la plasticité est d'abord le *jeu de la forme* et à un double sens :

Il est dit de plastique, ce qui a le pouvoir de *recevoir* la forme comme l'argile, la terre glaise, etc. et ce qui a le pouvoir de *donner* la forme comme l'énonce les notions d'art ou de chirurgie plastique.

ii) puis avec le temps on appellera plasticité le processus de *destruction* de toute forme. On introduisit les termes de « plasticage » pour désigner une explosion, et de « plastic » pour désigner un certain type d'explosif.

Le concept de plasticité est donc au croisement de deux extrêmes : 1) le *surgissement* de la Forme et 2) l'*explosion* par la destruction de la Forme.

Au cours du XIXème siècle le concept de plasticité se déplace de l'esthétique, de la poésie et de la philosophie vers la psychanalyse par exemple avec Freud et vers la biologie végétale, animale et la neurobiologie. A ce stade deux nouveaux sens du concept sont apparus : le sens actif et passif. Le sens actif, c'est-à-dire ce qui a le pouvoir de former comme la cellule-œuf qui a la capacité plastique de générer un organisme pluricellulaire. Et, le sens passif, ce qui est susceptible de prendre un nombre indéfini de formes par exemple la plasticité dite phénotypique. En ce début de XXIème siècle, ces deux types de plasticité ont été largement décrits et précisés par de nombreuses études scientifiques. Nous les verrons par la suite dans cette synthèse.

III. Origines de la Plasticité

III.1. De l'antiquité

Depuis l'antiquité, le terme de plasticité a été parfois mal utilisé, utilisé à tort, de travers et sans jamais avoir véritablement éprouvé le besoin de le définir précisément. Ce constat pose la question : Pourquoi ?

Trois raisons essentielles sont avancées dans de nombreuses recherches :

- 1) La première réside dans son historicité, à savoir sa forte connotation esthétique où les arts plastiques et la géométrie qui ont régné sans partage de l'antiquité à la Renaissance et au travers des mythologies, des contes et légendes par le bien de messages parfois cachés. Cette notoriété s'est muée en lien dit purement « fonctionnel » avec l'essor des sciences - biologie, physique, médecine - à partir du XIXème siècle où la plasticité a été catégorisée par sa capacité de déformabilité irréversible et d'adaptation aux contraintes environnementales sur la base des systèmes et appareils. Ce qui a permis la mise en place des premières classifications basés sur la « Forme » comme nous pouvons le voir dans de nombreux muséums d'histoire naturelle ou bien au travers des classifications botaniques, entomologiques, anthropologiques, etc.
- 2) La deuxième est liée à l'universalité du concept. Elle semble acquise et ne pas nécessiter de révision ou de redéfinition au même titre que la gravitation universelle en physique ou la symétrie en géométrie.
- 3) La troisième est due à la terminologie en elle-même. Le terme « plastique » est un nom qui fait partie des terminologies dites bicéphales. Ces terminologies peuvent générer des ambiguïtés ou des abus de langage.

III.2. De nos jours

Aujourd'hui, il est nécessaire de prendre ses distances par rapport à ces approches au vu des avancées des sciences biophysiques, des sciences de l'information, des neurosciences et sciences cognitives, biologie animal & végétale et écologie voir de l'Art comme l'avait mis en évidence Debono (1996, 2007, 2010) dans ces synthèses épistémologiques à ce sujet et Varin (2005, 2009).

Cette définition originale de la « Plasticité » prend en compte la récapitulation phylo et ontogénétique des acceptions successives qui ont conduit à l'actuelle terminologie comme présentée par Debono. Elle caractérise l'art, la science et la philosophie. Cette dernière définition contemporaine présentée par Debono (2010) semble plus proche du concept de plasticité tel qu'on veut le faire reconnaître, mais il ne faut pas tomber dans le piège des seuils d'observation.

Ainsi, si l'on se place du point de vue des « systèmes vivants » qui sont à la fois auto-organisés, soumis aux contraintes de l'environnement et eux-mêmes structurants et prenant part à l'élaboration de leur Forme, de leur Univers propre et de leur Vision-Perception du monde. La plasticité joue un rôle majeur et incontestable. Cela est démontré par la création, l'invention par l'homme de l'outil mathématique, du regroupement et du rapprochement de ces différentes méthodes mathématiques. L'objectif est une compréhension structuré de l'univers et du monde qui entoure l'homme pour un ensemble définit de paramètres qui sont un réseau d'information (« cerveau »), un environnement-un contexte, un temps donnés (il s'agit en gros d'une période temporelle, une période de l'évolution définit et identifié). Par exemple, cela est confirmé au niveau de la « plasticité évolutive » qui est seule capable de délier la rigidité génotypique comme le démontre Mary-Jane West Eberhard (2003). C'est également avéré au niveau des rapports entre un cerveau tel le cerveau des mammifères et la conscience où la « plasticité structurelle » médiés par des réseaux synaptiques ou autres réseaux d'échanges d'informations comme le signale également Debono (2010). La plasticité joue sans aucun doute un rôle de médiateur qui ne fait que s'amplifier à la lisière du conscient et de l'inconscient comme le démontre Hameroff (1998) dans ces études sur les microtubules, la plasticité cellulaire animale *vs* conscience dans le cadre de l'anesthésie médicale et également confirmé chez les végétaux comme le montre les travaux sur *mimosa pudica* sensitive (Bailliere, 1878).

Comme le dit Debono (2010), ces évidences n'empêchent pas les amalgames. La plasticité est souvent assimilée à la malléabilité, à l'élasticité qui est son faux ami et à la passivité des corps. En conséquence, le concept est cantonné généralement à une propriété physique telle que la résistance ou l'adaptation. D'après ce même auteur, la « Forme » de l'objet final ou de la structure anatomique serait ainsi liée à un « donné » et non à un « acquis » ou à un « échange » également démontré Lynn Margulis (1938-2011) dans ces travaux sur les symbioses. Autrement dit, il ne revêtirait aucun « principe » dit « actif » au sens dynamisme commun. Or, Debono (2010) affirme que ceci semble faux, car la signification originale du verbe « *plassein* » signifie « L'infinie plasticité humaine ». Elle fût introduite par Pic de la Mirandole dans « *l'Oratio de hominis dignitate* » et approfondie par Hegel qui donne également un rôle actif au sujet. Ce concept mettrait en relief le lien spécifique entre ontologie (étude de l'Etre), temporalité et devenir post historique de l'individu par exemple « l'Homme ». Debono (2010) indique que si nous interprétons la plasticité comme un échange et un moyen de dépasser les contradictoires, elle constitue un point fondamental. Elle serait un processus plutôt qu'une propriété émergente ou purement systémique. Cet auteur prêtant également que ce point se vérifie autant en sciences humaines, où il est aisé de montrer que le processus plastique tend à se montrer plus « actif » que « passif », plus transgressif que « matérialiste », plus participant, qu'en sciences expérimentales.

IV. Un Nouveau Concept Contemporain

IV.1. Concept de complexe de plasticité

D'après Varin (2005, 2009) & pairs et Debono (2010), le concept de plasticité n'a pas qu'une valeur heuristique. Il est modélisable, répond à un schéma spécifique ce qui n'est pas nouveau et a été démontré par de nombreux auteurs que nous découvrirons par la suite pour ne mentionner que quelques exemples Stearn, 1989, Wright & Mc Connaughay, (2002) jusqu'à Varin (2009). D'après Debono (2010), l'une des implications réside dans la constitution de complexes plastiques associés à la Co-Inhérence dite PCI (« *Plasticité Co-Inhérente* »), la co-survenance ou la co-signification dite PCS (*« Plasticité Co-Survenante ou Co-Significative »)* d'évènements conjoints par exemple au sein d'un environnement.

Comme, le signal Debono (2010) : *« Que nous parlions de l'histoire de l'univers, du vivant ou de la créativité humaine, la signification de la plasticité est en effet clairement sous-estimée aujourd'hui. Alors que le terme devient à la mode et fleurit partout, il est la plupart du temps attaché à une fonctionnalité, une temporalité, une déformabilité ou un état donné. Or, les limites de ces descriptions apparaissent vite si on sonde les liens entre la plasticité d'échanges et d'acquisitions d'informations-interprétations autrement dit « cognitive » ou, l'art et l'expérience individuelle ».*

IV.2. Valeur d'interface naturelle de la plasticité

D'après Debono (2010), la valeur d'interface naturelle de la plasticité apparaît dès que l'on cherche la frontière entre deux mondes contigus tels la « Matière et la Forme », « l'Espace neural » et « l'Espace mental », « l'Inné et l'Acquis » ou le tiers agissant.

Ainsi, « l'Espace neural ou neuronal » est défini comme un « réseau **neuronal** » ou étendu dédié au codage de l'information spatiale et permettant l'orientation de l'organisme dans l'**espace** mais également sa **perception de l'espace**. La « conscience » correspondrait ainsi à la mise à disposition d'une information au sein d'un « espace de travail neuronal », qui permettrait au signal de gagner la mémoire à long terme. La théorie des « espaces mentaux » quant à elle correspond à celle des mondes possibles en philosophie. La principale différence entre un « espace mental » et un « monde possible » est qu'un espace mental ne prétend pas constituer une représentation fidèle de la réalité, mais un modèle cognitif idéalisé pour l'individu étudié. Nous pouvons mentionner comme exemple les échanges d'informations entre plantes-symbiotes-mycorhizes-rhizobactéries et interactions plantes-plantes-insectes-mammifères via les composés organiques volatils ou dans le contexte naissant de la « neurobiologie végétale ».

Toutefois, de nombreux auteurs signalés dans les paragraphes qui suivent et également dans les travaux de Debono (2010), la plasticité est trop souvent évoquée comme une métaphore ou une propriété de l'objet alors qu'elle est en réalité « constitutive ». Comme le dit si bien Debono (2010) : *« la « Forme » prise est aussi donnée, le système qui acquiert de l'intérieur se construit à l'extérieur et laisse une trace indélébile ».*

Cette trace intègre sur le phénotype de l'individu par exemple le phénomène de métamorphose chez les insectes, invertébrés et amphibiens ou la modification du phénotype à la suite d'une carence en élément chez les plantes.

Ce trait d'union est le point de jonction intime entre la nature, la structure, le corps et « l'esprit » du sujet. Et cette « Genèse » ou « Complexion » résultant des nombreuses interactions, contraintes, perturbations au sein de l'espace ou environnement contigus à l'individu est possible uniquement parce que la plasticité est présente. C'est pourquoi, il devient à ce jour absolument nécessaire de clarifier sa terminologie, son rôle et la nécessité que la Plasticité a à être reconnue en tant que véritable Concept multidisciplinaire.

Dans les travaux sur « le complexe de plasticité » en épistémologie, qui semble fortement inspirer de la « plasticité complexe », du formalisme analytique et des procédures de qualitiques & qualités des travaux de Wright & Mc Connaughay, (2002) et Varin (2005, 2008, 2009) et ceux qui seront décrit plus loin dans ce livre, Debono (2007, 2010) met en place une caractérisation du mode d'expression, de l'éthique et de la spécificité de la plasticité. Il utilise également un formalisme intéressant pour aborder le sujet. Je vais vous présenter les trois points suivants.

IV.2.1. Le Mode d'Expression de la Plasticité

Debono (2007, 2010) développe le mode d'expression de la plasticité en cinq points. Ils sont également présentés sur le site internet de l'association Plasticité Science ART. Je vous les présente en quatre points et avec quelques améliorations car, il définit également le terme de « meta-plasticité ».

- 1. La plasticité est une propriété inhérente à la matière.
- 2. Elle s'observe à tous les niveaux d'organisation et de réalité. Elle décrit à la fois une propriété de système et sa propre dynamique. Elle a lieu dans un cadre environnemental définit ou en évolution. Ce point définit clairement le cadre d'approche de la plasticité que sont : l'Ecologie (*Ecology*), Ecologie fonctionnelle-Ecophysiologie (*Functional ecology-écophysiology*) et Ecologie évolutive (*Evolutionary ecology*), la neuro-biologie (*Neurobiology*).
- 3. Elle s'observe dans et par un cerveau qui pense dans un monde dont la dynamique évolutive est foncièrement plastique. C'est-à-dire, dont le comportement global n'est pas rigide et passif, mais au contraire souple, auto cohérent et hautement interactif.
- 4. Elle n'est pas purement descriptive. Elle a une valeur prédictive élevée du comportement dynamique des systèmes inertes ou vivants comme du sens que nous donnons à ces systèmes. Autrement dit, c'est une propriété fondatrice et non pas seulement émergente ou systémique. Dans ce sens, d'après Debono (1996, 2007, 2010), il faut plutôt parler de « méta-plasticité ».

IV.2.2. La « Meta-Plasticité »

D'après Debono (2007, 2010), la « méta-plasticité » explore la genèse des processus naturels. Elle ne doit pas être assimilée à quelque vue holistique ou vitaliste du monde qui mixerait à tort et à travers les isolats de tout bord, pour servir un bouillon élastique et peu digeste. Au contraire, il s'agit de décrire rigoureusement : i) l'unité dans sa diversité, ii) la vérité dans sa relativité, et iii) la réalité comme un processus. Ce qui a déjà été abordé simplement dans un contexte d'approche de « qualitique & qualité » de ce concept de la « Plasticité » par Varin, (2009ab) et pairs, Pouderon *et al.* (2012) et d'autres auteurs que nous verrons plus loin.

IV.2.3. L'approche qualité où L'Ethique de la plasticité

Debono (2007, 2010) aborde l'éthique de la plasticité en cinq points. Je les présente ici. Ils correspondent à un embryon de procédure de qualité multidisciplinaire dans un cadre de recherche exploitant ou abordant ce concept de la « Plasticité ». Nous pouvons les regrouper en trois blocs qui illustrent un point de vue particulier.

- L'observé - l'étudié

1. L'attitude plastique implique une mise en rapport constante des architectures, des mécanismes de mise en place de ses architectures et dynamiques de ses mécanismes au sein d'un environnement donné.

- L'observateur

1. Ce concept prend en compte les événements dans leur intégralité. Elle n'ignore pas leur contenu générique ou ontologique, mais qu'elle ne le recherche pas. L'homme y est naturellement inscrit dans une réalité indivisée qu'il structure et dont il est structuré.

- La conceptualisation, les rapprochements conceptuels & la modélisation

1. Ce concept s'oppose à la linéarisation et à l'isolement des fonctions. Le **Plasticien** nie toute fracture de la réalité sans pour autant y voir une manifestation du tout.
2. Il recherche sur le terrain des principes de cohérence, le décloisonnement des disciplines et la défragmentation de la connaissance. Donc, c'est une approche foncièrement transdisciplinaire où la science, l'art, le tiers trouvent un terrain d'expression privilégié.
3. Il préconise une attitude ouverte, pragmatique et sans esprit d'école. Cette information est à prendre dans le sens d'une notion inverse au bornage conceptuel et intellectuel mise en place par un quelconque conditionnement, culture ou éducation.

IV.2.4. La spécificité de la Plasticité

La plasticité ce distingue des propriétés d'élasticité, de la flexibilité ou de la malléabilité des corps par une simple propriété de système ou une propriété émergente de ces systèmes. Ces systèmes peuvent être inertes comme vivants. D'après Debono (2007, 2010), la spécificité de la plasticité peut se décomposer en sept points :

- 1. Elle peut traduire autant un phénomène passif qu'un processus de transformation actif dans lequel les évènements évoluent en se **co-signifiant** mutuellement. Autrement dit, ces évènements sont autant structurés que structurants par exemple l'expression phénotypique unique, le rapport inné-acquis, etc. Sur ses dires, on peut se demander si Debono ne fait pas une confusion profonde avec les notions de réponses plastiques déjà définit par Van Kleunen & Fischer, (2005) et clarifié par Varin (2005, 2009). Nous reverrons également ce point par la suite ;
- 2. Elle implique une **réciprocité :** i) Entre « systèmes » ascendants et descendants à l'intérieur d'un même « système » par exemple la morphogenèse, l'ontogénèse, la phylogenèse, l'épigénétique, la neuro-plasticité etc ; ii) Ou de « systèmes » en interaction par exemple les dualités : art/science, sujet/objet, organisme/environnement, cerveau/esprit, etc. Ils sont illustrables via des diagrammes de Venn comme le montre les travaux de Delaplace *et al.* (2015).
- 3. Elle a une **capacité universelle de liage ou d'articulation des couples fondamentaux** tels que : forme vs environnement, forme vs matière, formé vs informé (interrogeant en première instance la forme & l'émergence de la forme), forme vs objet, forme vs sujet, etc.
- 4. Elle obéit à une **logique transversale** et créait des **complexes** (Debono, 2007, 2010). Dans ces phrases, Debono présente également des exemples explicité grâce à son formalisme. Par exemple, nous avons les complexes [Formé-Informé-Plasticité] (F.I.P.), [Espace-Temps-Plasticité] (E.T.P.), [Alter-Ego-Plasticité] (A.E.P.), [Neural-Mental-Plasticité] (N.M.P.), [Déterminé-Indéterminé-Plasticité] (D.I.P.), etc. où la plasticité joue le rôle essentiel d'interface catalytique. Ce formalisme clarifie bien les choses. Mais, cette approche avait été abordée, en partie du moins, par de nombreux auteurs que nous verrons par la suite avec leurs différents points de vues par exemples Cook (2008), De Witt *et al.,* (1998), Dewitt & Scheiner, (2004), Forde, (2009), Fordyce, (2006), Gibert (2012), Manuk (2010), Nijhout d'après Cabej, (2012), Novoplanski (2002), Pigliucci *et al.,* (2001, 2006), Pouderon *et al.,* (2012), Scheiner, (1993, 2006), Schlichting & Pigliucci, (1995), Valadares *et al.,* (2006), Van Kleunen & Fischer, (2005), Varin, (2009), Violle *et al.,* (2007), Whitman & Agrawal, (2009), Williams, (1992), Wright & Mc Connaughay, (2002). Mais, cette notion de complexe de

plasticité généré des confusions. On peut se demander : Existe-t-il un concept ou des concepts de la Plasticité ? Et, existe-t-il une Plasticité ou des Plasticités ?

- 5. Les complexes de plasticités de Debono (2007, 2010) définissent ou inscrivent un **processus plastique** plutôt que de traduire une structure, un fonctionnement ou une fonction isolée. Ce processus a la propriété unique de : i) devenir le **contenu même de ce qu'il représente** ou de ce qu'il advient de lui par exemple les complexes FIP présents en ontogénétique, écologie fonctionnel-écophysiologie ou NMP présents en neurologie-neuropathologie ; et ii) la capacité de **trans-former ;**
- 6. **La plasticité agit directement au point d'ancrage de dimensions ou d'expressions irréductibles** en incluant le sujet dans la plasticité du monde par exemple Debono site la sphère environnementale, la sphère psychique, l'art, l'altérité, et l'intersubjectivité ;
- 7. La plasticité s'adresse à des systèmes de valeurs entiers, et notamment aux interactions du sujet avec le monde. D'après Debono, elle devient « **méta-plasticité** ».

IV.3. Un formalisme Ying/Yang de la Plasticité

Le formalisme d'approche de la plasticité dans un contexte multidisciplinaire mis en place par Debono est une réelle avancée dans le sens d'une simplification du concept. Cette avancée concrète a eu lieu en deux phases la première en 1996 et la seconde entre 2007-2010. Voici l'exemple de son formalisme et de sa construction :

IV.3.1. Formalisme de Debono (2007, 2010) mis en place de 2007 à 2010

- Les premiers couples du formalisme de Debono (Debono, 1996)

Couple 1	→	[plasticité-temps] => plasticité de la Vie
Couple 2	→	[plasticité-temps] => plasticité des mots
Couple 3	→	[plasticité de la relation]

- Couples Fondamentaux décrits par l'Approche Plastique :

Couple 0	→	[formé vs informé]
Couple 1	→	[matière vs forme]
Couple 2	→	[forme vs objet]
Couple 3	→	[forme vs sujet]

– Les Quatre Niveaux d'Interaction de la Plasticité :

1-Plasticité de la matière : dynamique événementielle dans un univers donnée ; co-implication de la matière et de la forme dans la courbure espace-temps.

2-Plasticité du vivant : échelle de la fonction de l'organisme et de l'évolution (ontogenèse, phylogenèse, plasticité évolutive).

3-Plasticité du sujet : le sujet en construction exprime la forme qu'il représente ou qui va devenir ;

4-Plasticité de l'esprit : méta-plasticité croisée entre système cognitifs, conscients et inconscients.

– Principaux Complexes incluant une dimension Plastique :

E.T.P.	[Espace-Temps-Plasticité]
H.N.P.	[Hasard-Nécessité-Plasticité]
S.O.P.	[Sujet-Objet-Plasticité]
S.P.P.	[Soma-Psyché-Plasticité]
A.E.P.	[Alter-Ego-Plasticité]
I.T.P.	[Immanence-Transcendance-Plasticité]
N.M.P.	[Neural-Mental-Plasticité]

– Modèle A.R.T. :

- **A**rticulation ou liage dynamique des couples 0 à 3
- **R**éciprocité entre donneurs & receveurs : dynamique active
- **T**ransversalité définissant les sept complexes plastiques essentiels

Ce formalisme est complété par les niveaux supplémentaires issues du formalisme mis en place dans les travaux de Varin (2005, 2009) et pairs présentés en détail dans cet ouvrage. Le formalisme d'époque de Varin et pairs est basé sur un noyau similaire d'opposition (également par l'utilisation du terme *versus* (*vs*) et de principe de modélisations mathématiques et de bonne pratique de laboratoire en statistique (« Bio »-Statistique). Ce dernier permet de quantifier et modéliser la Plasticité dans un cadre statistique rigoureux et très fiable. Nous obtenons comme le dit Debono des couples et complexes de plasticité encore inconnue dans son formalisme. Ces derniers sont expliqués et illustrer scientifiquement et son modélisable mathématiquement comme nous le verrons plus tard.

IV.3.2. Formalisme utilisé, par Varin (2005, 2009) et pairs de 1989 à 2009, dans le Concept de Plasticité

– Les Quatre Niveaux d'Interaction de la Plasticité (N.I.P.)

Couple Niv 0 → [Matière vs Forme] (M.F.)
Couple Niv 1 → [Forme vs Objet] (F.O.)
Couple Niv 2 → [Forme vs Sujet] (F.S.)

0-Plasticité de la matière : dynamique événementielle dans un univers donnée ; co-implication de la matière et de la forme dans la courbure espace-temps : initiation de la Forme inerte ou vivante.

1-Plasticité du sujet inerte (Objet-Matière-Non Vivant) : le sujet en construction exprime la forme qu'il représente ou qui va devenir (cristallographie, minéralisation, métallurgie, « inorganique ») : Plasticité dans le domaine de la physique ;

2-Plasticité du sujet vivant (Objet-Matière-Vivant) : le sujet en construction exprime la forme qu'il représente ou qui va devenir (organique & « in-organique » aux capacités d'auto-organisation, ontogenèse, phylogenèse, fonction de l'organisme évolutive, système cognitifs, conscients et inconscients.) : plasticité dans le domaine du vivant ;

Remarque :
Dans les deux derniers niveaux, nous remarquons bien la notion de Vivant. Elle est bien différente de la notion d'inerte, non-inerte et d'actif qui initie la notion d'auto-assemblage contrôlé ou non par le Vivant.

– Doublé Fondamental Décrit par l'Approche Plastique (D.F.D.A.P.)

Douplé F0 → [Nature vs Nurture] (N.N.)

– Les Niveaux d'organisation du Vivant et la Plasticité (voir les chapitres qui suivent)

[Niveau d'Organisation vs Plasticité] → Définition des Champs d'activités scientifiques (Les différents domaines)

Couple 0 → [Moléculaire-Plasticité] → Plasticité moléculaire et physiologique ;

Couple 1 → [Cellulaire & Tissulaire-Plasticité] → Plasticité génétique ;
Plasticité biochimique ;
Plasticité physiologique ;
Plasticité métabolique-métabolomique ;
Plasticité anatomique

Couple 2 → [Etre-Plasticité] →	Plasticité structurale, Plasticité phénotypique ; Plasticité morphologique et architecturale ; Plasticité développementale ; Plasticité Neurologique ; Plasticité comportementale
Niveaux d'organisation :	
Niveau Moléculaire →	**Couple 0, 1**
Niveau cellulaire & tissulaire →	**Couple 0, 1**
Niveau systémique/espèce/individu/Habitat →	**Couple 1, 2**
Niveau de la communauté (Interaction/compétition) →	**Couple 2**

– Interférences et confusions avec la Plasticité

Doublets d'interférences et de confusions avec la Plasticité :	
Doublet 0 → [Temps vs Quantité de Matière] (T.QM.) →	Croissance
Doublet 1 → [Temps vs Fonction] (T.F.) →	Développement, Phénologie
Doublet 2 → [Forme vs Temps] (F.T.) →	Evolution (Pas de temps long)
Triplets d'interférences et de confusions avec la Plasticité :	
Triplet 0 → [Forme-Environnement-Adaptation] (F.E.A.)	

– Doublés et triplés Fondamentaux Introduisant la Dimension de Plasticité (D.F.I.D.P.)

Doublé (ou couple) Fondamental Introduisant la Dimension de Plasticité (D.F.I.D.P.) :	
Doublé 0 → [Variation vs Forme-Objet] (V.FO.)→	*Plasticité/Pas de Plasticité*
Triplé Fondamental Introduisant la Dimension de Plasticité (T.F.I.D.P.) :	
Triplé 0 → [Forme-Environnement-Temps] (F.E.T.) →	Norme de réaction (NoR) (Sur un Pas de Temps Court) *Plasticité* *Pas de Plasticité*

– Groupe incluant une dimension Plastique et présentation des Normes de Réactions

Singulés Incluant une Dimension Plastique (S.I.D.P.) :

Singulé 0 → [Hasard/Variation vs Plasticité] → Stochasticité

Singulé 1 → [Environnement vs Plasticité] → ?

Singulé 2 → [Adaptation vs Plasticité] → ?

Singulé 3 → [Evolution (macro & micro) vs Plasticité] → ?

Triplés *(ou complexes)* Incluant une Dimension Plastique nommés (T.I.D.P) :
Les Normes de Réaction incluant une dimension plastique (NoR)

Triplé 0 → [Environnement-Forme-Plasticité] (E.F.P.) → **Réponses Plastiques *ou « Plasticités » (R.P.)***

Plasticité Active, Plasticité Passive ;
Plasticité pure ;
Plasticité Phénotypique Prédictive (Bruit Adaptatif) ;
Plasticité Phénotypique Non Prédictive (Plasticité Pile/Face) ;
Plasticité Développementale ;
Modulation Phénotypique ;
Conversion Développementale ;
Plasticité Complexe ;

Triplé 1 → [Environnement-Fitness-Plasticité] (E.F.P.) → **Stratégie Plastique** (S.P.)

(Rôle écologique & Stratégie d'adaptation Plastique)
(Place de la plasticité en écologie) :
Plasticité Trans-Générationnelle ;
Plasticité Intra-Générationnelle

Triplé 2 → [Forme-Temps-Plasticité] (F.T.P.) → **Ajustement Plastique (A.P.)**

Elasticité ;
Plasticité phénotypique ;
Plasticité ontogénétique ;
Plasticité développementale ;
Gènes de plasticité ;
Acclimatation

Triplet de Base génétique de la plasticité :

Triplé 3 → [Fonction-Temps- Plasticité] (F.T.P.) → *Plasticité Développementale ;*

Plasticité Ontogénétique ;
Gènes de Plasticité

Un triplé particulier :
Triplé 4 → [Environnement-Temps-Plasticité] (E.T.P.) → *Plasticité dans l'Evolution ;*

Réponse Plastique Développementale

Cas particuliers de Norme de Réactions : ***Triplé 5***→ [Aléatoire-Environnement-Plasticité] (A.E.P.) → Stochasticité
Quadruplé incluant une dimension plastique : ***Quadruplé 0*** → [Plasticité-Evolution--Accommodation-Forme] (P.E.A.F.) → ?
Autres cas de groupes encore inconnues : à identifier

Ces groupes ainsi formalisés avec le second formalisme correspondent bien à la terminologie de « Complexes de Plasticité » de Debono (2007, 2010).

La Notion de communication, information dans les niveaux « formé-informé », de Debono (2007, 2010) n'est pas présente dans ce second formalisme qui la considère comme fonction biologique constitutif de l'Etre. La comparaison de ces deux formalismes remet au goût du jour la définition de : Conscience, Esprit et de l'Ames. Cette fonction biologique décrit par le schéma de la communication-information de Roman Jakobson & Karl Bühler (Jacobson, 1960) a un rôle dans la perception de l'univers lorsqu'il est en couple avec le concept de plasticité.

Une chose étonnante est à noter : la similitude des formalismes théoriques de Debono et celui issue de la pratique de quantification de la plasticité dans le monde vivant notamment des végétaux présenté dans ce livre qui est pourtant bien antérieur. Par ailleurs, trois questions se posent et restent à éclaircir :

1) Les complexes de plasticité du formalisme de Debono ne correspondent-ils pas aux réponses plastiques des formalismes abordés dans le concept des sciences du vivant comme nous le verrons plus loin ?
2) Existe-t-il une différence entre complexe de plasticité et réponse plastiques ?
3) Les réponses plastiques ne sont-elles pas des cas particuliers de complexes de plasticité ?

IV.3.3. Comparaison des deux formalismes dans la définition de la Plasticité et ces composantes

Formalisme	Concept de la Plasticité
Varin (2005, 2009) et Pairs 1992-2009	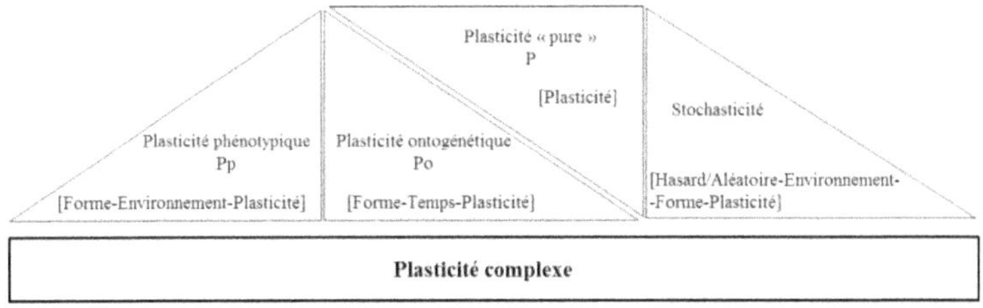
Debono (2007-2010) 1996-2010	[Forme-Environnement] / [Temps-Plasticité] [Temps-Forme] / [Complexe de Plasticité] [Complexe de Plasticité]

Formalisme	Caractéristiques du concept de la plasticité au sein des formalismes présentés				Démonstrations scientifiques et quantifications multidisciplinaires
	Précision-résolution	*Précision-dispersion*	*Systématique*	*Complexité du concept*	
Varin (2005, 2009) et Pairs 1992-2009	Plus précis	Plus étroit	Plus systématique	Plus complexe	Vérifiées et possible
Debono (2007-2010) 1996-2010	Moins précis	Plus large	Moins systématique	Plus simple	Inconnues

Le formalisme utilisé dans l'approche du concept de la plasticité dans le monde du vivant illustre et complète une grande partie du formalisme mis en place dernièrement par Debono (2007, 2010) qui lui présente de grandes lacunes et biais comme le démontre les tableaux ci-dessus. Ces « plasticités » et leurs quantifications sont présentées dans les paragraphes suivants.

Le formalisme de Varin et Pairs permet de répondre en partie et de façon positive aux questions que se posent Dominique Lambert et René Rezsöhazy en 2007 (Lambert & Rezsöhazy, 2007) et 2015. Dominique Lambert aborde alors la notion de plasticité, et se pose trois questions : S'agit-il d'une notion « fondamentale » ? Est-elle mathématisable ? Révèle-t-elle quelque chose de l'objet spécifique de la Biologie ? Il répond et complète également les recherches de Marc-Williams Debono (1996, 2007, 2010) et Casas Jérôme (2012).

L'utilisation de ces deux formalismes : i) confirme que la plasticité « pure » est difficile à quantifier, et ii) montrent que la plasticité est généralement complexe ou composé ce qui confirme l'utilisation de « complexe de plasticité » dans le formalisme de Debono (2010) utilisable dans des champs thématiques plus larges. Cela confirme également que le formalisme de Debono ne permet pas de quantifier la plasticité et les plasticités contrairement au formalisme de Varin (2005, 2009) et pairs présenté dans les paragraphes qui suivent et les figures 31, 32, 33.

Ces deux formalismes contemporains, qui ont été mis en place entre 1996-2010 pour l'un et entre 1989-2009 pour l'autre, sont très opposés. Ils se basent sur un noyau similaire voir commun issu des expérimentations et réflexions des pairs. De la généralité du formalisme de Debono (1996, 2007, 2010) à la précision du formalisme expérimental de Varin (2005, 2009) initié par Stearn, (1989) compéter par les pairs comme Cook (2008), De Witt *et al.*, (1998), Dewitt & Scheiner, (2004), Forde, (2009), Fordyce, (2006), Gibert (2012), Manuk (2010), Nijhout d'après Cabej, (2012), Novoplanski (2002), Pigliucci *et al.*, (2001, 2006), Pouderon *et al.*, (2012), Scheiner, (1993, 2006), Schlichting & Pigliucci, (1995), Valadares *et al.*, (2006), Van Kleunen & Fischer, (2005), Varin, (2005, 2009), Violle *et al.*, (2007), Whitman & Agrawal, (2009), Williams, (1992), Wright & Mc Connaughay, (2002) qui donne la forme actuelle présentée dans cet ouvrage.

Une zone d'ombre reste à éclaircir : Quelle est la source du noyau de formalisme de Debono ? Est-elle issue des champs thématiques de l'Art ou des Sciences dites « moles » ?

Ils vont du théorique généraliste (le blanc) à la précision de l'expérimentation (le noir) mais ne doivent faire qu'un (le gris) grâce à l'ambition et au dynamisme des hommes nommés par Debono (1996) : les « Plasticiens ».

La plasticité telle qu'elle est conçue ici dans cet ouvrage crée un nouveau model intégrant le niveau d'interaction numéro 4 et le couple fondamental 0 définit par Debono (2007, 2010) en tant qu'une fonction biologique propre et remet en cause l'existence du niveau 2 en le fusionnant avec le niveau 3 définit par Debono (2007, 2010). Il introduit également des niveaux d'organisations supplémentaires et remet en cause le niveau 2 définit par Debono (2007, 2010). Ce model reste à être nommé. Mais avant tous, il est nécessaire de créer un nouveau formalisme ou de le faire évoluer.

Enfin, la comparaison de ces deux formalismes pause de nouveau une question qui génère de grands débats. Elle est la suivante : Le Vivant pourrait-il être une composante fondamentale de la matière ou une forme « d'Information multi-support » qui permet de « Former » la matière sans que ce soit du « Créationnisme ou du Divin » avec une probabilité de rencontre dans l'univers de faible ou moyenne valeur ? Des scientifiques et philosophes ont déjà abordé ce thème par exemple les articles de Bergson (1939), Balan B (1979), Bousquet (2002) et Carmassi (2002), Lambert (2011), Gaudin (2013), Carfantan (2014), Guillemant (2015) et bien d'autres.

Le « Vivant » semble être une « Information Logique ». Mais, qu'elles sont les « Natures » de cette « Information Bio-Logique » ? car, elle est principalement de nature quantique, électronique, physicochimique et biochimique par exemple sur des supports génétiques (ADN, ARN), protéiques (enzymes, prions), des molécules supports d'informations (dialogues moléculaires internes ou externes aux organismes), etc. Cette information serait modifiable dans une certaine mesure sur différents pas de temps (biologique, géologique, etc.) et s'intègre bien dans le concept d'éco-évo-dévo, d'évolution, d'adaptation, de mutation.

La « Plasticité » serait un « Levier physicochimique-biologique-écologique voir un Commutateur-Switch » permettant la modification, fixation de ces « Informations Bio-Logiques » sur des supports d'informations biologiques comme les supports génétiques, protéiques, autres moléculaires. Elle modifie les « Corps » et les « Formes » et peut-être quantifiable, modélisable dans des conditions particulières comme nous l'abordons dans cet ouvrage. Mais, la mise en évidence et la quantification de la plasticité reste actuellement très difficile et actuellement controversé comme le démontre l'Histoire avec les travaux de Paul Kammerer (1880-1926) sur le crapaud accoucheur ou de Lynn Margulis (1938-2011) sur les associations symbiotiques.

– Remarque

« Complexion » est un terme du XII e siècle emprunté du latin classique complexio, « assenblage, union d'éléments », d'où, en latin médiéval, « tempérament ». C'est l'ensemble des différents éléments constitutifs du corps de l'individu considéré par rapport à sa santé ; constitution, tempérament.

« Genèse » correspond aux processus de développement de quelque chose synonyme : conception, création, formation, origine, production.

« Esprit » sens 1 : Être incorporel ou imaginaire ; sens 2 : Facultés intellectuelles ; sens 3 : Humour, ironie. ; sens 4 : Manière de penser, façon de concevoir.

V. Le concept et définition de la Plasticité en science du vivant

V.1. Première définition de la plasticité : Qu'est-ce que la plasticité

Une espèce peut tolérer des conditions variables du milieu par le biais de la variabilité génétique à l'échelle des populations et par la plasticité à l'échelle de l'individu. La plasticité est généralement définie comme l'ensemble des réponses des organismes aux conditions ou aux *stimuli* environnementaux (Bradshaw, 1965 ; Schlichting & Pigliucci, 1998). La plasticité peut intervenir à différentes échelles : au niveau de la cellule et de l'organe, on parlera de plasticité génétique, biochimique, physiologique, métabolique et anatomique ; au niveau de la plante entière, on identifie la plasticité structurale, morphologique et architecturale (Pigliucci, 2006 ; Sultan, 1995). Le Phénotype résulte de l'interaction du génotype et des facteurs du milieu comme le montre les exemples présentés dans la figure 3 issue de Cook (1968), Sultan, 2000, Pigliucci (2005) & Price (2006). Par exemple, une des principale caractéristique du développement des plantes est qu'il ne suit pas un plan rigide prédéfini mais, qu'il est continuellement sujet à modifications pour répondre aux modifications de l'environnement (Forde & Lorenzo, 2001) comme les contraintes et les perturbations.

A l'origine, le concept de plasticité avait été introduit par Woltereck en 1909, à la suite des travaux de Johannsen qui avait distingué chez les organismes vivants le génotype et le phénotype (Pigliucci, 2001). Résultant de l'interaction du génotype et des facteurs du milieu (Schlichting, 2002), la plasticité peut être assimilée à la capacité d'un organisme à modifier sa morphologie et sa physiologie en réponse aux variations environnementales (Bradshaw, 1965 ; Schlichting, 2002) et est schématisée comme un diagramme de « norme de réaction » (Figure. 3) présentant le degré et la direction prise par un individu par rapport à un individu moyen en fonction d'un axe environnemental (Pigliucci, 1997). La plasticité est à l'origine d'une diversité phénotypique importante et par conséquent comme aspect important de la façon dont les organismes se développent, fonctionnent et évoluent dans leurs environnements. La mise en évidence de la plasticité a conduit à la redéfinition du génotype en tant que répertoire des possibilités phénotypiques dans l'environnement, plutôt qu'un modèle pour des résultats fixes simples (Figure. 4) (Sultan, 2002 ; Sultan & Spencer, 2002).

Figure 3. a. Morphologie des feuilles chez un hétérophylle *Ranunculus aquatilis* (en haut) et *Ranunculus flabbelaris* dans différentes conditions environnementales (Cook, 1968); **b.** (a) Répliques du même génotype de *Polygonum lapathifolium* âgé de huit semaines en condition de faibles éclairements (20% de rayonnement photosynthétiquement actif disponible (PAR); gauche) et en éclairement élevé (100% de PAR disponible ; droite). Les plantes en condition de faibles éclairements soutiennent de grandes, minces feuilles et peu de branches. Les plantes placées en condition de forts éclairements porte des feuilles étroites sur leurs branches et sont à un stade avancé de leur croissance ce qui est montré par la sénescence des premières feuilles. (b) Normes de réactions moyennes pour 25 génotypes de *Polygonum lapathifolium* développées au PAR faible (20%) et PAR élevée (100%). Présentation des moyennes de chaque traitement encadré de leur écart type. Les plantes à faible niveau d'éclairement ont une biomasse totale plus faible (cercle rempli) mais produisent un LAR plus fort (cercle non rempli) dû à des changements d'attribution de la biomasse, de morphologie et de structure de la feuille. (Sultan, 2000) ; **c.** Exemple de plasticité phénotypique : deux plantes d'*Arabidopsis thaliana* ayant le même génotype n'ont pas le même phénotype lorsqu'elles sont soumises à des environnements différents. (a) stimulation mécanique (b) pas de stimulation. (Pigliuccci, 2005); **d.** Effets d'une absence de caroténoïdes dans l'alimentation sur la coloration plumage de pinsons du Michigan. Le pinson mâle orange a été soumis à un régime restreint en caroténoïdes (Hill, 1994 ; Brawner *et al.*, 2000). Photo de Geoffrey E. Hill et David Bay (Price, 2006).

Figure 4. Définition succincte et généraliste de la plasticité sous forme graphique (adapté de Pigliucci, 2001 ; Varin, 2009).

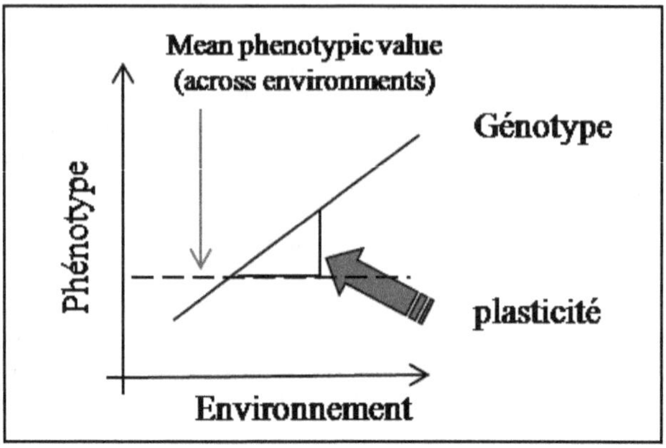

Le phénotype résulte de l'influence des gènes et des produits des interactions multiples de gènes et des environnements internes et externes de l'organisme (Miklos & Rubin, 1996 ; Schlichting & Pigliucci, 1998). Comme le montre la figure 4, le phénotype varie selon deux axes : l'axe Spatio-temporel et l'axe environnemental. Les organismes vivent dans un environnement variable dans le temps et l'espace : il s'agit de l'axe spatio-temporel.

Un environnement sans modification de ses caractéristiques physico-chimiques et spatio-temporelles est caractérisé comme l'axe environnemental stable. Dans ce contexte on parle d'homogénéité environnementale et la réponse à la sélection des traits consiste dans une population à une augmentation de la fréquence des traits avantageux au fil des générations.

En cas d'hétérogénéité environnementale, la disponibilité en ressources, les conditions biotiques et abiotiques, les interactions sociables sont variables. Certains traits sélectionnés dans un environnement A peuvent ne plus être optimaux face à un nouvel environnement B. Ces modifications des traits entraînent une diminution de la « forme physique » ou « Fitness ». C'est-à-dire l'efficacité qu'a ce dernier à transmettre ses gènes au sein de générations successives.

V.2. La plasticité vue par les différentes écoles qui la définissent et au travers de l'histoire

On retrouve l'adjectif « plastique » à de nombreuses reprises au cours de l'histoire des sciences dures comme la physique et notamment des sciences du vivant.

Bien que l'essence du phénomène soit importante, la définition de la plasticité est extrêmement large. Par exemple, « l'environnement », tel que perçu par les écologues, comprend habituellement tout ce qui entoure une entité spatiale abiotique ou vivante et les facteurs externes, tandis que beaucoup d'autres biologistes considèrent « l'environnement » en termes d'environnement cellulaire c'est-à-dire des effets de cellules voisines (Sachs & Novoplansky, 1993), ou des hormones morphogènes (Savidge, 1994 ; Schlichting & Smith, 2002). Dans la philosophie de la nature et dès les origines de l'embryologie au XIXème siècle grâce aux travaux d'Oscar Hertwig, Wihelm Johansen et Richard Woltereck (Figure.1), l'adjectif « plastique » permet aux théoriciens de caractériser la spécificité du processus d'ontogenèse. C'est-à-dire comment les êtres vivants apparaissent et se développent. Toutefois, la diversité des définitions de la « Plasticité » est une seule réflexion quel que soit les disciplines dans lesquels différents aspects de la base génétique, de l'évolution, du raisonnement adaptatif, des implications au niveau de la communauté et des mécanismes physiologiques et développementaux de la plasticité phénotypique sont abordés et étudiés.

Le concept est d'abord employé à la Renaissance par William Harvey (1578-1657). Ce concept permet à Harvey de réhabiliter la conception aristotélicienne de la génération tout en concevant la tradition « embryologiste ». Il se réfère notamment à la *vis plastica* ou « force plastique ». En 1651, il formule la théorie de l'épigenèse qu'il oppose à la théorie de la préexistence. D'un autre côté à Cambridge, afin d'apporter une alternative aux conceptions mécanistes du vivant décrit par Descartes (1964-1974) ou Malpighi (1687), les néo-platoniciens Henry More (1614–1687) et Ralph Cudworth (1617–1688) se réfèrent au concept de « nature plastique ». Pour ces chercheurs, les lois de la physique ne peuvent pas expliquer à elles seules la capacité que peuvent avoir les êtres vivants à produire du « neuf et de l'innovant » à partir des générations précédentes.

Une centaine d'années plus tard, des embryologistes fidèles à cette tradition nommés Caspar Friedrich Wolff (1734-1794) et Hans Driesch (1867-1941) tenteront à leur tour de déterminer la spécificité du développement des organismes vivants en les comparants à d'autres objets de la nature. L'étude de la morphogenèse et métamorphose devient progressivement le champ disciplinaire de la biologie où l'on s'attache à décrire la « capacité plastique » du vivant à générer des formes spécifiques particulières. Par ailleurs, chez Freud (1856-1939) (Figure. 1) la plasticité désigne un mode fondamental de la psyché et en neurologie, il s'agit d'un concept central, qui désigne la propriété essentielle du cerveau.

Simultanément et à partir du début du XXe siècle, la notion de plasticité a été développée et employée différemment par les généticiens. Richard Woltereck (1909) marque le début de cette tradition « génétique » de la notion de plasticité dans les sciences du vivant évalué par la formulation de la notion de « norme de réaction : *Reaktionsnorm* ». Cette « norme de réaction » correspond pour Woltereck à la totalité des relations qui associent ces courbes entre elles. Selon lui, c'est cette norme qui est transmise et héritée. Johannsen (1911) qui est l'inventeur des concepts de « génotype » et de « phénotype » reprendra cette notion et la popularisera. Ces définitions permettent de décrire les « réactions des constituants génétiques » au contact d'environnements fluctuants. Puis, au cours de la fin de la seconde guerre monde et de la guerre froide, les généticiens Romaschoff et Nikolay Vladimirovich Timoféeff-Ressovsky de Union Soviétique (Figure 1) entament des programmes de recherche sur les rôles des différents facteurs sur la « phénogenèse » notamment génétiques et externes. Au cours de l'année 1926, dans cette même école soviétique, une interprétation génocentrée fut donnée par Oscar Vogt. Elle présente deux notions génétiques : i) « la pénétrance » qui décrit la proportion d'individus possédant une mutation génétique, mais ne manifestant aucun effet de cette mutation. ; et ii) « l'expressivité » qui décrit l'étendue de la manifestation d'une mutation génétique pour un individu donné en terme probabilistes. Depuis, le transfert de concept de l'est vers l'ouest a eu lieu et les termes ont été repris par Conrad Hal Waddington qui les introduisit en Angleterre en 1938. A partir de 1950, la pénétrance est définit comme probabilité conditionnelle qu'un phénotype se manifeste pour un gène donné. De nos jours, la pénétrance est définie comme le pourcentage d'individus d'un génotype donné qui présentent le phénotype associé à ce génotype (Griffiths *et al.,* 2002). Par, exemple, un organisme peut avoir un génotype particulier mais ne pas exprimer le phénotype correspondant en raison de gènes modificateurs, épistatiques ou suppresseurs dans le reste du génome, ou en raison d'un effet modificateur de l'environnement. Ou bien l'absence de fonction d'un gène peut avoir intrinsèquement des effets très subtils, difficiles à mesurer dans une étude en laboratoire (Griffiths *et al.,* 2002). Donc la pénétrance est une autre mesure servant à décrire la gamme d'expression phénotypique mais du point de vue génétique ; et ii) L'expressivité mesure le taux auquel un génotype donné est exprimé au niveau phénotypique. Des degrés d'expression différents chez un individu distinct peuvent être dus à une variation dans la constitution allélique du reste du génome ou à des facteurs environnementaux. L'expressivité et la pénétrance font partie du concept de « norme de réaction » d'un point de vue génétique (Griffiths *et al.,* 2002). Depuis cette époque, il n'est plus question d'environnement et la distinction entre ces deux notions « génotype et environnement » tend à disparaître. A ce jour, la norme de réaction tend à devenir un outil pour la génétique plutôt qu'un moyen de modélises les interactions entre phénotype et l'environnement.

Aujourd'hui, la notion de « plasticité phénotypique » est souvent utilisée. La plasticité phénotypique correspond uniquement aux modifications des traits fonctionnels ou de vies répondant à des variations environnementales (Wright & Mc Connaughay, 2002). On parle de Plasticité Phénotypique (Roff, 1999 ; Schlichting & Pigliucci, 1998) ou d'une composante plastique phénotypique unique comme étant un cas particulier de la Plasticité. La « norme de réaction » devient alors un synonyme ou un sous-ensemble de la plasticité phénotypique. Ainsi, La plasticité phénotypique repose sur cette ancienne tradition et correspond à la définition présentée dans le paragraphe 1.1. « La Plasticité est conditionnée par la capacité d'un même génotype à produire différents phénotypes selon le miroir de l'environnement ». Par conséquent, ce choix sur la plasticité phénotypique a généralement impliqué des comparaisons de valeurs de traits dans différents environnements (Scheiner & Lymany, 1989 ; Dudley & Schmitt, 1996 ; Dudley, 1996 ; Donohue *et al.,* 2000 ; Dorn *et al.,* 2000 ; Steinger *et al.,* 2002 ; Huber *et al.,* 2004 ; Pigliucci *et al.,* 2006).

Plus récemment, le concept de Plasticité a refait son apparition. Les biologistes emploient ce concept pour chercher à formuler un nouveau dessin de l'évolution en prenant en compte le développement. De nombreuses synthèses de littératures scientifiques modernes essayaient d'associer dans un même schéma conceptuel les notions de génétique mendélienne, de génétique des populations et de la théorie de la sélection naturelle. Pigliucci (2001), West-Eberhard (2003), Gilbert & Epel (2009), Whitman & Agrawal (2009), Pigliucci & Müller (2009) se réfèrent à un concept dont l'emploi est récent dans la biologie du développement. Ils parlent du concept de « plasticité développementale ». Ce concept est vraisemblablement complété par les nouvelles données concernant les différents domaines de la biologie comme l'ontogénétique présent en biologie végétale, animale, en entomologie, neuronale et comportementale. La notion de « plasticité développementale » dans le champ de la biologie du développement est l'équivalent contemporain du concept de « plasticité phénotypique ». Bien qu'il soit dépourvu d'une trop forte connotation génétique. Ce concept met plutôt l'accent sur le processus résultant de l'interaction génotype-environnement et qui conduit à une plasticité phénotypique. Le concept de plasticité est devenu un outil théorique important au sein de nouvelles disciplines comme la biologie évolutionnaire du développement nommé sous les acronymes d'Evo-Devo et Eco-Devo.

Comme nous l'avons vu, la plasticité a été largement identifiée comme mode significatif de diversité phénotypique et par conséquent comme aspect important de la façon dont les organismes se développent, fonctionnent et évoluent dans leurs environnements. Cette nouvelle conscience a mené à une redéfinition du génotype en tant qu'un répertoire des possibilités phénotypiques dans l'environnement contingent ou « norme de réaction », plutôt qu'un modèle pour des résultats fixes simples de phénotype (Figure. 4).

Généralement, les biologistes regardent de plus en plus le phénotype comme les résultats des systèmes développementaux synergiques complexes. C'est-à-dire qu'il est le résultat de l'influence des gènes et des produits des interactions multiples de gènes et des environnements internes et externes de l'organisme (Miklos & Rubin, 1996 ; Schlichting, & Pigliucci, 1998).

D'autre part, Richard *et al.* (2006) pense que c'est une idée fausse et qu'il faut regarder la plasticité comme une alternative à la variation génétique (Macdonald & Chinnappa 1989 ; Pigliucci 2001). La plasticité est donc un trait en lui-même : « *Plasticity is a trait* » (Richard *et al.*, 2006). C'est une propriété d'un génotype qui peut être visualisé graphiquement comme modèle d'expression dans différents environnements (appelés une « norme de réaction »). Comme d'autres traits, la plasticité est sujette à l'évolution par sélection naturelle. Par conséquent, d'après Richard *et al.* (2006) cette dichotomie semble peu raisonnable.

– Remarque

Beaucoup d'auteurs ont suggéré qu'il existe deux types de plasticité : i) changements discrets et adaptatifs ; ii) changements continus et non adaptatifs (d'après Scheiner, 2006). D'autres suggèrent qu'il faut différencier les réponses « mécaniques » (Passives) des réponses plus élaborées nommée indirectes (ou actives) (d'après Scheiner, 2006).

V.3. Plasticité phénotypique et plasticité ontogénétique

Wright & McConnaughay (2002), Varin (2009) précisent la définition en distinguant deux composantes de la Plasticité (Figure. 5) :

Figure 5. Variation de l'expression du génotype (production de différents phénotypes) en fonction des variations de l'environnement. Un génotype varie dans son expression selon les environnements externes et internes de l'organisme. Modèle de réponse phénotypique d'un génotype donné sous forme de norme de réaction. Des normes de réactions peuvent être déterminées en mesurant des traits phénotypiques d'intérêts sur des répliques identiques génétiquement (clones) placées dans plusieurs environnements. La gamme des environnements expérimentaux pourrait : i) inclure des traitements extrêmes ou peu réalistes pour étudier les limites de l'expression phénotypique potentielle et, ii) être basée sur des conditions environnementales naturelles. L'analyse peut fournir des informations importantes sur l'écologie et sur l'évolution de l'organisme en condition naturelle. Un génotype peut présenter une norme de réaction pour n'importe quel trait spécifique pouvant décrire l'individu comme élément constitutif des valeurs phénotypiques émise dans un environnement expérimental (cercle). La norme de réaction pour un groupe de génotypes peut être tracée comme montrer sur le graphique présentant une variance génotypique au travers des environnements. (Sultan, 2000).

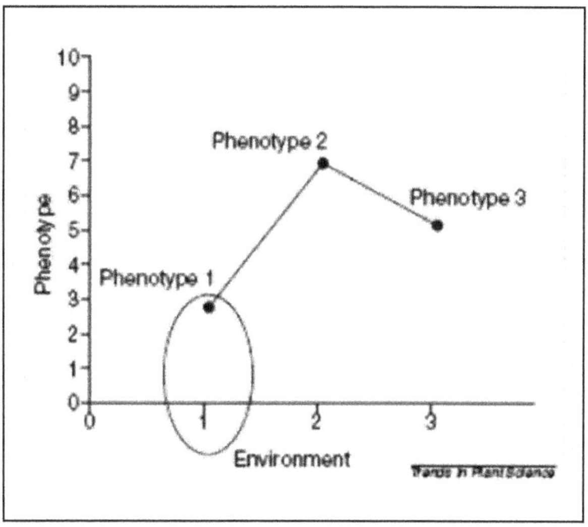

- La plasticité phénotypique (Pp) est définie par les modifications de traits répondant à des variations environnementales (Wright & McConnaughay, 2002 ; Wu et al., 2004). On parle de Plasticité Phénotypique unique ou d'une composante plastique phénotypique unique comme étant un cas particulier de la Plasticité. Cette plasticité est conditionnée par la capacité d'un même génotype à produire différents phénotypes selon l'environnement (Roff, 1999 ; Schlichting & Pigliucci, 1998). Schlichting & Smith (2002) ont proposé une définition alternative de plasticité phénotypique selon laquelle la plasticité pourrait être examinée au niveau de différents organismes. Ils définissent la plasticité comme étant « n'importe quel changement des caractéristiques d'un organisme en réponse à un signal environnemental » (Schlichting & Smith, 2002). Les définitions de Pigliucci, et Schlichting & Smith sont mutuelles - exclusives lorsque la plasticité est définie en termes d'un génotype. La plasticité ne peut pas être mesurée sur un individu (Scheiner & Lyman 1989 ; De Jong 1995), mais doit à la place être calculée en déterminant le phénotype moyen manifesté par des groupes d'individus du même génotype à chaque niveau de la modification environnementale.

- La plasticité ontogénétique (Po) ou trajectoire ontogénétique correspond aux variations des traits fonctionnels au cours de la croissance de la plante (Wright & McConnaughay, 2002). Elle est conditionnée par le polymorphisme génétique présent au sein d'une population. Elle est générée par le phénomène de mutation, recombinaison, ségrégation chromosomique ou appariement des gamètes induisant le brassage génétique (Wright & McConnaughay, 2002).

La plasticité ontogénétique correspond aux variations des traits fonctionnels au cours de la croissance de la plante (Wright & Mc Connaughay, 2002).

Les traits d'histoire de vie servent à décrire les végétaux, ils permettent d'appréhender leurs capacités de dispersion, d'établissement et de persistance (Noble & Slatyer, 1980). Ils regroupent un ensemble de critères écologiques, morpho-anatomiques et physiologique : le type de vecteur de pollinisation, les motifs d'allocation de l'énergie dus à des changements de ressources, contraintes ou perturbations, l'enracinement en profondeur, la teneur en eau des feuilles, la photosynthèse, la tolérance au froid, la présence de composés secondaires, etc. (Weiher *et al.,* 1999). Ces traits permettent d'évaluer la fonctionnalité et le succès reproducteur de ces végétaux dans leurs environnements. La mesure d'un trait d'histoire de vie est implicitement celle d'une fonction biologique (Tableau. I). Le choix des traits utilisés dépend donc des problématiques considérées (Noble & Slatyer, 1980).

Tableau I. Relations entre traits et fonctions écologiques (Weiher *et al.*, 1999).

Traits	Fonctions écologiques
Masse de semences	Distance de dispersion, longévité dans les banque de semences, succès d'établissement, fécondité.
Forme des semences	Longévité dans les banques de semences
Mode de dispersion	Distance de dispersion, longévité dans les banque de semences.
Clonal	Acquisition de l'espace.
Teneur en eau des feuilles (LWC) et aire spécifique des feuilles (SLA)	Vitesse de croissance relative (RGR), plasticité, tolérance aux contraintes, persistance des feuilles, Longévité des feuilles.
Hauteur	Capacité à la compétition.
Biomasse aérienne	Capacité à la compétition, fécondité.
Histoire de vie	Longévité de la plante, capacité à se maintenir dans l'espace, tolérance aux perturbations.
Début de la floraison	Evitement des contraintes, évitement des perturbations.
Capacité de régénération après une perturbation	Tolérance aux perturbations.
Densité de tiges	Longévité de la plante et stockage du carbone.

V.4. Plasticité ontogénétique et développementale : Base génétique de la plasticité

Lors des études sur les effets du réchauffement climatique sur certaines plantes et leur transformation progressive, notamment lors des générations successives qui sont soumises à des environnements fluctuants comme les changements globaux, Via démontre que la sélection n'agirait pas directement sur la plasticité lors de mesures de la plasticité intergénérationnelle. Dans ce cas, cette plasticité ne serait pas considérée comme un trait distinct possédant sa propre étiologie génétique contrairement à ce que pense Richard *et al.* (2006). A l'opposé, Carl Schlichting semble démontrer l'inverse (1986), en comparant deux espèces de pourpier (*Portulaca grandiflora* et *Portulaca oleraca*). Ce qui fût confirmé par Richard *et al.* en 2006.La plasticité d'un trait peut évoluer indépendamment de ce trait. Ainsi, le contrôle génétique de la plasticité ne peut être que distinct du contrôle génétique du trait lui-même. Donc, pour clarifier ce problème. Il est nécessaire de se poser les bonnes questions concernant les bases génétiques et développementales de la plasticité. Existe-t-il une plasticité ontogénétique, une base génétique et une étiologie génétique de la Plasticité ?

V.4.1. Plasticité ontogénétique

La **plasticité ontogénétique définit par Wright & McConnaughay (2002) correspond à la part génétique de la plasticité phénotypique définit par Schlichting & Pigliucci, (1995), Novoplansky (2002) et de la part génétique de la Plasticité mise en évidence par Bradshaw (1965).** Cela permet de mettre en évidence que la plasticité peut être soumise à la sélection et ainsi constituer une réponse évolutive. La **plasticité ontogénétique** semble regrouper les bases (1) génétiques et (2) **développementales de plasticités phénotypiques abordées** par Schlichting & Pigliucci (1995) et Novoplansky (2002) (Figure. 6 ; Varin, 2009).

Figure 6. Diagramme schématique présentant les composantes de la plasticité (Varin, 2009).

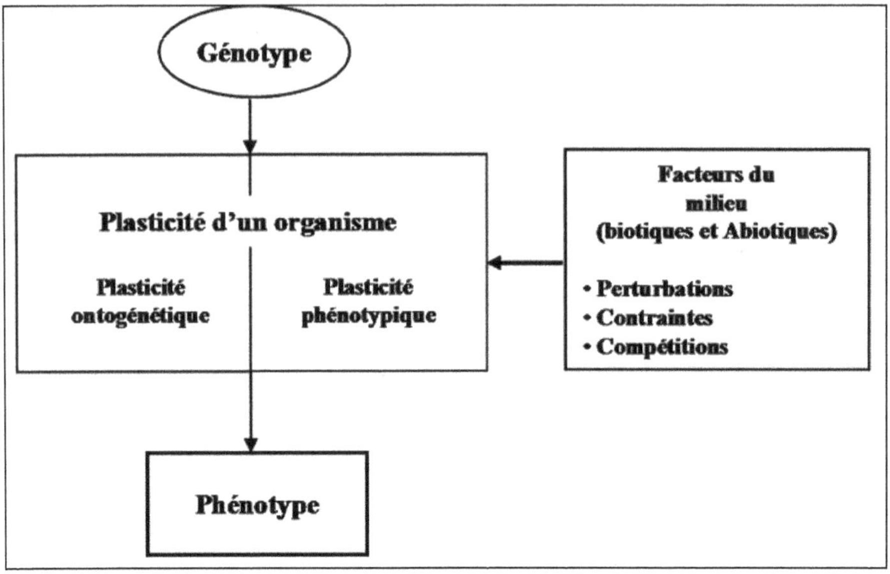

V.4.1.1. Base génétique

(1) **Une question de base à se poser en étudiant les bases génétiques de l'évolution de la norme de réaction obtenue face à une variation environnementale** : y a-t-il des gènes commandant les modèles et l'envergure de la **plasticité**, à la différence des gènes régissant l'expression de l'environnement phénotypique ? Via (1993) suggérait qu'il n'y a aucun « **gènes de plasticité** ». La **plasticité phénotypique est un sous-produit de choix issu des deux environnements : en d'autres termes, une réponse plastique apparente obtenue entre les deux environnements est simplement due au choix favorisant les différents caractères communs aux deux cas environnementaux.** Par ailleurs, Schlichting & Pigliucci (1993) **ont défini des gènes de plasticité en tant que : «** ***loci that exert environmentally dependent control over structural gene expression*** **». C'est-à-dire des «** ***Loci qui exerceraient un contrôle sur l'expression de gènes régulateurs, en fonction de l'environnement produisant ainsi une réponse plastique*** **»**

Cependant, indépendamment de la base génétique spécifique pour la plasticité, la plasticité est clairement sous la commande

génétique et peut donc évoluer (Westerman, 1970 ; Wu, 1975 ; Jain, 1978 ; Falconer, 1990 ; Hillesheim & Steans, 1991 ; Huey *et al.*, 1991 ; Scheiner & Lyman, 1991 ; Scheiner, 1993). Ainsi, la recherche mutuelle entre Gènes de la plasticité *vs* plasticité permet de démontrer l'existence d'une sélection non mutuellement exclusive par exemple, l'étude de gène codant pour les phytochromes sensibles à la lumière chez les plantes. **On peut donc définir des « Gènes de plasticité » ou *loci* régulateurs directement sensibles à l'environnement qui initient une réponse morphogénétique (Pigliucci, 1996).** Ceci ne veut pas dire que ce sont les seuls gènes dont la variation est corrélée à une variation plastique par exemple les gènes impliqués dans la signalisation, comme les facteurs de transcription ou les récepteurs, qui y contribuent certainement. Mais, ils permettent de mettre en place des programmes de recherche de QTL de plasticité. Si l'hypothèse de leur existence est vérifiée. Une question se pose : Comment trouver de tels gènes ? Une des solutions est l'étude de Candidats *vs* QTL.

Wu (1998) est un chercheur qui s'est penché sur la question. Il a identifié des gènes affectant la plasticité des peupliers : i) soit par sensibilité allélique ; ii) soit par régulation génétique. Son idée est qu'il s'agit probablement de sensibilité allélique présente chez le peuplier. Son hypothèse est qu'il est possible de détecter des QTL associés à la variation d'un trait sous différentes conditions environnementales. Bien qu'avec des effets différents et qu'ils s'agissent de régulateurs génétiques, on s'attend à trouver des QTL spécifiques à certaines conditions environnementales.

A ce jour, la plupart des QTL, c'est-à-dire des gènes régulateurs associés à certains effets alléliques ont été mis en évidence. Mais est-ce que ce sont des « gène de plasticité » tels que définis par Pigliucci. Actuellement, cette question reste en suspens et non résolue.

A la Suite de ce résonnement scientifique, deux nouvelles questions se sont formées : La plasticité est-elle un caractère en tant que tel ? A-t-elle son propre déterminisme génétique ? La plasticité se caractériserait-elle par une simple sensibilité allélique ou serait-elle contrôlée par des gènes exerçant un rôle régulateur sur les gènes dont dépendrait le trait étudié ?

Pour tenter d'y répondre deux hypothèses ont été formulées : **Allelic sensitivity (« *Pleiotropic hypothesis* ») *vs* plasticity genes (« *Epistatic hypothesis* »).**

La **Sensibilité allélique** ce définit comme les **gènes responsables de la formation d'un caractère plastique directement sensible à l'environnement**. Il n'existe qu'un type de gènes, produisant différentes valeurs en fonction de l'environnement (pléiotropie). Même si au XXIe Siècle une remise en cause et reformulation de la définition du terme « Gène » a lieu. Le terme « **Gènes de plasticité** » est quant à lui dissocié en deux types de gènes existants : i) les gènes responsables de la formation du caractère, ii) et un ensemble de régulateurs qui répondent directement à des *stimuli* environnementaux spécifiques en induisant des changements morphogénétiques spécifiques comme l'a défini Pigliucci. Ces derniers interagissent avec les autres gènes. Il s'agit d'épistasie.

A noter que l'**épistasie** se définit comme l'interaction existant entre deux ou plusieurs gènes. Il y a épistasie lorsqu'un ou plusieurs gènes (dominant ou récessif) masque ou empêche l'expression de facteurs situés à d'autres lieux génétiques (*loci*). Historiquement, ce concept a été utilisé dans deux situations, où il possède des définitions différentes : i) En génétique mendelienne, une relation d'épistasie désigne en général la suppression d'un phénotype par un autre gène de la même voie métabolique ; ii) En biométrie ou en gènetique quantitative, elle se réfère à la part de la variance génétique qui ne peut être expliquée ni par les effets additifs des allèles en présence, ni par les effets de dominance. Il existe deux formes d'épistasies : dominante et récessive.

Or, cette opposition n'est pas sans rappeler la controverse sur les « séquences codantes » *vs* « régulation en *cis* ». Même si cette controverse n'est plus totalement d'actualité car des données de génétique moléculaire suggèrent que les deux types de contrôle ne sont pas exclusifs et tendent à agir conjointement. Peu de cas, cependant, ont été bien étudiés à ce jour. Il faut donc rester prudent dans l'emploi de ces terminologies et savoir ce que l'on étudie et mesure.

Enfin, il a été progressivement admis qu'il n'existait pas de lien direct entre génotype et phénotype. Le phénotype serait le produit d'un système épigénétique complexe impliquant : i) des gènes capables d'interagir avec des signaux internes et externes ; ii) associé à des gènes capables de produire ces même signaux. Donc, même si la base génétique de la plasticité se confirme, le changement dans la compréhension du déterminisme des caractères implique une réinterprétation des causes de la Plasticité.

V.4.1.2. Base développementale

(2) **Il y a deux classes généralement identifiées de réponse développementale aux changements environnementaux** (Smith-Ouïe, 1983) : **La modulation phénotypique, où la plasticité est une fonction continue et proportionnelle du *stimulus* environnemental et de la conversion développementale, où les réponses sont un type de seuil et ne sont pas proportionnelles au *stimulus*.** Schmalhausen (1949) **fait une distinction claire entre ces deux formes de la plasticité** et Smith-Ouïe (1983) a largement décrit les différences entre elles (ontogénétique *vs* développementale) (Bradshaw, 1965 ; Levins, 1968 ; Scheiner & Lyman, 1989 ; Wuest-Eberhard, 1989). Ces deux résultats phénotypiques peuvent avoir des commandes génétiques spécifiques et peuvent être favorisés dans différentes conditions écologiques (Figure. 15) (Schlichting & Pigliucci, 1995).

Nous identifions **deux formes distinctes de commande génétique de la plasticité phénotypique** (Figure. 7) : (1) **La sensibilité allélique**, dans laquelle **l'expression de différents gènes est changée par les changements des conditions externes.** Par exemple, les gènes dont le produit est directement sensible aux changements de la température, du pH, de l'humidité, etc. ; Il n'y a aucune polémique concernant leur existence ; (2) **La régulation de la plasticité**, dans laquelle les **gènes détectent le changement des conditions externes** (par les récepteurs appropriés) et **changent l'expression d'autres gènes** (une réponse indirecte). De tels changements peuvent inclure des changements des taux de transcription de gènes, de traduction ou de commutation "Marche/Arrêt". La distinction entre ces deux formes est d'importance fondamentale parce que les pressions sélectives identiques fonctionnant sur la sensibilité allélique ou la régulation de la plasticité pourraient produire des trajectoires très différentes pour l'évolution de la norme de réaction (Schlichting & Pigliucci, 1995). Dans ce contexte, nous pouvons remarquer que nous ne parlons pas de « Gène(s) de plasticité » mais plutôt d'environnement génétique et physiologique interne à l'individu.

D'après ces mêmes auteurs, il y aurait plusieurs avantages pour un système avec r**égulation de la plasticit**é et suggèrent qu'une fraction substantielle des cas de la **plasticité adaptative soit basée sur cette forme de commande génétique.** Cependant, relativement peu d'études de **plasticité ont utilisé l'analyse de régression pour déterminer comment l'allocation de matière et d'énergie change en fonction de l'ontogénèse** (Wright & McConnaughay, 2002, Varin, 2009).

Figure 7. Diagramme des relations éventuelles entre le contrôle génétique et la base du développement des deux types fondamentaux de la plasticité phénotypique. Sensibilité allélique & Modulation phénotypique peuvent aussi être une étape dans la genèse de la régulation des gènes plus sophistiqué & de systèmes de conversions de développements. En outre, les normes de réaction presque continues peuvent résulter de la conversion de développement lorsque cela est encore affecté par des gènes modificateurs (Schlichting & Pigliucci, 1995).

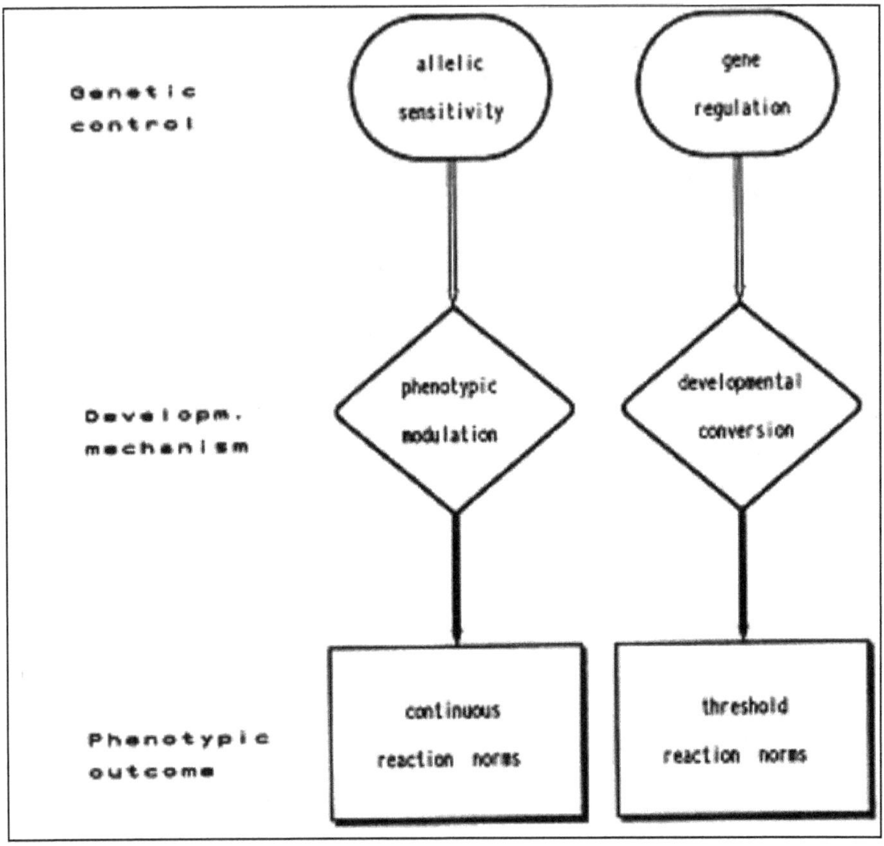

V.4.2. Plasticité développementale

La plasticité développementale peut être définie comme les changements développementaux qui suivent la perception et l'intégration d'informations issues de l'environnement (Novoplansky, 2002). La plasticité développementale tend à être irréversible (Pigliucci, 2006).

Les conséquences de ne pas prendre en considération les **différences ontogénétiques, tout en évaluant la plasticité des traits qui changent au cours de l'ontogénèse, peuvent entraîner de profondes erreurs** (Wright & McConnaughay, 2002). Pour éviter ces erreurs, il faut se poser une question : Quelques traits ne changent pas en fonction de l'ontogénèse ? C'est-à-dire, qu'ils ne montrent aucune dérive ontogénétique. La variation environnementale peut obtenir des réponses plastiques dont le taux de croissance et/ou les traits étudiés varient au cours de l'ontogénèse. Par ailleurs, les comparaisons des phénotypes à un point quelconque de la croissance et du développement de plantes indiqueraient une conclusion simple : les plantes n'exprimeraient pas obligatoirement de phénotypes différents et toutes les différences observées dans le phénotype seraient maintenues au cours de la croissance et le développement. Or, les plantes différeront dans le phénotype exprimé si le programme ontogénétique lui-même est plastique (Wright & McConnaughay, 1995). Wright & McConnaughay (1995) **se réfèrent à un tel changement du programme ontogénétique global de l'individu et le considèrent comme la plasticité ontogénétique. Ils ont montré que la plupart des traits sont sujets à la dérive ontogénétique et ont présenté différents *scénarii* de plasticité ontogénétique (Figure. 8).** Au niveau des populations, l'analyse des traits d'adaptation d'une espèce à des variations environnementales au cours du temps donne accès à la plasticité. La plasticité ontogénétique peut être examinée en étudiant le développement et la phénologie des végétaux (Wright & McConnaughay, 2002).

Figure 8. a. Représentation des formes possibles de l'expression de la plasticité phénotypique. Le scénario 1 illustre le cas inhabituel où le trait phénotypique est invariant au cours de la croissance et du développement (pas de dérive ontogénétique, sensu Evans, 1972). Le scénario 2 représente le cas le plus fréquent où le trait phénotypique varie avec l'ontogénie. Les graphiques de fond dans chaque scénario illustrent les résultats où : i) les variations environnementales induisent des réponses plastiques pour les taux de croissance, mais pas pour le programme ontogénétique (pas de plasticité ou plasticité passive ; graphique de gauche), ii) pour le programme ontogénétique, mais pas pour les taux de croissance (plasticité ontogénétique seulement ; graphique au centre); iii) ou une variation pour les deux variables que sont : les taux de croissance et le programme ontogénétique (plasticité complexe ; voir graphique de droite). Se référer au texte pour une description plus complète. **b. Représentation des résultats possibles permettant de choisir des normes différentes pour la comparaison des traits phénotypiques soumis à diverses formes de plasticité phénotypique.** Notez que pour les traits qui expriment la plasticité passive, une comparaison à un âge commun peut révéler de grandes différences phénotypiques, alors que les comparaisons à un stade ontogénétique commun ne présentent pas de différences significatives (graphique de gauche). Pour les caractères qui présentent une plasticité complexe, les comparaisons à des âges communs peuvent différer considérablement de ceux qui sont à des stades ontogénétiques similaires (graphique de droite). Dans les rare cas où les taux de croissance ne sont pas plastiques. (C'est-à-dire qu'il n' y a pas de plasticité ontogénétique, graphique du milieu), les comparaisons à des âges ou stades ontogénétiques communs permettra de conclure sur un cas identique. **c. Représentations hypothétiques de la plasticité ontogénétique pour un trait phénotypique qui varie au cours de l'ontogenèse.** Bien que ces représentations ne soient pas le reflet de la réalité, mais une réflexion de l'ampleur réelle des possibles cas à partir de la plasticité ontogénétique, ils servent à illustrer l'importance d'examiner les phénotypes à travers un large éventail de conclusion au regard du dessin réalisé par l'ontogenèse ce qui concerne la plasticité phénotypique. **d. Représentations hypothétiques de la variation de l'expression de la plasticité ontogénétique** en fonction de la date du changement de l'environnement par rapport à l'état ontogénétique initiale de la plante. (Wright & McConnaughay, 2002).

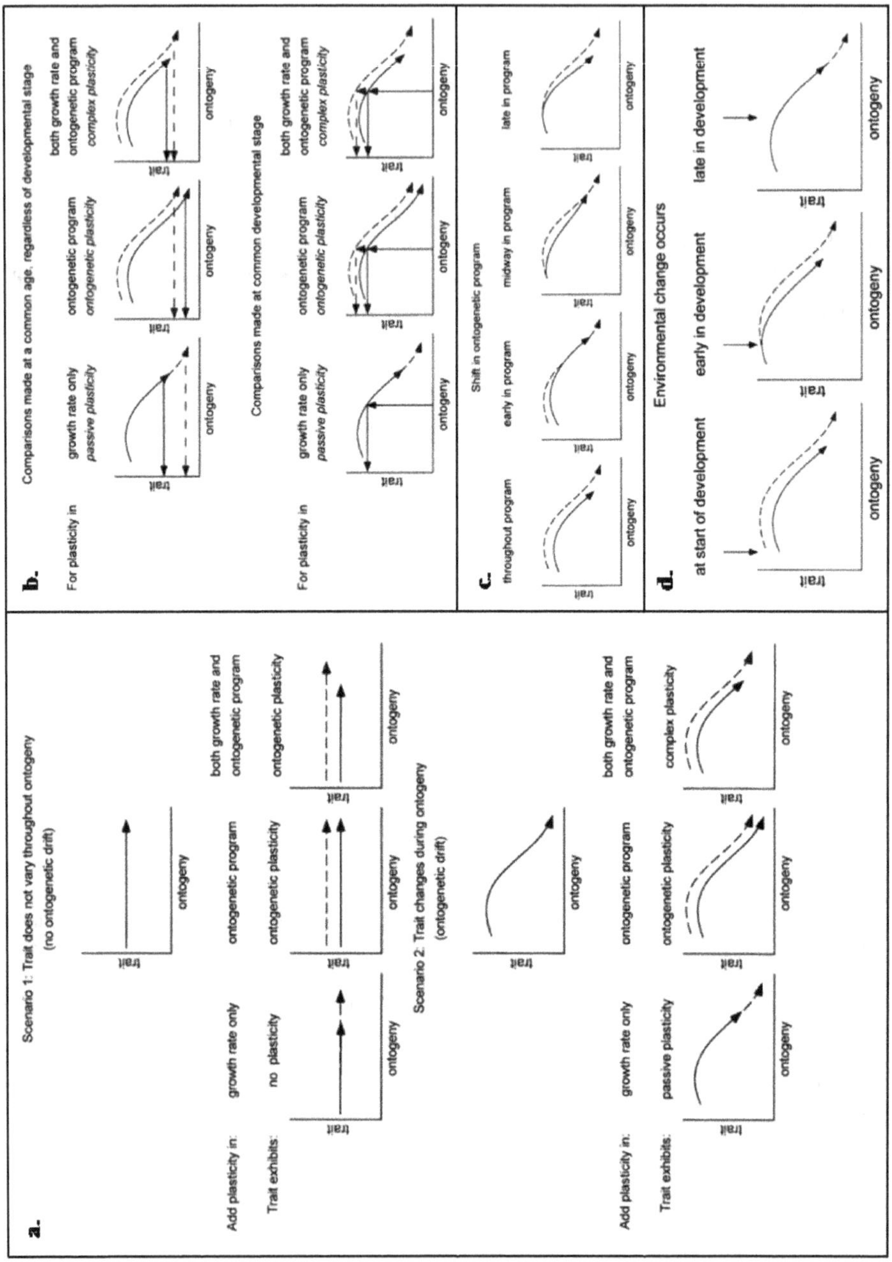

V.5. Plasticité en fonction du niveau d'organisation biologique

Comme nous l'avons abordé précédemment, « L'environnement » tel que perçu par des écologues et écologistes, comprend habituellement tout ce qui entoure une entité spatiale abiotique ou vivante et les facteurs externes, tandis que beaucoup d'autres biologistes considèrent « l'environnement » en termes d'environnement cellulaire c'est-à-dire des effets de cellules voisines (Sachs & Novoplansky, 1993), ou des hormones de morphogènes (Savidge, 1994 ; Schlichting & Smith, 2002). Ainsi, les biologistes moléculaires définissent la plasticité en termes de « gènes de plasticité » où des lieux de normalisation qui répondent directement à un stimulus environnemental spécifique en déclenchant une série spécifique de changements « morphogènes ». Les biologistes étudiant l'évolution ont défini la plasticité en termes de modèles mathématiques (Via *et al.,* 1995 ; Scheiner, 1993 ; De Jong, 1995). La plasticité peut être identifiée en fonction du niveau d'organisation biologique. Au niveau de la cellule et de l'organe, on parle de plasticité génétique, plasticité biochimique, physiologique, métabolique et anatomique (tissu) (Sultan, 1995 ; Pigliucci, 2006). Au niveau de la plante entière, on identifie la plasticité structurale, morphologique et architecturale, la plasticité développementale et la plasticité neurologique & comportementale (Sultan, 1995 ; Pigliucci, 2006). Si l'on considère une communauté, la plasticité peut être considérée comme un trait en lui-même (Richard *et al.,* 2006) et permet la comparaison des espèces.

V.6. Définition actuelle de la plasticité dans les différents domaines de la biologie

Les concepts de la plasticité utilisés dans la **biologie développementale, de l'évolution, et de biologie moléculaire** contribuent à de nombreuses discussions concernant la signification de la **plasticité** dans chaque discipline. **Les biologistes moléculaires définissent la plasticité en termes de « gènes de plasticité », « les lieux de normalisation qui répondent directement à un stimulus environnemental spécifique en déclenchant une série spécifique de changements « morphogènes ».** Par exemple, les gènes de phytochrome d'*Arabidopsis thaliana*, qui négocient la réponse à l'ombrage via l'action d'évitement mise en place par la plante et l'action d'un certain nombre d'autres gènes dont le taux de transcription a été montré pour dépendre des signaux de l'environnement (Pigliucci, 2001 ; figure. 3c). En revanche, **les biologistes étudiant l'évolution ont défini la plasticité en termes de deux modèles mathématiques (Via *et al.*, 1995 ; Scheiner, 1993 ; De Jong, 1995). Il s'agit de modèles de polynôme qui impliquent les environnements discrets et les environnements continus (Scheiner 1993 ; De Jong 1995).**

Schlichting & Smith (2002) ont proposé une définition alternative de plasticité phénotypique selon laquelle la plasticité pourrait être examinée au niveau de différents organismes. Ils définissent la plasticité comme étant « n'importe quel changement des caractéristiques d'un organisme en réponse à un signal environnemental » (Schlichting & Smith, 2002). Les définitions de Pigliucci, Schlichting et de Smith sont mutuelles - exclusives parce que quand la plasticité est définie en termes d'un génotype elle ne peut pas être mesurée sur un individu (Scheiner & Lyman 1989 ; De Jong 1995), mais doit à la place être calculée en déterminant le phénotype moyen manifesté par des groupes d'individus du même génotype à chaque niveau de la modification environnementale.

V.7. Plasticité « infinie » ou « parfaite » : notion de coût et de limite plastique

La capacité à produire une meilleure adéquation entre phénotype de l'individu et les variations environnementales rencontrées par ce même individu correspond au bénéfice de la plasticité. Si les contraintes n'existaient pas, un organisme pourrait alors développer une plasticité « infinie » dite « parfaite » et obtenir sa « Fitness » maximum (De Witt *et al.,* 1998). Cet organisme via la plasticité « parfaite » exprimerait la meilleure valeur de ces traits pour chaque environnement (De Witt *et al.,* 1998 ; Schlichting & Pigliucci, 1998). La résistance induite envers la mise en place de la plasticité « infinie » comprend deux notions importantes de la plasticité : Le niveau phénotypique ou la notion de limite plastique (De Witt *et al.,* 1998) et le coût de la plasticité (De Witt *et al.,* 1998 ; Agrawal, 1999).

Une limite au bénéfice de la plasticité est observée dans le cas où : La réponse « plastique » ne peut produire un trait moyen aussi proche de l'optimum que ne ferait une réponse « rigide » (De Witt *et al.,* 1998). A ce jour, on distingue quatre types de limites dont deux principales. La limite de « fiabilité de l'information » : un organisme « plastique » peut produire des phénotypes mal adaptés ou inadéquates vis-à-vis d'un environnement. Nous avons également la limite due au

« temps de retard » : une stratégie plastique s'appuie sur la croissance et le développement des organismes pour altérer le phénotype. Ainsi le temps de retard pris entre le changement environnemental et la réponse phénotypique peut réduire la « Fitness ». En d'autres termes, les limites sont des limites de précisions : 1) de la prédiction environnementale et du délai du changement environnemental ; Et, 2) d'étendue : du changement plastique, c'est-à-dire que la plasticité peut ne pas être suffisante pour couvrir l'entendue de variation phénotypique liée à l'adaptation génétique de l'individu.

Un coût de plasticité est obtenu lorsque dans un environnement donné un organisme plastique à une « Fitness » plus faible tout en produisant la même valeur moyenne d'un trait produit par un organisme de référence dit organisme « rigide » n'ayant pas de plasticité (De Witt *et al.,* 1998). On identifie cinq groupes de coûts principaux pour la plasticité (De witt *et al.,* 1998) : 1) Le coût de maintenance de l'organisme ; 2) le coût énergétique des mécanismes sensoriels et de régulation nécessaire pour assurer un tel niveau de plasticité. Par exemple : le système sensoriel basé sur les chimiorécepteurs et protéines d'inductions de régulations ; 3) le coût de production ; 4) le coût de production des structures inductibles (exemple : mécanisme de défense) car la production d'un phénotype différent peut être plus coûteuse que le phénotype standard ; 5) et le coût d'acquisition d'informations (De Witt *et al.*, 1998 ; Agrawal, 1999). La procédure d'acquisition d'informations sur l'environnement peut être risquée. Elle implique l'utilisation d'énergie et peut réduire l'efficacité de l'approvisionnement en ressource ou de la reproduction. Le coût d'acquisition d'informations pour le choix des traits et d'allocation est censé être optimal pour la survie de l'organisme. Par exemple, de nombreuses études théoriques montrent que la plasticité phénotypique adaptative peut être contrainte par des coûts et des limites plastiques. Par exemple, nous pouvons évoquer les travaux de Van Tienderen, (1991, 1997) ; Moran, (1992) ; León, (1993) ; Padilla & Adolph, (1996) ; Tufto, (2000) ; Sultan & Spencer, (2002) ; Ernande & Dieckman, (2004) ; De Witt *et al.,* (1998) ; Schlichting & Pigliucci, (1998). Nous avons également le coût développemental cas particulier où une augmentation de la plasticité peut induire une réduction de canalisation et de stabilité développementale. Et enfin, le coût génétique qui intervient dans la liaison entre gènes impliqués dans la plasticité et des gènes délétères (effets pléiotropes délétères, épistasie).

L'utilisation de la biologie moléculaire permet de suggérer que la mise en place de phénotypes moléculaires (Pigliucci, 1996) soit possible. Ces phénotypes peuvent être mis en évidence grâce aux études de transcriptomiques, protéomique et cartographie de gènes. L'utilisation des outils de la génomique fonctionnelle (microarrays d'ADNc) et de la protéomique (électrophorèse bidimensionnelle de gel, Western blot), pour mesurer les gènes et l'expression des protéines (Pigliucci, 1996 ; Colebatch *et al.,* 2002), peuvent aider à améliorer et à comprendre l'arrangement de l'évolution de la plasticité et des contraintes phénotypiques. En conséquence, plusieurs des dernières avancées dans l'étude de la plasticité ont été faites en utilisant des mutants de plasticités différentes (Callahan *et al.,* 1999 ; Pigliucci & Schmitt, 1999 ; Schlichting & Smith, 2002), des plantes transgéniques (Schmitt *et al.,* 1995), et des analyses de QTL des traits plastiques par exemple l'étude de Lukens & Doebley (1999).

VI. Mesures et réalismes écologiques des expérimentations sur la plasticité & Méthode d'analyse de la plasticité : Comment étudier la plasticité ? « Variations des traits » et « Norme de réaction »

VI.1. Expérimentations, Variation plastique & Evaluation de la variation des traits

Les expérimentations abordant la plasticité doivent présenter des exigences précises. Les données doivent répondre avec précision à la question de l'existence d'une réponse plastique face aux variables environnementales spécifiques. Cependant, les résultats de telles études sont écologiquement significatifs seulement si les conditions expérimentales permettent de ressortir des aspects de manière franche vis-à-vis de variations environnementales « normales » de références. Les études de plasticités supposent que le choix du chercheur sur les manipulations environnementales peut profondément influencer des résultats expérimentaux. Par conséquent, la clef au moment de concevoir les expériences évaluant la plasticité est de recréer la variation environnementale qui obtient des réponses plastiques dans l'arrangement normal de l'organisme, c'est-à-dire, de porter une attention particulière au réalisme écologique de l'expérimentation et de ne pas engendrer des coûts et limites non contrôlés.

Pour étudier la plasticité, on entreprend généralement des expériences qui incluent les traitements environnementaux en tant que facteurs fixes et les composants génétiques en tant que facteurs aléatoires. Un trait est considéré plastique si l'essai est statistiquement significatif pour l'effet du facteur environnemental considéré après analyse de variance par exemple dans analyses statistiques univariées via une ANOVA (*ANalysis Of Variance*) (Bradshaw, 1965). L'analyse peut être complétée d'une analyse statistique multivariée. Comme nous l'avons vu dans le point II.3., les traits servant à décrire les végétaux permettant d'appréhender les capacités de dispersion, d'établissement et de persistance de ces mêmes végétaux (Noble & Slatyer, 1980). Ils regroupent un ensemble de critères écologiques, morpho-anatomiques et physiologique. Par exemple chez les plantes, nous trouvons le type de vecteur de pollinisation, les motifs d'allocation de l'énergie dus à des changements de ressources, contraintes ou perturbations, l'enracinement en profondeur, la teneur en eau des feuilles, la photosynthèse, la tolérance au froid, la présence de composés secondaires, etc. (Weiher *et al.,* 1999). Ces traits permettent d'évaluer la fonctionnalité et le succès reproducteur de ces végétaux dans leur environnement. La mesure d'un trait fonctionnel ou bien d'histoire de vie (*caractéristique fonctionnelle*) est implicitement celle d'une fonction biologique (Tableau. I). Le choix des traits utilisés dépend donc des problématiques considérées (Cornelissen *et al.,* 2003 ; Noble & Slatyer, 1980).

La variation de certains traits est étudiée le long d'un gradient environnemental tel que la lumière (Cheng *et al.,* 1989 ; Sultan, 2000) les nutriments (Hodge, 2004) ou la disponibilité en eau (Roy & Mooney, 1982). L'étude de la plasticité présente la difficulté de différencier variabilité génétique et plasticité. L'analyse de la variance phénotypique totale d'un trait a pour but de dégager la part de plasticité phénotypique impliquée (Bradshaw, 1965). Pour un trait présentant une plasticité, la variation génétique de ce trait est indiquée par une corrélation significative entre l'origine génétique et le facteur environnemental. Dans le meilleur des cas, la plasticité d'un trait est définie comme propriété d'un génotype. Or, lors de l'estimation de la plasticité, il est difficile d'avoir un seul génotype. Par conséquent, pour limiter la variabilité génétique les expériences devraient être entreprises en employant des populations à faibles diversités génotypiques comme des variétés sélectionnées ou dans l'idéal des répliques clonales (Sultan, 2000). Cependant, de telles répliques clonales ne sont pas disponibles pour beaucoup d'espèces.

La détermination de la plasticité des traits ciblés peut être accomplie de plusieurs manières, par exemple des expériences de laboratoire, en serre ou en jardins expérimentaux avec des techniques spécifiques de greffes ou de clonages (Pigliucci, 2001). Les conditions minimums sont les capacités à contrôler & à commander, à gérer les états environnementaux avec différents niveaux de variations et à produire des répliques expérimentales du matériel génétique (Richard *et al.*, 2006). On entreprend généralement des expériences factorielles qui incluent les traitements environnementaux en tant que facteurs fixes et les composants génétiques en tant que facteurs aléatoires. Ainsi, comme nous l'avons vu, un trait est considéré plastique si l'essai est statistiquement significatif pour l'effet du facteur environnemental examiné après analyse de variance uni ou multi variées.

Le but est d'analyser la variance phénotypique totale d'un trait afin d'en dégager la part de plasticité phénotypique impliquée. La décomposition de la variance phénotypique observée sur un caractère donné chez plusieurs individus a sa formule présentée dans la figure 11 (Bradshaw, 1965). La variation génétique pour un trait présentant une plasticité est indiquée par une interaction statistique significative entre l'origine génétique et le facteur environnemental par exemple une corrélation. Une analyse de la variance et résidu est également envisageable lorsque le nombre de répétitions expérimentales, biologiques et métriques son assez suffisant. Dans ce cas, la variance d'un trait est un trait en lui-même. Par exemple les études de plasticité réalisée chez l'arabette par Pigliucci (2010). Ceci nécessite un plan d'expérimentation au « *design* » statistique bien réfléchi ou une méta-analyse statistique comme le fait Pigliucci (1997). Dans le meilleur des cas, la plasticité d'un trait est définie comme une propriété d'un génotype, ainsi les expériences devraient être entreprises en employant les répliques clonales (Richard *et al.*, 2006). Cependant, de telles répliques clonales ne sont pas disponibles pour beaucoup d'espèces, on utilise une alternative au procédé d'étude des normes de réaction : l'analyse Sib « Sib analysis » (Richard *et al.*, 2006).

VI.2. Définition de la « norme de réaction » (Norme de réaction) : « NoR » et interaction GxE

L'environnement joue deux rôles dans le processus évolutif (Figure. 9) (Scheiner, 1993). Premièrement, l'environnement établit une relation entre le phénotype d'un individu et sa « fitness ». En second lieu, l'environnement interagit avec le processus de développement de l'individu. Il joue un rôle en déterminant le phénotype de l'individu

(Scheiner, 1993). Les individus d'une même espèce, qui se développent dans différents habitats, peuvent présenter différents phénotypes dont les caractères phénotypiques écologiques important sont considérablement différents (Via, 1994). Ces différences phénotypiques entre les groupes d'espèces prélevées dans divers habitats peuvent être dues à des différences génétiques au sein du groupe ou à des effets purement environnementaux sur le phénotype des individus (Via, 1994). Pour un génotype donné, un changement de phénotype provoqué par le changement de l'environnement s'appelle « Plasticité phénotypique ». La plasticité phénotypique est une terminologie générale qui couvre tous les types de variations phénotypiques induites par l'environnement (Stearns, 1989). L'ensemble des phénotypes produits par un génotype dans des environnements se nomme sa « norme de la réaction » (Via, 1994). C'est pourquoi, la difficulté à étudier la plasticité a été une des sources de confusion dans la littérature. Deux approches existent : i) l'approche des normes de réactions « ***reaction norm (RN ou NoR) approach*** » **vs ii) l'approche de l'étude statistique des traits ou caractères** « ***Character stat (CS) approach*** ».

Figure 9. Schéma présentant les rapports entre la génétique, le développement, l'environnement et l'évolution. L'environnement joue un double rôle, affectant le processus développemental et la fonction de « Fitness » (Scheiner, 1993).

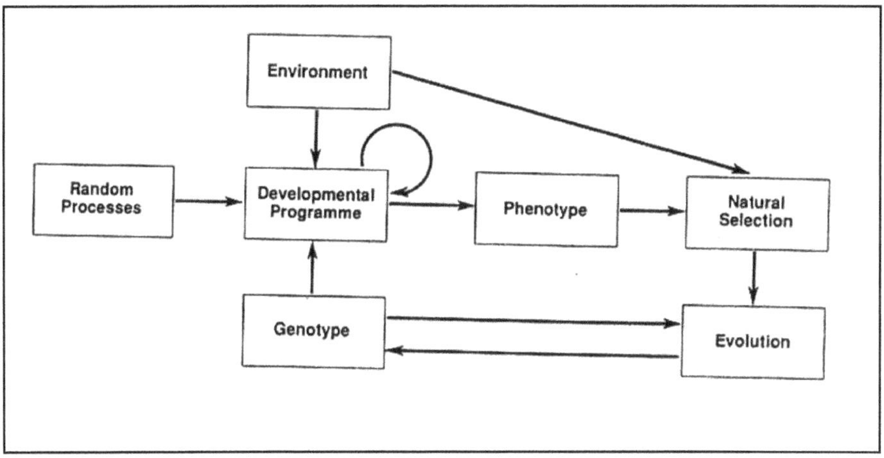

Pour caractériser cette plasticité phénotypique, on parle de « Norme de réaction ». Elle correspond à la gamme des réponses phénotypiques d'un génotype aux variations environnementales (Figure. 10). C'est une propriété d'un génotype qui peut être visualisée graphiquement comme modèle d'expression dans différents environnements. Elles mesurent le « degré de plasticité » d'un génotype donné (Pigliucci, 2001).

Figure 10. Présentation de la « Norme de réaction ». Il s'agit d'un « miroir » qui réfléchit l'environnement sur le phénotype. La norme de réaction transforme la variation environnementale en variation phénotypique. L'image de l'environnement au travers de la norme de réaction d'un génotype correspond au phénotype. Les différences entre les deux distributions peuvent être considérables (Stearn, 1989).

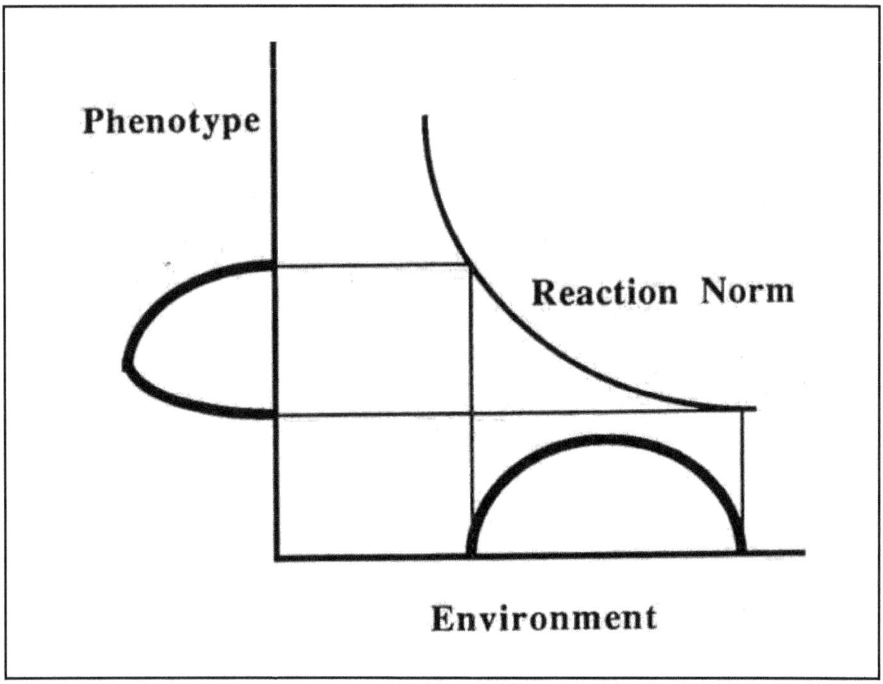

Une norme de réaction est un miroir qui reflète les effets de l'environnement à l'intérieur des phénotypes (Stearns, 1989). Elle est habituellement représentée comme une droite ou une courbe sur un graphique qui trace les phénotypes ou réponses phénotypiques produits par un génotype en fonction des facteurs de l'environnement (Figure. 10) (Stearns, 1989). Dans ce cas, l'axe des abscisses est le facteur du milieu étudié et l'axe des ordonnées correspond au phénotype (Figure. 10). Par cette représentation, il est possible de comparer les réactions de plusieurs génotypes à la même variation d'un facteur environnemental, tel que la température ou la quantité en nutriment.

La « *Reaction norm approach* » ou norme de réaction **est souvent** une fonction polynomiale. On utilise les paramètres de cette fonction comme variables dont on étudie les variations, notamment génétiques (on compare les paramètres entre génotype). Par exemple, les différentes longueurs des ailes pour un même génotype de *Drosophila melanogaster* peuvent être exprimées le long d'un gradient croissant de température (environnement continu) sous la forme d'une norme de réaction. Certains auteurs utilisent pour estimer la plasticité phénotypique, l'étude des coefficients polynomiaux de la norme de réaction ou le coefficient directeur ou pente lorsque la norme de réaction est une droite.

Mais l'approche la plus utilisée pour aborder cette plasticité est basée sur les concepts de « génétique quantitative » et en particulier l'**analyse de variance** nommée également la « *Character state approach* » c'est-à-dire l'étude génétique quantitative « classique » où l'on mesure la valeur moyenne d'un trait dans différents environnements. Le but est de décortiquer la variance phénotypique totale d'un trait afin de dégager la part de plasticité phénotypique impliquée (Figure. 11). La décomposition de la variabilité phénotypique de l'observation d'un caractère donné sur plusieurs individus se formule comme suit dans un contexte optimal :

$$V_P = V_G + V_E + V_{GxE}$$

Dans cette équation : V_P est la variance phénotypique (ou variance totale), V_G est la part de la variance totale attribuable aux différences de génotype, V_E est la part attribuable aux changements d'environnement et qui constitue la première composante de la plasticité phénotypique, V_{GxE} mesure la variance due à l'interaction entre génotype et environnement ce qui correspond au fait que les génotypes peuvent ne pas répondre de la même façon à un changement d'environnement et constitue la deuxième composante de la plasticité nommée **composante génétique de la plasticité**.

Nous pouvons également quantifier l'implication de la plasticité pour l'héritabilité.

$H_2 = V_G/V_P$ si V_P augmente, H_2 diminue.
$h_2=V_a/V_P$ si Va = variance coefficient directeur

Figure 11. Partitionnement de variance au sein de la plasticité. La Plasticité phénotypique représente une variation mesurable. Et, comme telle, elle peut souvent être exprimée et analysées par analyse de variance (ANOVA : ANalysis Of VAriance) (Pigliucci, 2001). Une mesure statistique fiable de la variation est la variance. Elle quantifie l'écart des valeurs autour de la moyenne. La variance d'un caractère phénotypique peut être partitionnée comme suit :
$V_p = V_G + V_E + V_{GxE} + V_{erreur\,;}$ où : V_p = variance phénotypique totale d'un caractère ; V_G = variance génétique (proportion de la variation phénotypique attribuable aux gènes); V_E = variance environnementale (proportion de la variation causée par l'environnement); V_{GxE} = interaction entre Genotype et Environment (variation génétique de la plasticité phénotypique); V_{Em} + V_{GxEm} l'environnement maternel peut également être envisagé dans certain cas par exemple chez les mammifères, insectes, etc.; V_{Erreur} = variance inexpliquée, y compris le bruit de développement ou développemental, les erreurs de mesures, etc.
L'ANOVA permet un partitionnement de la variation phénotypique dans les composants ci-dessus. Cependant, ces termes, particulièrement l'expression de la variance génétique, sont souvent divisés en plusieurs composants (Debat & David, 2001 ; Piersma & Drent, 2003). Ainsi, des modèles expérimentaux avec une certaine forme de structure génétique (ie, utilisant des clones autogames, hybrides et frère & sœurs de mêmes familles, des populations multiples, etc.) et les traitements environnementaux sont extrêmement puissants pour étudier la plasticité phénotypique. Néanmoins, la structure génétique n'est pas nécessaire pour l'étude de la plasticité. Une conception simple de plusieurs individus d'une espèce, assignés au hasard à des environnements différents, peuvent produire une estimation robuste de la plasticité pour un nombre de répétitions statistiques correctes. Ici, V_G et V_{GxE} sont inconnues, mais V_p peut encore être partitionné en ce qui s'explique par V_E (ie, plasticité phénotypique) et toutes les autres sources de variation plasticité. V_{GxE} est un terme important, car il montre que les différents génotypes expriment différentes réponses plastiques. Une telle variance génétique de la plasticité permet de faire évoluer la plasticité. (Adapté de Whitman & Afrawal, 2009).

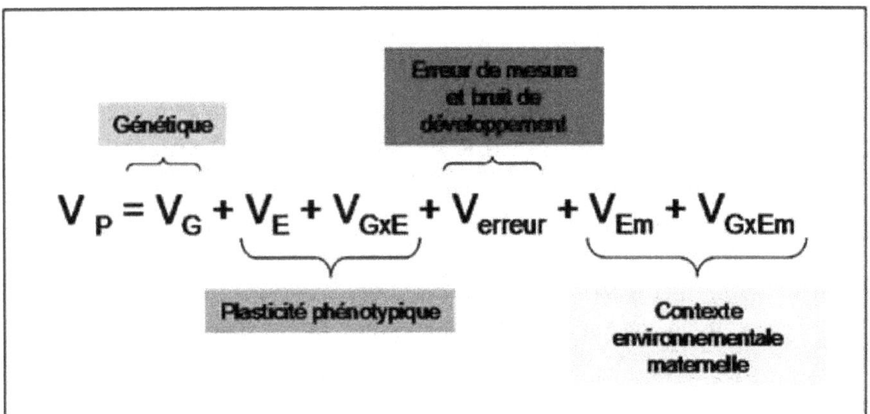

Par ailleurs, une confusion est possible (Piggliucci, 2005 Tree) concernant la nature de l'interaction G x E. Au niveau d'un génotype : un génotype placé dans des environnements différents, s'il est plastique, sera associé à différents phénotypes. Il y a bien une interaction entre les processus génétiques et développementaux qui affectent la formation du phénotype. Au niveau d'une population : si l'on considère plusieurs génotypes, et si chacun est placé dans la même série d'environnements, si les réponses environnementales sont différentes (les normes de réaction ne sont pas parallèles), cela signifie qu'il y a des différences de plasticité entre génotypes. Dans un modèle de génétique quantitative, où l'on teste les effets croisés du génotype (G) et de l'environnement (E), on dit qu'il y a une interaction G X E. Cette interaction suggère qu'il est possible de sélectionner la réponse à l'environnement. (Figure. 11). Il n'y a pas forcément de lien direct entre les deux (une population composée d'individus plus ou moins plastique peut ne pas l'être !) La figure 12 présente un exemple d'école de ce type d'étude sur les traits d'élongations des tiges et des fleurs d'*Arabidposis* publié par Pigliucci (1997).

Cette part génétique de la plasticité mise en évidence par Bradshaw (1965) et définit par Wright & Mc Connaughay (2002), permet de mettre en évidence que la plasticité peut être soumise à la sélection et ainsi constituer une réponse évolutive. Le dernier terme, V_{erreur}, est l'erreur résiduelle de la variance et contient par exemple les erreurs de mesure ou le bruit de développement. Ces différents termes de la décomposition de la variance phénotypique peuvent être illustrés sous la forme de norme de réaction (Figure. 13).

L'étude de la plasticité est donc une étude de variance et des composantes de la variance globale en tant que variable mathématique ou trait écologique.

Ces deux approches sont parfois équivalentes, mais ont des implications différentes : i) dans la première, la plasticité est considérée comme une propriété des caractères étudiés ; ii) dans la deuxième, il s'agit d'un caractère en tant que tel, en somme un « trait fonctionnel ». Donc, ces deux approches ont donc une conséquence importante sur la vision des bases génétiques.

Figure 12. Profils ontogéniques des variances de populations pour les traits de productions de fleurs et de hauteurs végétales. (Pigliucci, 1997). **Tableau.** Répétitions et analyse de la variance des mesures d'élongation de la tige chez quatre populations d'*Arabidopsis thaliana* cultivées sous quatre niveaux de disponibilité en éléments nutritifs. Le terme famille et ses interactions sont aléatoires et imbriqué dans la population en gras met en lumières des effets significatifs. **Graphiques.** Profils ontogénétiques des variations démographiques pour la production de fleurs (a) et la hauteur (b); (c) Profils ontogéniques de la corrélation entre la production de fleurs et de la hauteur de la tige principale. La ligne épaisse indique des niveaux approximatifs de la signification minimale pour les corrélations (la population T floraison tardive 2).

Source	df	Type III MS	F	P(F)
Between-subjects effects				
Treatment	**3**	**6.32**	**4.3**	**0.0061**
Population	**3**	**151.70**	**103.3**	**0.0001**
Family	**55**	**6.24**	**4.3**	**0.0001**
Treatment by Population	9	1.28	0.9	0.5527
Treatment by Family	**101**	**2.29**	**1.6**	**0.0068**
Error	150	1.47		
Within-subjects effects				
Time	**5**	**1 552 178.83**	**99 999.9**	**0.0001**
Time by Treatment	15	0.17	1.0	0.4740
Time by Population	**15**	**5.91**	**34.7**	**0.0001**
Time by Family	275	0.19	1.1	0.1148
Time by Treat. by Popul.	45	0.08	0.5	0.9994
Time by Treat. by Family	505	0.16	1.0	0.7470
Error	750	0.17		

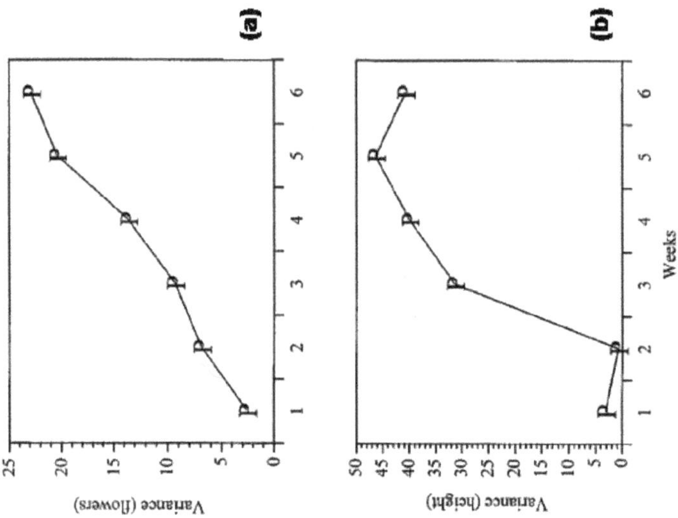

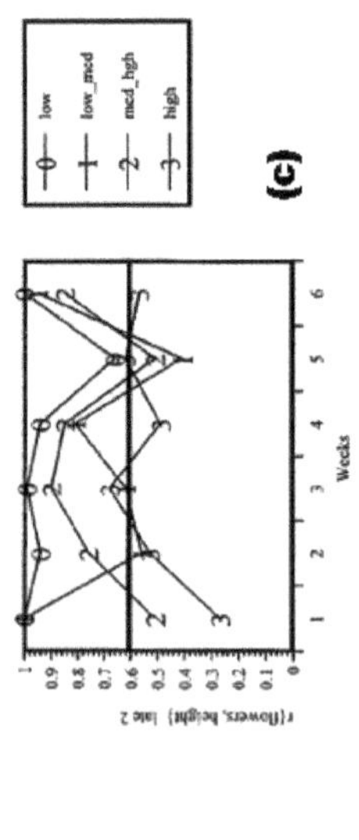

Figure 13. Trois scénarios d'interactions génotypes – environnements mis en évidence par la norme de réactions des génotypes. Différentes « normes de réaction » avec la correspondance des termes de l'analyse de variance phénotypique. (a) Pas de plasticité (variabilité phénotypique seulement dues aux différences entre génotypes). (b) Plasticité (variabilité phénotypique due aux différences entre génotypes et aux différences environnementales). (c) Plasticité et variabilité génétique pour la plasticité (variabilité phénotypique est due aux différences entre génotypes, entre environnements et à leur interaction) (Varin, 2009, 2013 d'après Guntrip & Sibly, 1998). (d) Exemple des normes de réactions hypothétiques pour le génotype présent dans une population vivante d'insecte. Triangle illustrant les valeurs moyennes du trait de la population pour deux environnements différents (Whitman & Agrawal, 2009); (e) Bilan théorique des normes de réactions de trois génotypes hypothétiques établis par Manuk : a, b et c. G= effet génétique principal ; GxE= Intéraction gène x environnement (Manuk, 2009).

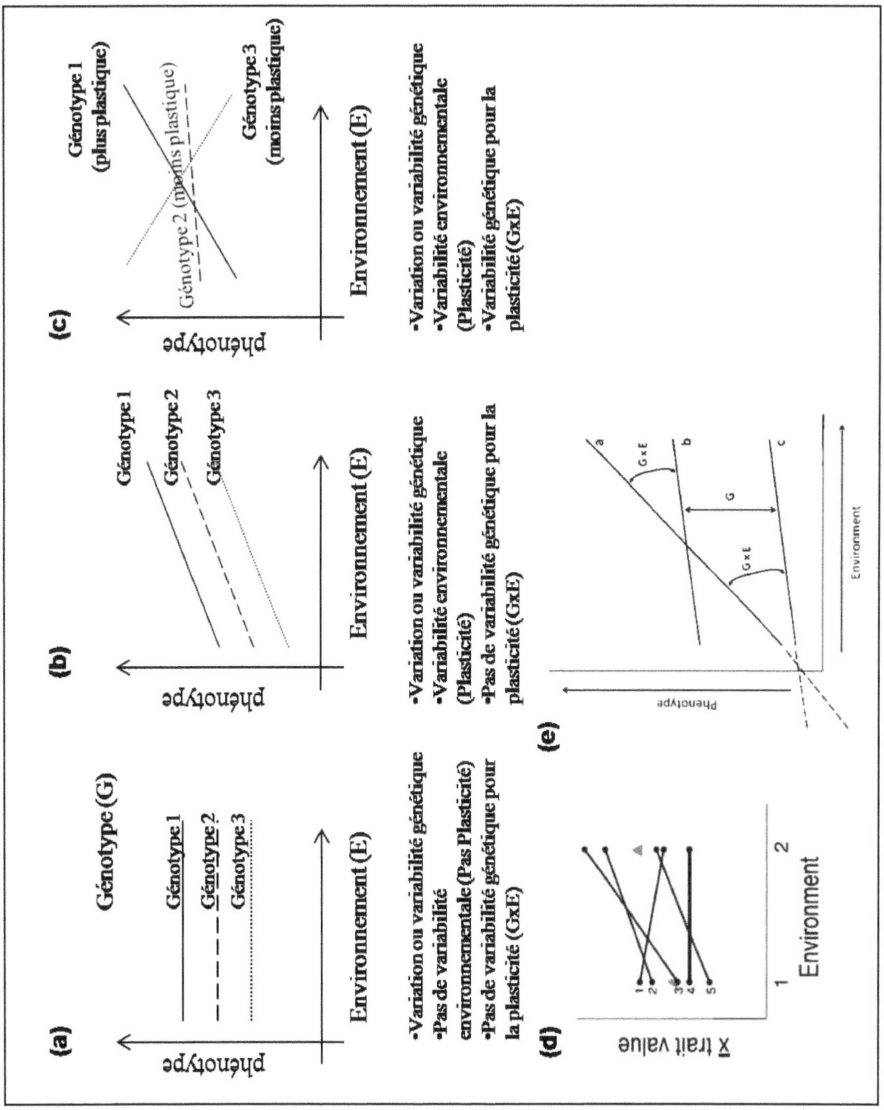

VI.3. Evaluation de la « Norme de réaction » : « NoR »

La plasticité phénotypique peut ainsi être visualisée en utilisant une courbe illustrant une « norme de réaction ». C'est une fonction décrivant la réponse d'un génotype à une variation environnementale quantitative, qui est énumérée comme axe des abscisses d'un graphique. L'axe des ordonnées du graphique correspond au phénotype des objets exposés de chaque génotype dans chaque environnement. Si l'on utilise la NoR, les réactions de plusieurs génotypes à la même manipulation environnementale telle que les températures ou des quantités variables en nutriment, peuvent être comparées. De Witt & Scheiner (2004) illustrent différentes formes de NoR (Figure. 14). Un génotype est non-plastique s'il montre le même phénotype dans tous les environnements. Un tel génotype produira un appariement de NoR. Mais si la NoR a une pente appréciable, le génotype est plastique (Pigliucci, 2001) (Figure. 13). La plasticité phénotypique est une propriété générale de la « norme de réaction » d'un génotype pour un trait donné et pour des conditions environnementales précises. Les NoRs telles que présentés dans la figure 12 mesurent le « degré de plasticité » d'un génotype donné (Pigliucci, 1997, 2001). Certains auteurs utilisent l'étude des coefficients polynomiaux de la « norme de réaction » comme la pente lorsque la norme de réaction est une droite. Ils étudient également la variance et variation de la variance & résidus de variances de ces facteurs.

Figure 14. Valeurs caractéristiques des normes de réaction « NoR ». A) de premier ordre (linéaire): *Pa* est la valeur moyenne du trait, *Ea* est la valeur moyenne de l'environnement, et *g1* est la pente. B) Deuxième ordre (quadratique): *Pm* est la valeur minimum/maximale du phénotypique, *Em* est la valeur minimum / maximum de l'environnement, et *g2* est la courbure de la norme de réaction. C) Troisième ordre (logistique): *Ei* est l'environnement au point inflection, Pm et PM sont la valeur du phénotypique aux asymptotes minimum et maximum, et S est la pente au point d'inflexion (De Witt & Scheiner, 2004).

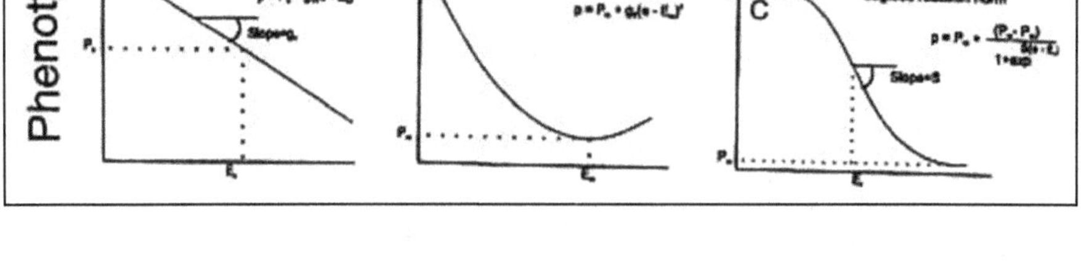

VI.4. Estimation de la plasticité

Valladares *et al.* (2006) ont étudié et critiqué les différentes méthodes d'estimation quantitative de la plasticité. Ils ont montré que la plasticité pouvait être évaluée à différent niveau d'organisation c'est-à-dire du trait, de la plante ou de la plante en communauté, par différent indicateur, comme les normes de réactions, des études de variations par exemple, des valeurs de traits, des régressions et des index de plasticité comme le RDPI (*Relative Distance Plasticity Index*) ou l'ESPI (*Environmentally Standardized Plasticity Index*).

Après avoir évalué la plasticité d'un individu, on définit le bénéfice de la plasticité comme la capacité à produire une meilleure adéquation entre phénotype de l'individu et les variations environnementales rencontrées par un individu. Si les contraintes n'existaient pas, un organisme pourrait alors développer une plasticité « infinie » dite « parfaite » et obtenir sa « Fitness » maximum (De Witt *et al.,* 1998). Cet organisme via la plasticité « parfaite » exprimerait la meilleure valeur de ces traits pour chaque environnement (De Witt *et al.,* 1998 ; Schlichting & Pigliucci, 1998). La résistance induite envers la mise en place de la plasticité "infinie" comprend deux notions importantes de la plasticité :

Le niveau phénotypique ou la notion de limite plastique (De Witt *et al.,* 1998) et le coût de la plasticité (Agrawal, 1999 ; De Witt *et al.,* 1998). Une limite au bénéfice de la plasticité est observée dans le cas où : la réponse « plastique » ne peut produire un trait moyen aussi proche de l'optimum que ne le ferait une réponse « rigide » (De Witt *et al.,* 1998 ; Scheiner, 1993). Par exemple, la limite de « fiabilité de l'information » où un organisme « plastique » peut produire des phénotypes mal adaptés ou inadéquates vis-à-vis d'un environnement. Nous avons également la limite due au « temps de retard » où la stratégie plastique s'appuie sur la croissance et le développement des organismes pour altérer le phénotype. Ainsi, le temps de retard pris entre le changement environnemental et la réponse phénotypique peut réduire la « Fitness ».

Un coût de plasticité est obtenu lorsque dans un environnement donné un organisme plastique à une « Fitness » plus faible tout en produisant la même valeur moyenne d'un trait produit par un organisme de référence dit organisme « rigide » n'ayant pas de plasticité (De Witt *et al.,* 1998). On peut citer en exemple : le coût de maintenance de l'organisme, le coût énergétique des mécanismes sensoriels et de régulation nécessaire pour assurer un tel niveau de plasticité. Le système sensoriel basé sur les chimiorécepteurs et protéines d'inductions de régulations a un coût de production des structures inductibles et un coût d'acquisition d'informations. La procédure d'acquisition d'informations sur l'environnement peut être risquée. Elle implique l'utilisation d'énergie et peut réduire l'efficacité de l'approvisionnement en ressource ou de la reproduction. Le coût d'acquisition d'information pour le choix des traits et d'allocation est censé être optimal pour la survie de l'organisme. L'estimation de ces coûts et limites permet l'évaluation de la plasticité de manière indirecte (De Witt *et al.,* 1998 ; Piggliucci, 1996, 1997).

VII. Réponse plastique ou « Norme de réaction » : variation de l'environnement vs variation des traits

VII.1. Différents cas de « norme de réaction »

Guntrip & Sibly (1998) et d'autres auteurs comme Nussey *et al.* (2007), Pigliucci (2005, 2006) et Sultan (2007) ont présenté les graphiques de norme de réaction illustrant certaines des possibilités de base des interactions de génotype-environnement dans les populations « normales ». Dans la figure 13, Trois scenarii présentant les normes de réaction de trois génotypes. Lorsque, les normes de réaction sont parallèles et largement espacées (Figure. 13a), l'analyse de la variance conclut qu'il n'y a pas de variation génétique pour les moyennes de trait des individus. Dans ce cas, il n'y a ni plasticité ni variation génétique pour la plasticité (Figure. 13a). Le deuxième scenario présente des normes de réaction qui sont inclinées à la suite d'une forte plasticité (Figure. 13b). Par ailleurs, ces normes de réaction sont parallèles. Elles indiquent qu'il n'y a aucune interaction entre le génotype et l'environnement, ou bien qu'il n'existe pas de variation génétique pour la plasticité. Les normes de réactions sont également très proches entre elles, ce qui signale l'absence de variation génétique entre les moyennes au travers de l'environnement (Figure. 13b). Le dernier scénario est extrême. Il présente la possibilité d'avoir une variation génétique pour la plasticité sans variation génétique pour la moyenne des individus (Figure. 13c). Dans ce cas, il y a la possibilité d'une plasticité. Ceci est possible uniquement si les normes de réaction sont parfaitement symétriques autour du centre du diagramme. Or, ce cas est très rare. S'il se produit dans la nature, il démontre l'indépendance complète parmi les trois concepts pouvant intervenir dans la plasticité : le Génotype (G), les variations phénotypiques attribuées à l'environnement (E), et de la variabilité génétique pour la plasticité en lien avec l'environnement ou plasticité ontogénétique (GxE). Les normes de réaction mesurent le « degré de plasticité » d'un génotype donné telles que présentées en Figure. 5 (Pigliucci 2001). De Jong (1990) utilise l'étude des coefficients polynomiaux de la « norme de réaction » ou la pente de la norme de réaction lorsqu'il s'agit d'une droite pour évaluer le « degré de plasticité ». Guntrip & Sibly (1998) montrent que les figures 13a, 13b permettent de mettre en évidence des végétaux généralistes, et la figure 13c permet de mettre en évidence des végétaux spécialistes ou intermédiaires lorsque là où les normes de réactions sont symétriques.

VII.2. Les différentes réponses plastiques

VII.2.1. En fonction du type de variation des traits

Selon la prédictibilité de l'environnement, on peut distinguer deux principaux types de réponse plastique phénotypique ou selon Roff (1999) & Schlichting, (1998) plasticité phénotypique.

On définit la plasticité prédictive ou « bruit adaptatif » comme étant une réponse plastique de traits à variation aléatoire confrontée aux fluctuations environnementales prévisibles (Cooper & Kaplan, 1982). Elle est également appelée plasticité conditionnelle (fluctuations environnementales prédictibles). Ainsi : 1 génotype → n phénotypes pour m environnements (Cooper & Kaplan, 1982). Par exemple, chez l'anoure pélobate de Hammond *Scaphiopus hammondii* où les têtards accélèrent leur métamorphose lorsque le niveau d'eau de la mare décroît (Denver, 1997).

La plasticité « pile ou face » ou « bet-hedging » ou « plasticité non prédictive » est identifiée comme réponse plastique obtenue dans le cas de variance de traits prévisible confrontée aux fluctuations environnementales prévisibles mais, non prédictibles (Cooper & Kaplan, 1982), ainsi : 1 génotype → n phénotypes pour une spéculation sur un avenir (Cooper & Kaplan, 1982). Le type et le degré de plasticité sont spécifiques à différents traits et à des conditions environnementales précises. Un même trait peut être plastique en réponse à un changement alors qu'un autre trait peut être plastique en réponse à la température ; et d'autres traits ne sont pas obligatoirement plastiques. Par exemple, chez le balanin de la châtaigne *Balaninus elephas* qui dépose des œufs de diapauses variables afin qu'au moins une partie de la descendance émerge pendant une année clémente (Menu, 2002).

VII.2.2. En fonction du sens de variation des traits

Les réponses plastiques actives ou « plasticité active » exigent un système spécifique de perception-transduction de signal permettant aux plantes de répondre en changeant leur développement, contrairement aux réponses plastiques passives ou « plasticité passive » (Van Kleunen & Fischer, 2005). Elle peut être « importante » bien que la réponse plastique observée sur le graphique soit relativement petite ou même de signe opposé. C'est-à-dire qu'elle se dirige dans l'autre direction. Les réponses plastiques actives et passives peuvent agir en même temps (Figure. 15) (Van Kleunen & Fischer, 2005).

Figure 15. Illustration de la façon dont une réponse plastique observée peut être le résultat de deux plasticités : i) la plasticité passive faisant suite à une limitation en ressource ; ii) et la plasticité active faisant suite aux changements d'allocations de matières et d'énergies au sein de la plante (Van Kleunen & Fischer, 2005).

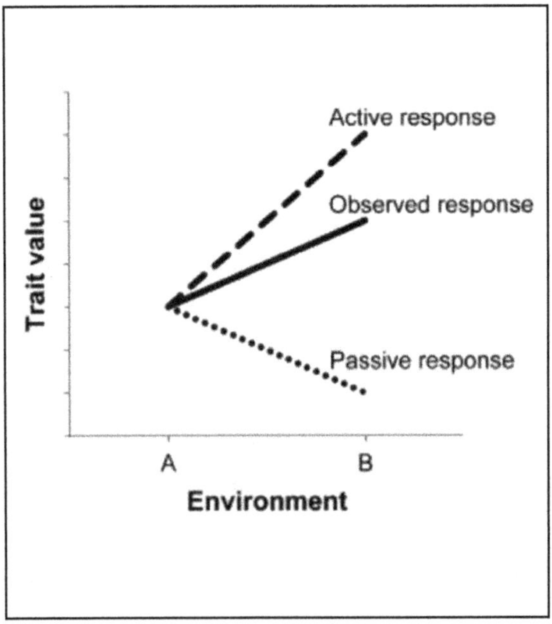

VII.2.3. En fonction de la proportionnalité des traits vis-à-vis du stimulus environnemental

Smith-Ouïe (1983) définit la modulation phénotypique, où la plasticité est une fonction continue et proportionnelle du stimulus environnemental. Ils définissent également la conversion développementale, où les réponses sont un type de seuil et ne sont pas proportionnelles au stimulus.

VII.2.4. Cas particulier de la réponse plastique développementale ou « plasticité développementale »

De nombreuses études ont largement décrit les différences entre la plasticité ontogénétique et plasticité phénotypique développementale (Wright & McConnaughay, 1995 ; Smith-Ouïe, 1983 ; Bradshaw, 1965 ; Levins, 1968 ; Scheiner & Lyman, 1989 ; Wuest-Eberhard, 1989). La « plasticité développementale » est le type de plasticité phénotypique qui est le sujet des études les plus fréquentes en écologie (Novaplansky, 2002). La plasticité développementale peut être définie comme les changements développementaux qui suivent la perception et l'intégration d'informations issues de l'environnement (Novaplansky, 2002). Bien que la plasticité développementale joue un rôle important dans l'adaptation des animaux et des plantes aux conditions hétérogènes (Agrawal *et al.*, 1999), elle est vraisemblablement d'une importance particulière pour les plantes. Les raisons de celle-ci pourraient être les limitations de motilité (Bradshaw, 1965) et le développement continu, y compris l'organogenèse, durant toute la vie des végétaux. La plasticité développementale est souvent considérée comme nécessitant une information génétique spéciale (Bradshaw, 1965 ; Schlichting, 1986 ; Scheiner & Lyman, 1991 ; Schlichting & Pigliucci, 1998). Schmalhausen (1949) fait une distinction claire entre les plasticités dépendantes des bases génétiques et développementales.

VIII. Ajustement plastique : variation des traits vs variation de temps

VIII.1. Plasticité à court terme, à moyen terme et à long terme

On peut déterminer des différences significatives entre les degrés de réversibilités des différents genres de plasticités. Typiquement, les réponses biochimiques et physiologiques d'adaptations ont une réversibilité de courte durée, alors que la plasticité développementale tend à être irréversible ou prend un temps plus longtemps pour être renversée (Pigliucci, 2006). Ainsi, on détermine la plasticité à court terme où le comportement et l'ajustement physiologique face aux conditions de fluctuation sont rapides, tels que des changements de la photosynthèse en réponse aux changements de la température ou de rayonnement (Givinish, 2002). La plasticité à moyen terme correspond au cas où nous avons une acclimatation morphologique et/ou physiologique de l'individu face aux conditions de fluctuations environnementales. Elle est souvent impliquée au niveau de la cellule, de l'organe, ou de l'étude comportementale (Givinish, 2002). La plasticité à long terme implique des décalages phénotypiques qui se produisent une ou plusieurs fois au cours de la vie de l'individu, tels que la métamorphose induite par l'environnement chez les insectes ou les plantes (Givinish, 2002).

VIII.2. Flexibilité phénotypique et Plasticité phénotypique

Une autre forme de variation « contexte-dépendante » du comportement d'un individu est maintenant définie comme flexibilité phénotypique, au lieu de la plasticité phénotypique. Elle dépend du type d'organismes, de trait, du cycle de vie et du temps d'exposition aux modifications environnementales. Cette flexibilité phénotypique inclut des transformations phénotypiques réversibles (Piersma & Drent, 2003 ; Piersma & Lindstrom, 1997 ; Johnston, 2006 ; Whitman & Agrawal, 2009). C'est un terme de choix pour définir une limite de la plasticité et pour apporter plus de clarté à la définition de ces phénomènes plastiques. Elle réunit la plasticité à court et moyen-terme. Ainsi, la flexibilité phénotypique et la plasticité phénotypique adaptative incluent la définition de l'acclimatation (Wilson & Franklin, 2002). La flexibilité phénotypique devrait permettre d'identifier à long terme qu'une variation de trait peut avoir le potentiel de devenir un aspect intégré aux traits fonctionnels de tels organismes. Et, elle pourrait permettre à ce trait d'être sujet à la sélection naturelle.

IX. Place de la plasticité dans l'écologie, Rôle écologique de la plasticité & Stratégie d'adaptation plastique (plasticité adaptative) : variation de l'environnement vs variation de la « Fitness » (Rôle écologique – plasticité adaptative)

IX.1. Environnement & Adaptation

Dans la nature, la reproduction et la survie des organismes dépendent d'un grand nombre de caractères intrinsèques : ceux-ci constituent les **traits d'histoire de vie & fonctionnels**. Ces traits vont déterminer ce qu'on appelle la « **Fitness** » (ou valeur sélective) d'un individu pour un environnement donné, c'est-à-dire l'efficacité qu'a ce dernier à transmettre ses gènes au sein de générations successives. Pour maximiser sa fitness, un organisme devra avoir des traits les plus adaptés possibles à son environnement.

Un trait codé génétiquement peut, au sein d'une population, exister sous différentes variantes génétiques : on parle de **polymorphisme**. Cette variabilité devra passer sous le crible du processus de **sélection naturelle** qui agira en faveur du ou des traits procurant la meilleure fitness pour un environnement donné. Dans un **environnement stable**, la réponse à la sélection consiste dans une population à une augmentation de la fréquence des traits avantageux au fil des générations. Le processus évolutif de sélection naturelle devrait amener à l'obtention d'individus dont la combinaison de traits permet une fitness maximale.

Cependant, des contraintes (écologiques, physiologiques, physiques, etc.) et des **coûts** (essentiellement énergétiques) existent. Donc, on parle plutôt d'optimisation de la fitness. Cela permet de prendre en compte cette vision « économétrique » de l'adaptation par exemple la balance entre coût(s) et bénéfice(s), l'existence de « ***trade-off*** » (ou compromis) où une corrélation négative peut exister entre plusieurs traits.

Par ailleurs, les organismes vivent dans des environnements variables dans le temps ou/et dans l'espace par exemple les conditions abiotiques, disponibilité des ressources, qualité des ressources, interactions sociales et autres conditions biotiques. Dans ce cas, nous parlons d'**hétérogénéité environnementale**. De ce fait, certains traits sélectionnés dans un environnement A peuvent ne plus être optimaux face à un nouvel environnement B et ainsi entraîner une diminution de la fitness. Ainsi, face à de nouvelles contraintes environnementales, l'organisme devrait pouvoir obtenir une nouvelle combinaison de traits pour maintenir sa fitness. De ce fait, face à un environnement hétérogène, un individu aura une fitness d'autant plus stable et élevée qu'il sera capable de réajuster finement la combinaison de ses traits d'histoire de vie.

IX.2. Etude de la plasticité en écologie

En règle générale, les plantes sont fortement plastiques (Sultan 1987, 2000). La plasticité à la possibilité de jouer sur la biodiversité qui peut influencer le fonctionnement de la communauté (Hooper *et al.,* 2005) par l'intermédiaire des traits subissant un stress ou une contrainte comme dans le modèle de Villanueva (2004). Puisque, les réponses plastiques permettent à des organismes d'exprimer des phénotypes avantageux dans une plus large gamme d'environnements (Bradshaw, 1965 ; Van Valen, 1965 ; Whitlock, 1996 ; Sultan *et al.,*

1998 ; Donohue *et al.*, 2001 ; Sultan, 2001 ; Richards *et al.*, 2005). Des travaux théoriques récents suggèrent que la plasticité adaptative peut augmenter la permanence d'espèces en élargissant les conditions dans lesquelles les espèces peuvent coexister (Vos *et al.*, 2004 ; Verschoor *et al.*, 2004 ; Persson & De Roos, 2003 ; Krivan 2003). D'autres travaux ont montré que des espèces répandues à forts degrés de colonisations sont souvent caractérisées par une plasticité phénotypique élevée (Williams *et al.*, 1995 ; Hermanutz & Weaver, 1996). La plasticité peut être un agent important dans les interactions indirectes parmi des membres d'une communauté (Miller *et al.*, 2005). Certains types de plasticité ont le potentiel pour favoriser la coexistence et la stabilité d'espèces tant qu'il y a une densité d'individu approprié-dépendante de ces réponses plastiques (Miller *et al.*, 2005). Au contraire, toutes les fois que les organismes font intervenir la plasticité par sélection de réponses plastiques moins fiables ou à effets négatifs (Kokko & Sutherland, 2001) un piège évolutif désigné sous le nom « *evolutionary trap* » (Schlaepfer *et al.*, 2002) peut surgir.

IX.3. Plasticité à l'échelle de la communauté

Les plantes présentent des réponses plastiques face à une large variété de conditions écologiques comprenant la variation de l'environnement, la perturbation, les contraintes abiotiques et biotiques. Les réponses plastiques une fois induites, peuvent être, relativement fixes et permanentes pendant une période de végétation donnée. Mais, elles peuvent également être dynamiques sur une échelle des heures, comme dans le cas des effets de la lumière sur la photosynthèse ou des effets d'herbivores sur les mécanismes de défenses (Baldwin, 1999 ; Pearcy, 1999). La **plasticité** peut affecter la moyenne et la variance d'un phénotype dans une population (Figure. 16 ; Bell & Sultan, 1999 ; Fordyce, 2006). Une variation dans le phénotype moyen d'une population peut se produire quand tous les individus d'une population répondent pareillement à une sélection environnementale (Figure. 16A ; Bell & Sultan, 1999 ; Fordyce, 2006). Le désaccord observé pour un trait peut parallèlement être réduit quand une réponse plastique commune est observée parmi des membres d'une population (Figure. 16B ; Bell & Sultan, 1999 ; Fordyce, 2006). Par ailleurs, le désaccord peut augmenter si les différents génotypes dans une population répondent différemment à la même sélection environnementale (Figure. 16C ; Bell & Sultan, 1999 ; Fordyce, 2006).

Figure 16. *Scenarii* de changement de la moyenne et / ou de la variance d'un caractère présent dans une population lors d'une comparaison entre le phénotype constitutif exprimé avant une interaction (bleu) et le phénotype induit par suite d'une interaction (rouge). (A) Une augmentation de la moyenne et de la variance d'un trait. (B) Diminution de la variance et moyenne inchangée. (C) Augmentation de la variance et moyenne inchangée (Fordyce, 2006).

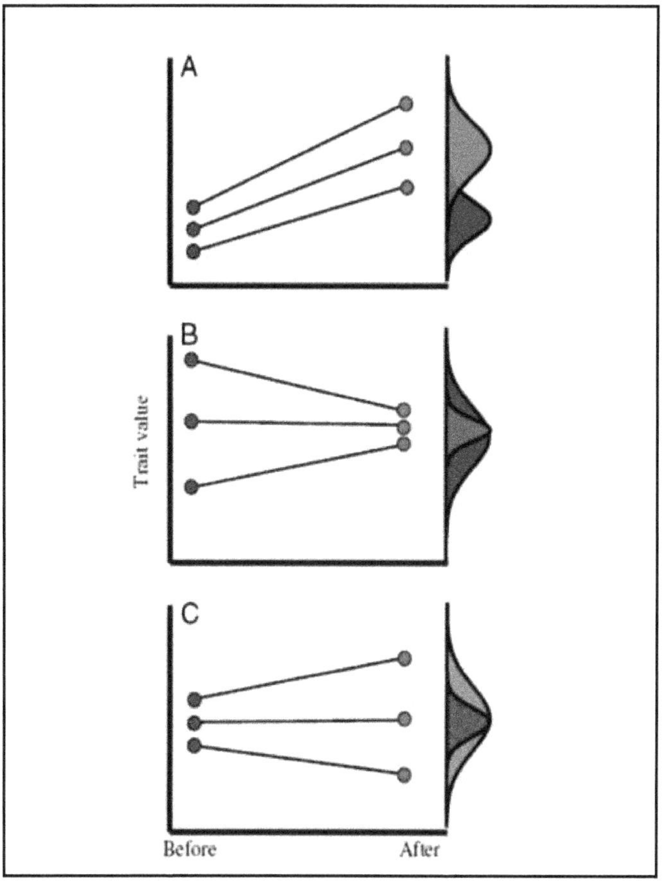

A l'échelle d'une communauté, la plasticité est considérée comme un trait en lui-même (Richard *et al.,* 2006). Il permet la comparaison des espèces, certaines étant très plastiques d'autres non. Des études montrent que les espèces les plus plastiques pourraient être des « généralistes », tandis que les espèces dont la plasticité adaptative est limitée, pourraient être des individus « constitutifs » et être limitée à des niches écologiques spécialisées plus étroites (Sultan, 1995). D'autres travaux ont montré que des espèces répandues à forts degrés de colonisations sont souvent caractérisées par une plasticité phénotypique élevée (Williams *et al.,* 1995 ; Hermanutz & Weaver, 1996). Ce concept de plasticité permet d'expliciter l'aspect invasif de certaines plantes et pourrait définir des espèces à tendances invasives

(Sexton *et al.,* 2002), mais également de comprendre les changements intervenant dans les communautés végétales (Vitousek *et al.,* 1996 ; Mack *et al.,* 2000).

IX.4. Notion de stratégie plastique

Face à de nouvelles contraintes environnementales l'organisme devrait pouvoir s'adapter en obtenant une nouvelle combinaison de traits fonctionnels permettant de maintenir sa « Fitness » (Figure. 17 ; De Witt, 1998 ; De Witt et al., 1998 ; Bell & Sultan, 1999). Les stratégies d'adaptations plastiques peuvent être visées par l'individu comme moyen de survie dans un environnement donné. Ces stratégies sont fonctions des facteurs aléatoires de l'environnementale « stochasticité environnementale » et du temps de génération par exemple l'expérience sur la *polygonum* sp confrontée à différents degrés d'hétérogénéités environnementales (Figure. 18 ; Mitchell, 1978 ; Pigliucci, 2009).

Figure 17. Adaptation et plasticité face à un environnement variable. A) Un trait proximal ou mécanistique est un trait engagé dans la cascade génétique, physiologique (ex : quantité d'ARNm, concentration d'hormone) aboutissant à un trait distal c'est-à-dire participant à l'histoire de vie, près de la fitness (ex : fécondité, croissance); B) Si l'on regarde au niveau distal, la fitness moyenne procurée par le trait proximal plastique (Génotype 1) au sein d'un environnement variable (E2), est supérieure : la plasticité à une valeur adaptative. En revanche, dans un environnement stable (E1), la fitness moyenne obtenue est inférieure à celle obtenue avec le trait proximal non plastique (Génotype 2). Dans ce cas, cette plasticité n'est pas « rentable » car elle est soumise à des coûts et des limites (d'après De Witt, 1998 ; De Witt *et al.,* 1998).

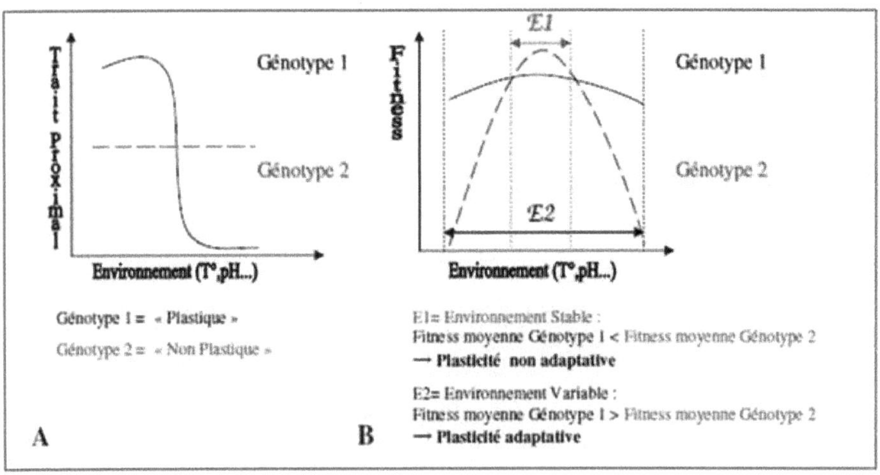

Figure 18. Réponses plastiques de *Polygonum* sp. confronté à une hétérogénéité environnementale illustrée par des hauteurs d'eau. Michelle représente ici trois syndromes de plasticité distinctes permettant de faire face aux inondations chez différentes espèces de *Polygonum* (Mitchell, 1976 ; Pigliucci, 2001).

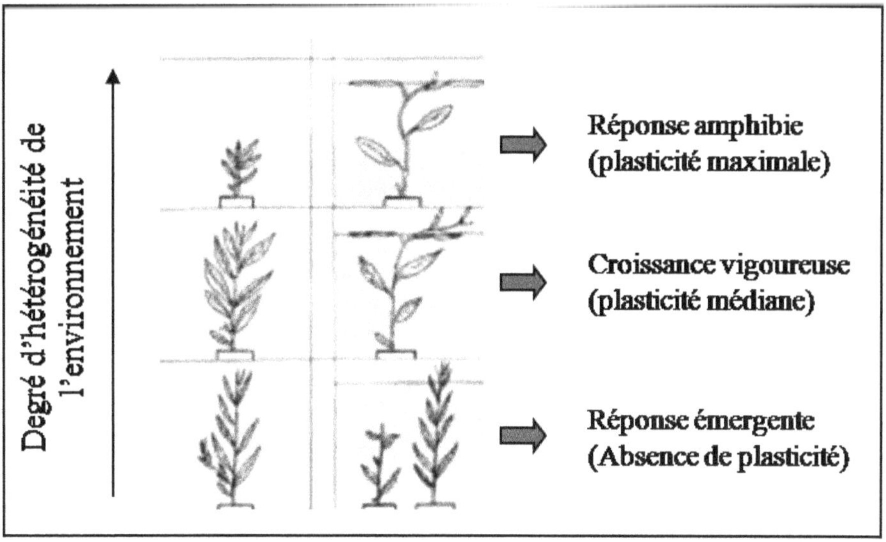

IX.5. Plasticité adaptative et non adaptative

Pour que la plasticité soit adaptative, la plasticité des traits doit avoir comme conséquence un avantage pour la « Fitness » de l'individu dans un environnement variable (De Jong, 2005) (Figure. 17). C'est-à-dire que les modifications ambiantes induites ou réponses plastiques, réversibles ou non, sont adaptatives dans le sens où elles améliorent les fonctions de l'organisme et/ou augmente la « Fitness » de l'individu (survie et reproduction) (De Jong, 2005 ; Griffith & Sultan 2005 ; Garland & Kelly, 2006 ; Nunney & Cheung, 1997 ; Pigliucci, 2001 ; Richard *et al.,* 2006 ; Sultan 1987, 1995). La plasticité ontogénétique, développementale et le génotype de l'individu jouent un rôle prépondérant et essentiel dans la plasticité adaptative (Novoplansky, 2002 ; Wright & McConnaughay, 2002 ; Pigliucci, 2001 ; De Jong, 2005). Des exemples de plasticités adaptatives sont présentés dans la figure 19.

Figure 19. a. Présentation de deux types de plasticités et du type de réponses possibles (Williams, 1992 ; D'après Dewitt & Scheiner, 2004 ; Scheiner, 2006) ; **b.** Plasticité phénotypique dans le polyphénisme saisonnier du papillon *Araschnia Levana*. Dans la nature, les différentes générations de cette espèce se développent discrètement dans des environnements différents. Cette plasticité se traduit par un polyphénisme purement diphénique représentée par les deux formes extrêmes décrites par les boîtes de photographies. Les formes intermédiaires peuvent être produites par l'injection chronométrée d'ecdysone ou par des environnements intermédiaires. Les résultats illustrent qu'une norme de réaction se trouve à la base de ce polyphénisme (Nijhout, 2003). **c.** Des exemples représentatifs de l'induction environnementale des phénotypes alternatifs (ou polyphénisme). (a) phénotype normal de la puces d'eau *Daphnia cucullata* (à gauche) et phénotype induits suite à la présence de prédateur (à droite) (photo de Ralph Tollrian) ; (b) papillons criardes commodore *Précis octavia* en saison humide (en haut) et en saison sèche (en bas) (photo de Fred Nijhout) ; (c) têtards de Crapaud *Spea multiplicata* omnivore (en haut) et morphotype carnivore (en bas) (photo de David Pfennig) ; (d) les petites cornes (à gauche) et les grandes cornes de bousiers *Nigriventris Onthophagus* (à droite) (photo de Alex Wild) ; (e) plante renoncule *Ranunculus aquatilis* à larges feuilles aériennes et étroites *vs* feuilles immergées (dans le cercle) sur même niveau d'eau (photo de John Crellin / FloralImages) (Pfenning *et al.*, 2010).

(a)

	Type de plasticité	
Type de réponse	Active	Passive
Continue	Généralement adaptative (ex. épines des daphnies en réponse aux prédateurs)	Peut être adaptative (ex. réponse du rapport aile/thorax à la température chez la Drosophile)
Discrète	Généralement adaptative (ex. polyphénisme des papillons Bicyclus)	Rare ou inexistant

(b)

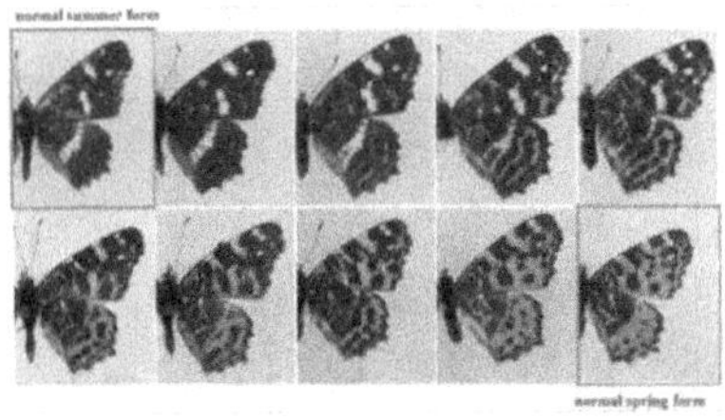

(c)

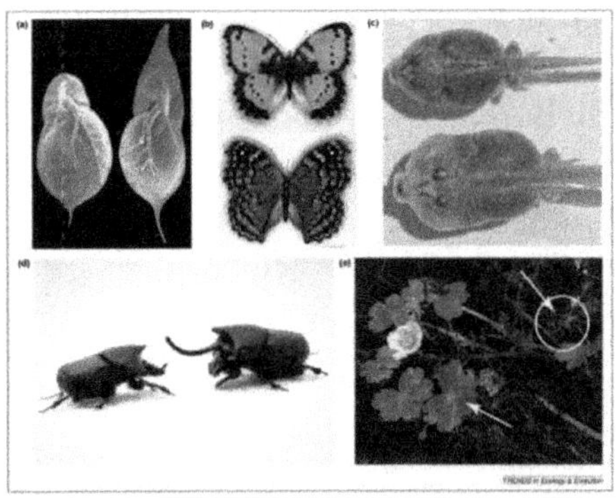

D'un point de vue génétique, la distinction entre la norme de réaction (réponse plastique) adaptative et non adaptative est établie sur la base des modèles d'un type de sélection dite « sélection organique ». Cette « sélection organique » qui consiste en l'assimilation d'un phénotype modifié par l'intégration d'une mutation génétique dans le génome de l'organisme. Cette mutation a pour effet de conduire au même phénotype modifié. Dans ce cas, nous parlons « d'effet Baldwin ». Il s'agit d'un corollaire de la théorie de l'évolution mise en avant en 1896 dans un livre intitulé *Un nouveau facteur en évolution* par James Mark Baldwin. Ce chercheur propose un mécanisme de sélection spécifique sur les capacités d'apprentissage. Selon cette théorie, le comportement durable d'un individu ou d'un groupe : i) influence sa capacité d'apprentissage ; ii) et ne serait pas limité aux seuls facteurs génétiques. Cette idée fut popularisée par Ivan Ivanovich Schmalhausen. Ainsi, la « sélection organique » induit une sélection stabilisante et met l'accent sur la stabilisation de la réponse phénotypique adaptative et non sa transformation » en une réponse génotypique conduisant aux même effets phénotypiques. De plus, la transmission de cette réponse aux générations futures est possible. Ainsi, chez la drosophile, les expériences de mutagénèses réalisées en 1926 par Dodzhansky ont démontré des phénotypes mutants vérifient et confirment cet effet. Ces mutants présentent des anomalies dans le développement de l'abdomen qui ne sont pas présentes si la nourriture sèche. Mais, réapparaissent si la nourriture est humidifiée. Les facteurs environnementaux induisent un caractère entrainant une norme de réaction inchangée qui peut être héritée.

Ainsi, la plasticité adaptative n'est pas très universelle (Van Kleunen & Fischer, 2004). En raison de l'évolution alternative des corrélations génétiques avec d'autres traits qui sont sous le contrôle génétique, la plasticité phénotypique n'évolue pas obligatoirement vers l'adaptation. Par conséquent, la plasticité d'un trait n'implique pas nécessairement que la plasticité d'un individu soit adaptative (Schmid, 1992 ; Sultan, 1987). Elle peut être non-adaptative. Généralement la plasticité non-adaptive est prévue pour se produire à n'importe quel moment lorsqu'un organisme est exposé aux conditions environnementales avec lesquelles il a un lien au niveau de son histoire évolutive (Garland & Kelly, 2006). Cette plasticité suit le principe de l'évolution (Pigliucci *et al.,* 2006 ; Sexton *et al.,* 2002). Les organismes perdent graduellement des capacités et des traits qui ne sont plus sous l'effet de la sélection positive par exemple les poissons aveugles de caverne ou les oiseaux incapables de voler sur les îles qui manquent de prédateurs (Garland & Kelly, 2006 ; Phillips, 2006 ; Diamond, 1986). Donc, il faut prévoir qu'au moins quelques aspects de la plasticité phénotypique peuvent ne pas être adaptatifs (Garland & Kelly, 2006).

IX.6. Réponses plastiques

Les réponses plastiques de la plante face aux facteurs de l'environnement, peuvent être placées dans un contexte écologique. Ainsi, ces réponses correspondent aux variations de l'ensemble des traits composant l'individu. Lorsque l'individu est placé dans un habitat, les variations de ces traits sont liées de manière prévisible à la plasticité et à la productivité (Grime, 1986). Les réponses peuvent être « actives ou passives » (Van Kleunen & Ficher, 2004) comme défini dans un des chapitres précédant et peuvent agir en même temps (Figure. 15 & 16) (Van Kleunen & Fischer, 2005). Les réponses plastiques actives ou « plasticité active » nécessitent un système spécifique de perception-transduction de signal permettant aux plantes de répondre en changeant leur développement (Van Kleunen & Fischer, 2004).

Ainsi, pour les plantes présentes dans des habitats provisoires, la plasticité est une composante importante permettant le maintien des mécanismes de reproduction des plantes lorsqu'elles sont exposées à un stress (Grime, 1986). Chez les plantes pérennes ou pluriannuelles présentes dans des habitats plus stables et soumises à des perturbations ou des contraintes (stress), la plasticité permet d'observer des changements dans l'allocation, la reproduction et les mécanismes permettant de maintenir la survie des plantes. La plasticité a une importance essentielle dans l'acquisition des ressources chez les végétaux (Grime, 1986). La plupart des plantes peuvent ajuster leurs capacités d'absorptions en ressources minérales et de prospections souterraines par des ajustements plastiques comme l'attribution de biomasse aux racines et aux parties aériennes (Garnier, 1991 ; Gedroc *et al.,* 1996 ; Schlichting, 1986). De nombreuses études ont montré que cette complexité permet au système racinaire d'être extrêmement plastique et de faire face à l'hétérogénéité naturelle du sol et la distribution inégale des éléments nutritifs présents dans le sol (Hodge, 2004).

Les racines sont remarquables par leurs capacités à réaliser des ajustements physiologiques et morphologiques lorsqu'elles sont confrontées aux ressources hétérogènes. Bien que des décalages fonctionnels en réponse à différents niveaux de ressources ont été étudiés principalement en ce qui concerne l'attribution de biomasse par exemple le rapport biomasse racinaire/biomasse aérienne (Volis *et al.,* 2002) (Figure. 20), des études récentes de la plasticité incluent également des aspects détaillés des systèmes aériens et racinaires qui plus directement sont liés à l'acquisition des ressources (Gedroc *et al.,*

1996 ; Hodge, 2004 ; Schlichting, 1986). Ces aspects détaillés sont souvent montrés comme des modèles fonctionnels appropriés de la plasticité.

Figure 20. Modification du rapport biomasse racinaire / biomasse aérienne chez quatre populations d'*Hordeum spontaneum* pour quatre traitements : optimal, stress hydrique, oligotrophie, oligotrophie et stress hydrique (D'après Volis *et al.*, 2002).

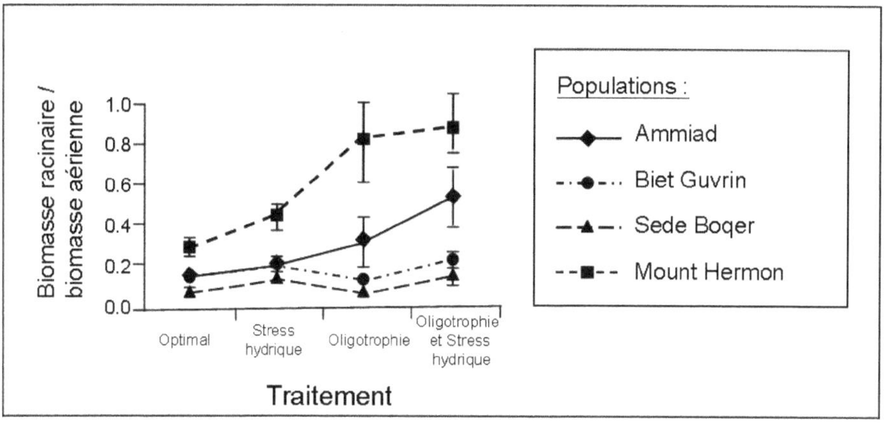

IX.7. Plasticité intra et intergénérationnelle ou transgénérationnelle

Les stratégies d'adaptation plastique ou « plasticité adaptative » sont fonctions des facteurs aléatoires de l'environnement, du temps de génération et du cycle de vie de l'organisme. Deux cas peuvent être présentés : la plasticité intragénérationnelle et la plasticité intergénérationnelle également nommée transgénérationnelle. On parlera de plasticité intragénérationnelle lorsque l'organisme essaiera de faire varier son phénotype dans un environnement qui est hétérogène au cours de son cycle de vie et essaiera de maintenir sa « Fitness » la plus élevée possible (Mitchell 1976 ; Agrawal, 1999 ; De Witt, 1998 ; Mondor, 2004).

En fonction de la stochasticité environnementale et du temps de génération, 2 stratégies d'adaptation peuvent être visées (l'une n'excluant pas l'autre) :

- L'environnement est hétérogène au cours du cycle de vie de l'organisme. Celui-ci devra donc essayer de faire varier son phénotype en conséquence afin de maintenir une fitness moyenne la plus élevée possible : on parlera de « **Plasticité Intragénérationnelle** ».
- Lorsque l'environnement est sensiblement stable à pratiquement constant au cours du cycle de vie de l'organisme, l'individu

perçoit ce cas comme une probabilité quasi-nulle de changement des conditions de vie pour la génération suivante. Il n'aura aucun intérêt à investir de l'énergie dans une plasticité intragénérationnelle coûteuse. L'individu fera en sorte de diffuser sa "Fitness" optimale en transmettant son génotype actuel dans le futur et devra investir de manière efficace dans sa descendance. L'optimisation de ces traits sera facilitée par une action de l'organisme directement sur son développement et sa croissance. Il pourra la rendre plus précoce et pourra augmenter sa "Fitness" : On parlera de « **Plasticité Intergénérationnelle ou Transgénérationnelle** » (Mitchell, 1976 ; Agrawal, 1999 ; De Witt, 1998 ; Mondor, 2004).

Enfin, Nihout & Cabej font parties des premiers à avoir synthétisé ces aspects de la plasticité dans le schéma conceptuel suivant qui propose un premier classement (Figure. 21).

Figure 21. Principales formes de plasticités phénotypiques et leurs classements dans l'exemple des métazoaires en conditions naturelles (Nijhout d'après Cabej, 2012).

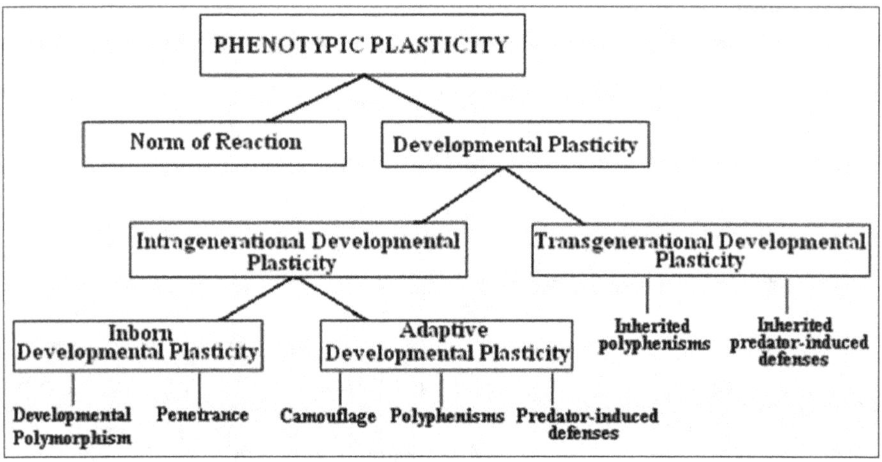

X. Evolution et plasticité

X.1. Evolution

L'idée d'**évolution** est très ancienne. Elle était déjà présente chez certains philosophes de l'antiquité (Lucrèce, 98-54 av. J.-C., en particulier). Mais, ce n'est qu'à partir du XIXème siècle que des théories scientifiques proposent et développent une explication du phénomène « des espèces ». Dans un premier temps, la théorie du transformisme de Lamarck a ouvert la voie amenant la mise en place de la théorie de l'évolution Puis, à partir de 1859 avec la publication de « De l'origine des espèces » par Charles Darwin (1872), la théorie de l'évolution de ce dernier s'est imposée dans la communauté scientifique. Cette théorie permet d'expliquer les changements qui s'imposent peu à peu au sein d'une population. Il propose l'idée de la sélection naturelle. Les espèces sont profondément conditionnées par leur milieu naturel et par les conditions extérieures, aujourd'hui appelé écosystème. Ce constat place le concept de la plasticité dans une notion de « passivité » et la plasticité phénotypique réponse sur ce sens passif. De ce fait en biologie, l'**évolution** est la transformation des espèces vivantes qui se manifeste par des changements de leurs caractères génétiques, morphologiques et développementaux au cours des générations. Les changements successifs peuvent aboutir à la formation de nouvelles espèces. La théorie de l'évolution est une explication scientifique de la diversification des formes de vie qui apparaissent dans la nature. Depuis les premières formes de vies, cette diversification est à l'origine de la biodiversité actuelle. L'histoire des espèces peut ainsi être écrite et se représente sous la forme d'arbres par exemple un arbre phylogénétique. Ainsi, face à un environnement hétérogène, une espèce peut s'adapter de trois façons :

1) **Adaptation génétique** : un génotype se spécialise par condition environnementale (un phénotype par environnement)
2) **Jack-of-all-trades** : un génotype produisant un phénotype généraliste (= moins efficace que les spécialistes, mais tout de même efficace en moyenne)
3) **Plasticité phénotypique** : un génotype plastique produit des phénotypes différents chacun adapté à l'environnement correspondant.

Cette adaptation peut également faire intervenir le phénomène : i) de canalisation illustré par les travaux de Dworkin I (2005ab) ; ii) et d'épigénétique avec par exemple les travaux de Jablonka & Lamb (2002) (Figure. 22). La sélection va favoriser la plasticité si en moyenne les individus plastiques ont une fitness supérieure à celle des individus des stratégies fixes. Cela se produit si : i) l'environnement est variable ; ii) les changements environnementaux sont prédictibles ; iii) les bénéfices de la plasticité sont supérieurs à ses coûts ; iv) Si la plasticité à une base génétique.

Figure·22. Changement environnementale : extinction *vs* adaptation. a. Présentation des sources et mécanismes de contrôle du déterminisme de la variation phénotypique. b. Canalisation-Paysage épigénétique de Waddington (à gauche, en bas); Interactions qui sous-tendent le paysage épigénétique (à droite). Cette métaphore illustre simplement la façon dont le programme de développement, présumé être inhérente au génotype, pourrait être modifiée par des influences environnementales. L'organisme peut prendre des chemins de développements différents. Ce concept s'appelle « canalisation ». L'idée que les aspects du développement soient protégés de l'environnement reste encore d'actualité et est inhérent à la métaphore de la canalisation. Ainsi, même si l'organisme en développement peut transmettre des canaux alternatifs. Les côtés de ces canaux sont rigides de sorte que le développement de l'organisme ne peut pas s'écarter du chemin principal. Donc, les processus de développement sont maintenus robuste. Mais, ils pourraient aussi être plastique si nécessaire. (d'après Jablonka & Lamb, 2002 ; reproduction de Waddington p29 & 36, Taylor é Francis, London). **c.** Autres exemple de **Paysage épigénétique** (d'après Jablonka & Lamb, 2002 ; Taylor & Francis, London). **d. En haut.** Une "représentation" du paysage épigénétique de Waddington repris par Thom comme figure de régulation métabolique de l'organisme dans un espace de grandes dimensions. Cet espace est non représentable. Donc, ce schéma illustre un nombre de dimensions égale à 3 même si 6 axes imaginaires sont indiqués. De plus, les formes sont "lisses" alors qu'elles sont très complexes. En bas. Présentation d'une fronce (cusp en anglais) illustré par une surface en gris ci-contre obtenu avec le logiciel gnuplot®. Il s'agit d'un exemple d'illustration de cas de glycémie sanguine présente dans cette hyper-espace (Calas *et al.*, 1997 ; Schmidt-Nielsen, 1998).

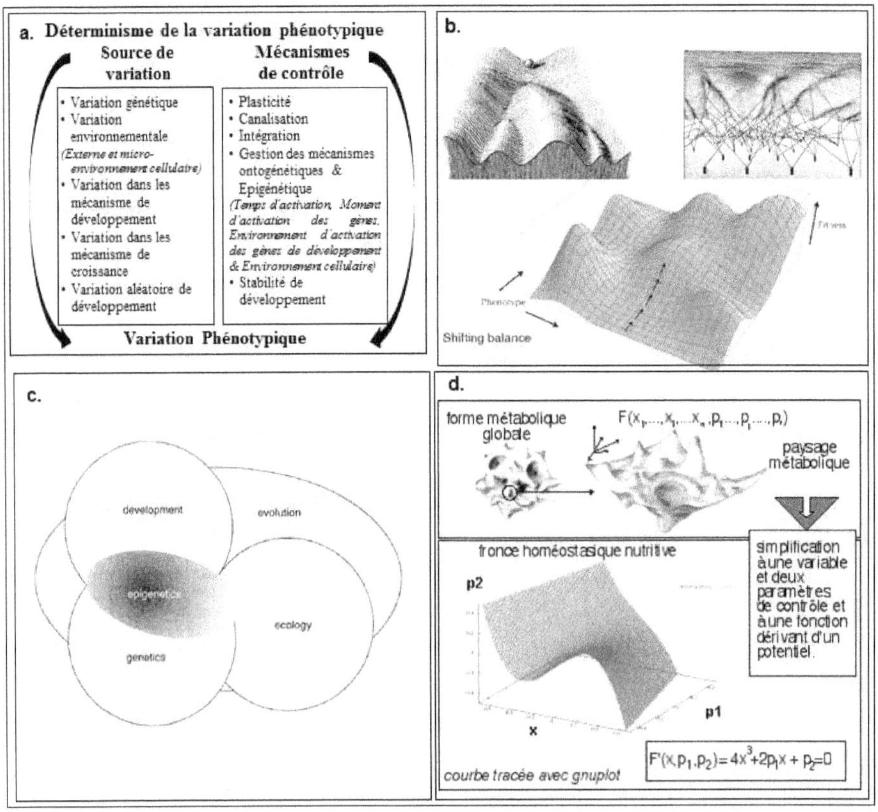

Comme nous l'avons vu, un trait est codé génétiquement. Mais, il résulte en fait de l'interaction entre le génotype et l'environnement : on parle de phénotype. Ainsi, pour répondre aux modifications de l'environnement, le phénotype devra varier en conséquence :

- Soit via le polymorphisme génétique présent au sein de la population et généré par des phénomènes de mutation et/ou la recombinaison méiotique, la ségrégation chromosomique, l'appariement des gamètes (brassage génétique).
- Soit via la capacité d'un même génotype à produire différents phénotypes selon l'environnement : on parle de plasticité phénotypique comme défini par Schlichting (1998) et Roff (1999).

Outre le fait de pouvoir révéler une plasticité, il est important de savoir si cette plasticité est adaptative. Pour cela, en comparaison d'une stratégie non plastique (rigide), elle doit en moyenne apporter un gain de fitness dans un environnement variable (Figure.17).

Si tel est le cas, grâce à sa composante génétique (Figure. 13 ; GxE), la plasticité phénotypique peut être ciblée par la sélection naturelle et ainsi évoluer. L'encadré 2 soulève deux notions importantes. Tout d'abord, il soulève un problème conceptuel encore débattu en biologie évolutive qui concerne le niveau phénotypique auquel on se place pour détecter la plasticité. La seconde notion est celle du coût et de la limite de la plasticité. (cf. Chap Coût et limité plastique & bénéfice).

X.2. Intervention de la plasticité dans l'évolution

L'hétérogénéité environnementale est l'une des forces sélectives les plus importantes de la nature (Hutchings & Kroon, 1994 ; Sibly, 1997). On l'identifie comme la cause de production d'une gamme étendue d'attributs vitaux (ou traits) : physiologiques, morphologiques et d'histoires de vie et fonctionnels (Caldwell & Pearcy, 1994 ; Stuefer, 1998, Violle *et al.*, 2007). Bien que beaucoup de phénomènes fassent partie de la définition des réponses aux conditions environnementales ou aux *stimuli,* tous ne sont pas considérés comme faisant partie de la **plasticité phénotypique ou développementale**. La métamorphose, différenciation (au niveau d'un individu) et la diversité de génotype (niveau de population ; Woehrmann & Tomiuk, 1988) peuvent servir de solutions de substitution ou synergiques à l'hétérogénéité environnementale spatiale et temporelle (Lewontin,

1957 ; Gillespie & Turelli, 1989). Dans cette section un large cadre conceptuel a été cherché par Novoplansky (2002). Il a essayé de clarifier les différences et les relations de ces phénomènes divers, c'est-à-dire, le mode de fonctionnement, le domaine adaptatif et les limites fonctionnelles de ces phénomènes relatifs, mais également de clarifier les circonstances générant **des plasticités** dont le degré d'adaptation est plus ou moins supérieur à d'autres. Cela a abouti à la figure 23 (Novoplansky, 2002).

Figure 23. Description schématique du domaine adaptatif de la plasticité développementale et des phénomènes contigus qui lui sont liés (Novoplansky, 2002).

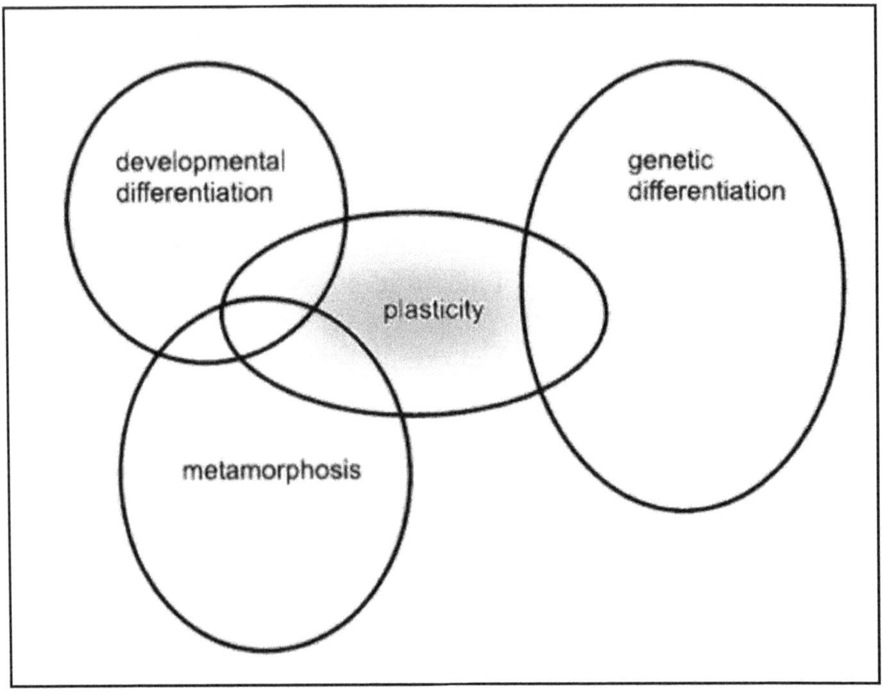

Il faut savoir que la **plasticité n'est pas obligatoirement adaptative (non adaptative).** Certains traits sont toujours plastiques en raison des contraintes inévitables imposées par la biochimie, la physiologie ou la biologie développementale de l'organisme (Sultan, 1995). La **plasticité peut être exprimée aux niveaux** comportementaux, biochimiques, physiologiques ou développementaux. Ces phénomènes comportementaux partagent les propriétés biologiques fondamentales et font partie du répertoire des réactions spécifiques du génotype et des phénotypes ambiants induits. On peut déterminer des différences significatives entre les degrés de réversibilités des différents genres de **plasticité**. **Typiquement, les réponses**

biochimiques et physiologiques d'adaptation ont une réversibilité de courte durée, contrairement à la plasticité développementale qui tend à être irréversible ou prend un temps plus longtemps pour être renversée (Pigliucci, 2006). Ainsi, Le **type et le degré de plasticité sont spécifiques à : différents traits, l'espèce considérée et à des conditions environnementales précises**. Un même trait peut être **plastique** en réponse à un changement alors qu'un autre trait peut être plastique en réponse à la température et d'autres traits ne sont pas obligatoirement plastiques.

Il existe donc différents types de **plasticité développementale** qui semblent avoir des rôles différents et même contradictoires. En conséquence, la **plasticité développementale peut permettre la flexibilité de plante au moins de deux manières** : (a) Par le maximum de performance : elle permet à la plante d'être plus opportuniste ; d'augmenter sa performance globale quand les niveaux de ressources disponibles sont élevés, dans le temps (Grime *et al.,* 1986 ; Bilbrough & Caldwell, 1997) ou l'espace (Novoplansky *et al.,* 1989 ; Caldwell *et al.,* 1991 ; Wijesinghe & Hutchings, 1997). (b) Par le maintien des performances : elle permet à la plante de rester fonctionnelle même dans les conditions limitantes et stressantes (Sultan & Bazzaz, 1994). Lorsque l'on superpose **la plasticité et la flexibilité**, nous pouvons apercevoir que **l'expression de flexibilité et de la plasticité développementale** peut permettre à des plantes de stabiliser leur performance dans des conditions diverses (Weiner *et al.,* 1997). À la différence des animaux, les mécanismes de **plasticité développementale** dans lesquels des fonctions complexes ou scenarii complexes présentés par exemple par Wrigh & McConnaughay (2002) et le comportement sont coordonnés par un système de contrôle hautement spécialisé. Les plantes sont habituellement considérées « simple » (Harper, 1985). Elles comportent souvent les unités modulaires comme les feuilles ou les racines qui possèdent des niveaux d'indépendance fonctionnelle élevés (Watson & Casper, 1984 ; Marshal & Price, 1997). Cependant, alors que quelques réponses plastiques sont relativement ciblées (Traw et Ackerly, 1995 ; Bruni *et al.,* 1996), d'autres semblent impliquer un niveau plus élevé de coordination parmi différentes parties de la même plante (par exemple Snow, 1931 ; Norby *et al.,* 1999). La **plasticité développementale** est souvent considérée comme nécessitant une information génétique spéciale (Bradshaw, 1965 ; Schlichting, 1986 ; Scheiner & Lyman, 1991 ; Schlichting & Pigliucci, 1998).

X.3. Plasticité « phénotypique » vs adaptation et macroévolution

X.3.1. Bases génétiques et développementales, implications évolutives

Le rapport entre la plasticité et l'évolution peut être tout à fait complexe. Les niveaux et les types de plasticité peuvent être choisis directement et en même temps. La plasticité, elle-même, peut protéger ou favoriser divers processus évolutifs (Schlichting & Pigliucci, 1998 ; Wright & McConnaughay, 2002). Ceci pourrait mener à la mise en place de boucles de contres réactions positives ou négatives intéressantes le long desquelles la plasticité est augmentée ou tronquée par sa propre action. La plasticité peut également être interprétée comme « facteur adoucissant » qui réduit le coût de la sélection directionnelle via un effet « *Hifting balance* » (Figure. 24). Elle constitue un point important du déterminisme phénotypique chez les organismes vivants comme ont pu le présenter Piglucci *et al.* (2006).

Figure·24. Les relations hiérarchiques / conceptuelle entre la plasticité phénotypique, la sélection naturelle et l'assimilation génétique ou accommodation phénotypique. La plasticité est un processus évolutif sur lequel le mécanisme évolutif de sélection peut fonctionner, ce qui donne le résultat de l'évolution (sous certaines conditions) de l'assimilation / accommodation. Vu sous cet angle, il n'est pas possible de confondre la plasticité comme ontologiquement équivalent à la sélection naturelle. Donc, elle est en quelque sorte une menace pour la synthèse et concept moderne de l'évolution (Pigliucci *et al.*, 2006).

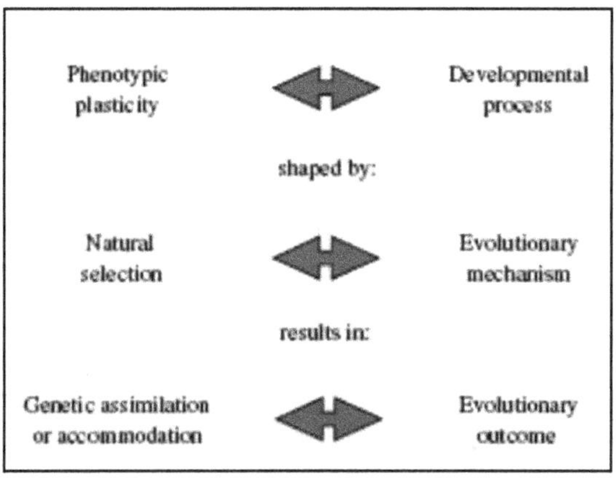

La plasticité physiologique et morphologique peuvent présenter différents niveaux hiérarchiques (Givinish, 2002) tel que présenté dans précédemment : la plasticité à court terme où le comportement et l'ajustement physiologique face aux conditions de fluctuation sont rapides, tels que des changements de la photosynthèse en réponse aux changements de la température ou de rayonnement (Givinish, 2002). La plasticité à moyen terme où l'acclimatation morphologique et/ou physiologique face aux conditions de fluctuation a lieu. Elle est souvent impliquée au niveau de la cellule, de l'organe, ou de l'étude comportementale (Givinish, 2002). Et, la plasticité à long terme qui implique des décalages phénotypiques qui se produisent une ou plusieurs fois dans la vie, telle que la métamorphose induite par l'environnement chez les plantes (Givinish, 2002). Les plantes peuvent répondre à leurs environnements par la plasticité développementale dans beaucoup d'aspects de leurs phénotypes. En plus de l'allocation de matière et des traits morphologiques ou anatomiques tels que la vascularisation de feuilles, les secteurs du sclérenchyme et la structure de nodule racinaire chez les légumineuses pourraient varier avec l'environnement (Dubé & Morisset, 1996 ; Fernandez-Lopez *et al,* 1998).

Les études de la plasticité anatomique jettent davantage de lumière sur les manières subtiles que les plantes ont à pouvoir ajuster leurs phénotypes pour maintenir leurs fonctions en conditions contrastantes : par exemple, l'étude de l'épaisseur des hypodermes des feuilles confrontées à différentes disponibilités d'humidité réalisée par Cordell *et al.* (1998). Une telle plasticité des traits anatomiques pourrait avoir des implications importantes pour la taxonomie des plantes (Dubé & Morisset, 1996). L'architecture de la plante peut également varier en réponse à l'environnement, comme cela a été montré pour le nombre et la longueur des branches d'arbres *Populus* (Wu & Stettler, 1998). Chez les plantes herbacées, l'ombrage peut changer l'architecture du végétal en raison des effets sur l'initiation et le destin des méristèmes aussi bien que la taille des organes ou leurs structures (Huber *et al.,* 1999). Les études de la plasticité architecturale fournissent des informations utiles sur les mécanismes de développements spécifiques aux réponses plastiques (Diggle, 1994). La synchronisation du développement de la plante, y compris des réponses plastiques faces aux variations de l'environnement, peut elle-même être plastique.

La plasticité développementale pourrait être limitée par les parties du cycle de vie (Figure. 25) (Gedroc *et al.,* 1996) ou pourrait faire varier la synchronisation des différents génotypes, populations ou espèces. Ainsi, l'efficacité fonctionnelle des réponses plastiques appropriées au changement environnemental peut être fortement influencée par leurs synchronisations. Par exemple, Bell & Sultan (1999) ont montré que *Polygonum persicaria,* en réponse à l'inondation du sol, a rapidement redéployé des systèmes de racines au niveau des couches aérées du sol et a maintenu un taux de croissance élevés, tandis que *polygonum cespitosum* a montré une réponse plastique semblable mais sensiblement plus lente ce qui a été associé à une production de biomasse sensiblement inférieure.

Figure 25. Schéma illustrant les trois phases de la vie d'une plante : a) annuel ; b) pérenne (Grime *et al.*, 1988).

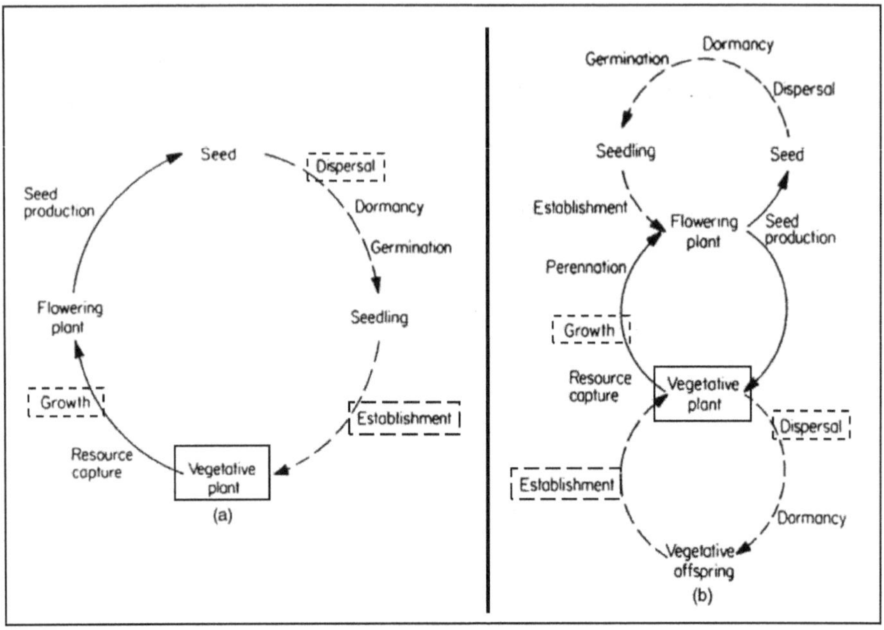

X.4. Importance évolutive de la plasticité adaptative : Mary Jame West Eberhard et l'accommodation phénotypique

Selon Mary Jame West Eberhard (2003), l'accommodation phénotypique-assimilation génétique est l'ajustement mutuel, sans changement génétique, entre les aspects variables du développement suivant un changement environnemental inhabituel.

The « two-legged goat effect » : "...is not to argue that these handicapped individuals might have given rise to durable novelties, for it is unlikely in the extreme that such individuals would outperform normal individuals in nature. Rather, the point is to dramatize how a change in one aspect of the phenotype ... in this case the front legs - - can lead to correlated changes that show a degree of complexity and functional interaction that we usually assume to require generations of natural selection and genetic change at many loci. Clearly, the phenotype can be elaborately restructured, due largely to adaptative plasticity, without a proportional restructuring of the genome. "

Ainsi, l'accommodation phénotypique est considérée comme un mécanisme potentiel permettant l'évolution rapide de nouveautés évolutives. Une Vision classique et Vision centrée sont également mises en avant : i) la vision classique est la suivante (Figure. 26a) ; ii) une vision centre sur l'environnement et le développement proposé est présenté dans la figure 26b. A ce jour, une vision centrée sur l'environnement et le développement est proposé (Figure. 26c). Par ailleurs, il faut également noter une distinction arbitraire faite entre la Norme de réaction continue et le polyphenisme par exemple Nijhout (2003) « *Evolution and development* ».

Figure·26. Importance évolutive de la plasticité. a. vision classique & traditionnelle de l'accommodation phénotypique/assimilation génétique ; **b.** vision centrée sur l'environnement et le développement de l'accommodation phénotypique ; **c.** vision actuelle centrée sur l'environnement et le développement **:** concept de West Eberhard (d'après Mary Jame West Eberhard, 2003).

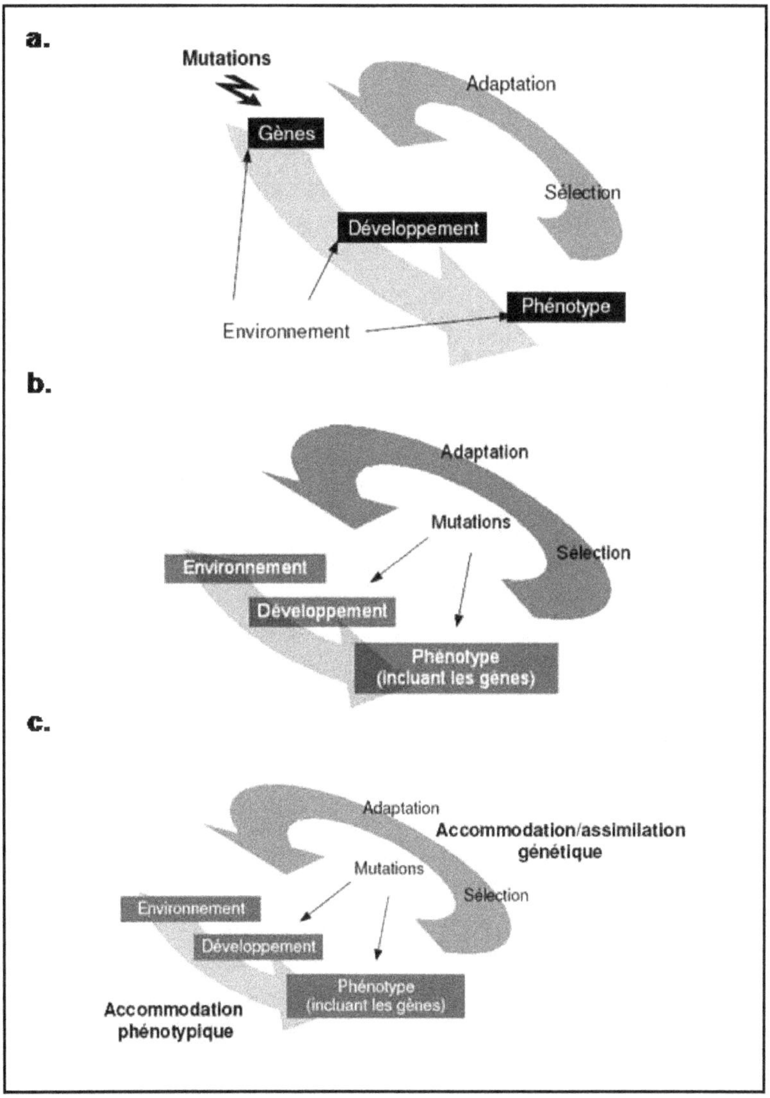

Donc, selon West-Eberhard (2003), la plasticité phénotypique est la production de phénotypes différents à partir d'un même génotype en fonction des conditions environnementales. Elle peut-être induite expérimentalement ou se manifester naturellement. Sa définition de la plasticité phénotypique est donc la suivante : « *Capacité d'un organisme à réagir à une condition environnementale entraînant un changement de forme, d'état, de mouvement ou de taux d'activité* ». Elle intégré : la réactivité, flexibilité, déformabilité, plasticité développementale, etc.

X.4.1. Plasticité et macro évolution

Dans de nombreuses approches scientifiques, la macro et micro-évolution séparent l'étude des phénomènes d'évolution en fonction de la grandeur d'échelle d'étude : la micro-évolution pour les changements au sein d'une même espèce, et la macroévolution pour ceux qui ont lieu au stade supérieur à l'espèce (Wilkins, 2006).

Le terme de « micro-évolution » : i) est principalement employé pour signifier que l'axe d'étude porte sur les modifications ayant lieu au sein d'une population donnée ; et, ii) elle est observée le plus souvent sur une courte échelle de temps (typiquement quelques générations). Dans un cadre expérimental, le plan d'expérimentation s'intéresse surtout à la modification des fréquences alléliques dans de petites populations isolées. Dans des conditions statistiques fiables, les changements démontrés peuvent avoir plusieurs « moteurs simultanés » comme les mutations, la sélection naturelle ou artificielle, et la dérive génétique (Wilkins, 2006).

Le terme de macro-évolution est habituellement utilisé en paléontologie pour : i) indiquer que le niveau d'étude porte sur des changements au-dessus du niveau de l'espèce par exemple le clade ; ii) et porte principalement sur le phénomène de spéciation et l'Evolution des groupes d'espèces dans le temps (Wilkins, 2006).

Ainsi, ces deux termes sont attachés à divers courants scientifiques. Pour tenter de les séparer arbitrairement, la distinction repose essentiellement sur une différence d'échelle de temps, les deux phénomènes étant des manifestations du même processus d'évolution, selon la théorie synthétique de l'Evolution. Nous pouvons dire que : les phénomènes d'évolutions sont nommés micro-évolution lorsqu'ils ont lieu au sein d'une même espèce sur quelques générations et à court terme, et macro-évolution pour les phénomènes qui ont lieu à un niveau supérieur à l'espèce et qui opèrent généralement sur une échelle de temps géologique (Wilkins, 2006).

Dans notre exemple, de jeunes serpents tigres équivalent aux serpents terrestres mais faisant partie d'un groupe frère de serpents aquatiques. Ils ont été élevés en milieu aquatique ou terrestre. Des mesures de capacités de locomotion des adultes sur terre et dans l'eau ont été faite. Il s'avère que les serpents élevés dans l'eau nagent 26% plus vite, mais rampent 37% plus lentement que leurs homologues terrestres (Figure.27a) (Aubret *et al.,* 2007). Cette plasticité a potentiellement facilité l'adaptation au milieu aquatique et a permis la conquête d'une nouvelle niche écologique. Ce qui est favorable à la survie et l'évolution de l'espèce. D'autres exemples existent comme les modifications de la régulation hormonale lors de la formation des cornes de scarabée *Ontophagus* (Emlen *et al.,* 2005, 2006) (Figure. 27b).

Figure·27. Plasticité et micro & macro évolution. a. jeunes serpents tigres ; **b.** Scarabées *Ontophagus* présentant différentes phénotype suite à des modifications de régulations hormonales lors de la formation des cornes (Emlen *et al.,* 2005, 2006) ; **c.** exemple de diagramme permettant l'évaluation de la plasticité chez *Phlox drummondii.* Ce diagramme de réseau montre l'évolution des corrélations de caractères lorsque les plantes sont exposés à une variété de « stress » et comparés à un contrôle placé dans un environnment aux modifications bénignes (Pigliucci, 2001 from Schlichting, 1989).

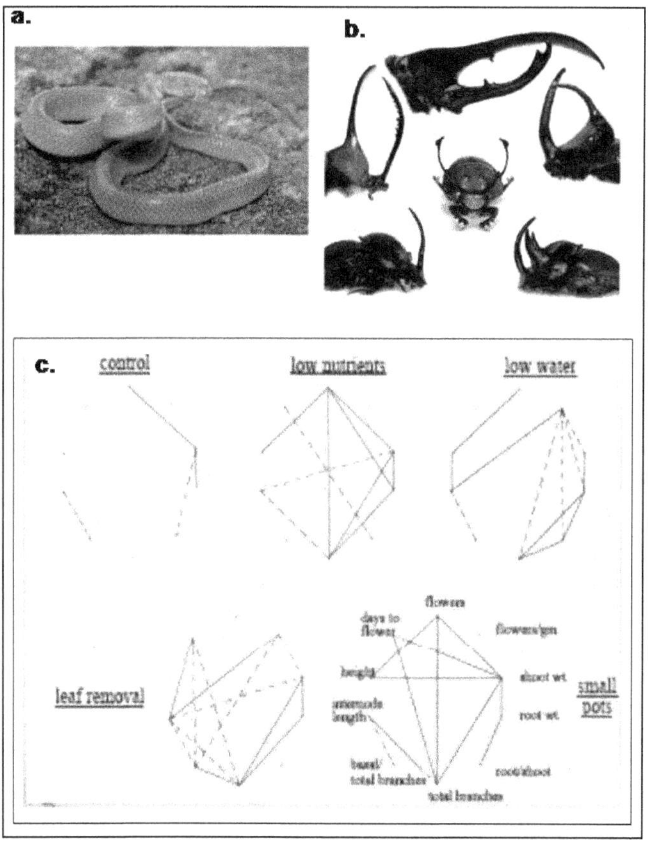

En conséquence, à des niveaux plus élevés, **la plasticité** introduit la notion d'intégration phénotypique. **La plasticité phénotypique n'affecte pas simplement différents traits, mais un ensemble de traits à caractères corrélés.** Bell & Sultan (1999) présentent des diagrammes obtenus chez un individu *Polygonum* sp. Ils montrent comment les corrélations de caractère changent nettement selon l'environnement dans lequel les plantes sont cultivées. D'autres exemples existent comme le cas de *Phlox drummondii* (Figure. 27c ; Pigliucci, 2001 ; Schlichting, 1989).

L'intégration phénotypique se définit comme le modèle des corrélations de caractères ou de l'architecture phénotypique d'un individu. Elle est actuellement un domaine d'études très jeune et prometteur dans la biologie de l'évolution.

En d'autres termes, le lien entre la plasticité et l'évolution est très complexe. Les niveaux et les types de plasticité sont multiples et peuvent être simultanés au sein d'un individu ou groupe d'individus. La plasticité, elle-même, peut soutenir et maintenir ou induire divers processus évolutifs bénéfiques au maintien d'une fitness maximale pour un individu ou groupe d'individus. Elle permettrait également l'accession à des niches écologiques nouvelles qui valoriseraient au mieux la fitness de ces individus.

Ces deux concepts suggèrent que la plasticité est un moyen de faciliter les transitions évolutives majeures des espèces par exemple des serpents Elapidés (Aubret *et al.,* 2007). Cette transition pourrait se faire via des « Sauts plastiques » et initiant des « bourrelets de niche écologique » aux caractéristiques nouvelles à la vue de la définition de la « niche écologique » proposée par Ramade (2002) (Figure. 28).

Figure 28. Initiations des « bourrelets ou hernie » au sein de l'hypervolume à n dimensions représentant la niche écologique d'Hutchinson d'une espèce permettant la mise en place de caractéristiques nouvelles via la plasticité phénotypique et micro-évolution (Varin, 2015 adapté de Ramade, 2002).

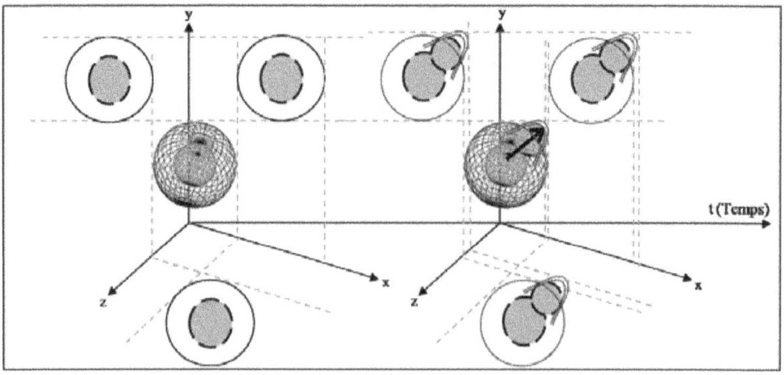

Conclusion

Par la réévaluation de sa définition selon différentes écoles, traditions ou point de vue, le rôle joué par le concept de la Plasticité & Plasticité « phénotypique » dans l'évolution représente un intérêt pour la recherche moderne (Figure. 29). Enfin, nous avons montré que les biologistes contemporains évoqués précédemment, se réfèrent à la notion de « Plasticité » et adoptent ce que certain appel une « conception large de la plasticité », car elle simule une synthèse entre les deux traditions conceptuelles de la notion de Plasticité issue de l'interaction Génotype-Environnement. Par ailleurs, il faut souligner la faiblesse de cette définition qui se confond à la conception génétique de la plasticité qui néglige l'importance de l'environnement. Cet état de l'art suggère que la définition contemporaine pourrait être identifiée de façon simpliste à ce que certain appelait une « conception étroite de la plasticité », issue de la tradition et de la notion « embryologique ». La Plasticité « phénotypique » est un résultat (*explanandum*) plus qu'une cause (*explanans*) de la variation phénotypique. Cette variation se limitant, au départ, à la variation génétique. Nous pouvons inventorier des exemples de domaines pour lesquels l'interaction génotype-environnement peut jouer un rôle pivot : l'adaptogenèse, le problème du maintien de la variation génétique dans les populations naturelles, la génétique quantitative, la modélisation des trajectoires évolutionnaires, l'étude des corrélations et contraintes des caractères, l'évolution de la régulation génétique dans le cas du concept étroit.

Figure 29. Présentation des deux axes de visions de la recherche ou écoles sur le concept de la plasticité et exemple de concepts associés (Varin, 2015).

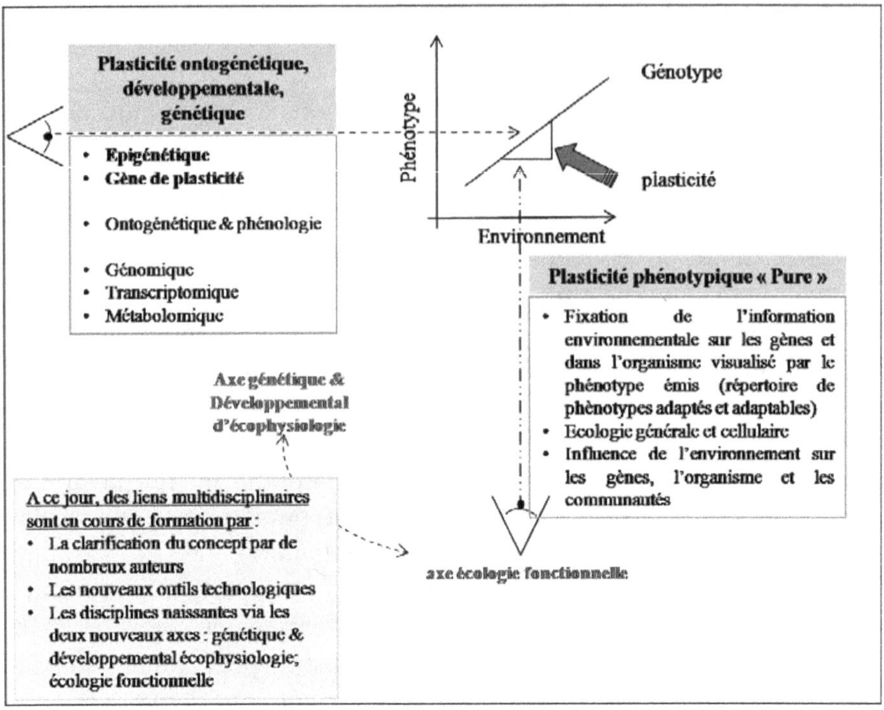

Une question reste en suspens : La Plasticité est-elle un état initial par défaut des systèmes vivants ? Car, l'Homéostasie apparaît être une réponse de l'organisme par absence de plasticité qui semble être l'effet de la sélection canalisante et est probablement le résultat d'une adaptation. Enfin, de nombreux termes sont employés pour caractériser la Plasticité. Elle peut-être : phénotypique, ontogénétique, développementale passive, active, préventive & anticipée, retardée, permanente, réversible, bénéfique, nocive, adaptative, non adaptative, continue, discrète (polyphènisme) et même parfois confondu avec la plasticité phénotypique.

Pour certain, la Plasticité est une caractéristique intrinsèque du développement. Les phénotypes plastiques sont classés de manière très simpliste en deux catégories : normes de réaction et polyphénismes. Bien que les études mécanistiques sur les gènes et l'héritabilité de phénotypes ont été très importantes pour caractériser cette plasticité « phénotypique ».

Dans le cas des végétaux, de part leur aspect fixe et immobile, la plasticité ontogénétique, développementale et génétique peut être exprimée par un fort contrôle et une grande maitrise de l'épigénétique du génome par la plante d'une manière intra et trans-générationnelles. Il faut rappeler que l'**épigénétique** est le domaine qui étudie comment l'environnement et l'histoire individuelle influent sur l'expression des gènes et plus précisément l'ensemble des modifications transmissibles d'une génération à l'autre, et réversibles de l'expression génique sans altération des séquences nucléotidiques. L'existence de phénomènes agissant sur l'expression des gènes se résume dans l'interrogation de Thomas Morgan « *Si les caractères de l'individu sont déterminés par les gènes, pourquoi toutes les cellules d'un organisme ne sont-elles pas identiques ?* ». De façon plus saisissante, on peut rappeler aussi qu'une chenille et son papillon ont exactement les mêmes gènes. Donc, l'épigénétique joue un rôle fondamentale dans le développement ontogénétique. Elle permet de traduire des fonctions génétiques et de présenter des orchestrations géniques différentes produisant d'autres traits voir fonctions à partir des mêmes bases génétiques et gènes. Cela explique en partie la différence entre la chenille et le papillon. Ainsi, l'émergence de nouvelles fonctions et traits grâce à la plasticité permettent d'évoluer dans un nouvelle environnement et de réaliser l'aboutissement du rôle joué par la nouvelle fonction par exemple la reproduction pour le papillon ou traits par exemple le maintien du stade juvénile et capacité de régénération cellulaire et tissulaire pour l'axolotl *Ambystoma mexicanum*. La plante est une experte dans ce domaine pour répondre aux contraintes et perturbations environnementales.

Par ailleurs, il peut y avoir un « Saut » et une fixation de la plasticité & de l'information plastique acquise sous certaines conditions environnementales comme les contraintes et perturbations. Ce « saut » génétique intra puis trans-générationnel est une fixation génomique de cette information potentiellement plastique sur l'ADN. Elle s'effectue par le biais de différentes méthodes biochimiques principalement épigénétiques comme les facteurs épigénétiques, les méthylations, acétylations des nucléotides, etc. De plus, il existerait des « Hubs » biochimiques et métaboliques en liens avec l'environnement notamment la nutrition. Ces « Hub » permettraient des transmissions intra et intergénérationnelles d'informations génétiques particulaires sur l'ADN via des gènes plastiques et des séquences épigénétiques particulières. Ces « hubs » rendraient certaines séquences génomiques et informations génétiques contenu par le génome de façon dynamique et initieraient des façonnages de modifications orientées en lien avec l'histoire de vie de l'organisme dans son environnement qui est également dynamique.

Une question se pose : Certains gènes plastiques ne sont-ils pas des séquences épigénétiques et d'autres de simples « hubs » biochimiques et métaboliques qui permettent la dynamique de l'information génétique inscrite sur le génome ? Ces « hub » métaboliques sont des transporteurs d'informations génétiques non nucléotidiques et sont potentiellement transmissibles avec le génome. Nous pourrions les comparer avec des logiciels de bases de modifications et améliorations du système d'exploitation ou des interfaces de programmations d'applications qui sont fournis avec un ordinateur également équipé avec un logiciel d'interface d'utilisation et son système d'exploitation.

L'autre point de vue concerne la Plasticité « pure ». Cette plasticité permet de fixer les actions et informations issues de l'environnement et de la confrontation de l'organisme avec ce même environnement sur le génome et dans son fonctionnement ou orchestration. Pour faciliter ces deux mécanismes, il pourrait exister des « gènes de plasticité ».

Cependant, le concept de la Plasticité peut essuyer des critiques issues de la biologie de l'évolution identifiées par de Jong (2005). Une fois que l'on aura hiérarchisé les distinctions, de manière claire, parmi ces concepts. La plupart des craintes sur ce concept moderne devraient se dissiper dans le futur (Pigliucci *et al.,* 2006). J'ai essayé de clarifier le concept de la Plasticité en proposant la figure 30 qui illustre l'évaluation de la Plasticité et des variances associées comme ont pu le faire : i) Nijhout d'après Cabej, (2012), Novoplanski (2002), Scheiner (1993), Wright & McConnaughay (2002), Whitman & Agrawal (2009) pour la mise en place de schéma conceptuel ; ii) Novoplanski (2002) et De Witt *et al.* (1998) pour les coûts et limites de la plasticité ; iii) Valladares *et al.* (2006) pour les estimateurs de la plasticité. J'ai également synthétisé les différentes analyses de normes de réactions et différentes plasticités (ou réponses plastiques) sous forme de logigrammes. Ces logigrammes permettent d'interpréter les Normes de réactions obtenues (Figure. 31) et d'identifier la sous classe de plasticité recherchée en fonction des résultats statistiques obtenus et en adéquation avec la littérature scientifique actuelle (Figures. 32 & 33) tous en se plaçant dans un concept large de la Plasticité et en donnant le même poids à la part Génétique et Environnementale.

Figure 30. a. Première définition de la plasticité phénotypique ; **b.** Définition actuelle de la plasticité et de la plasticité phénotypique issue de mon analyse bibliographique (Varin, 2015).

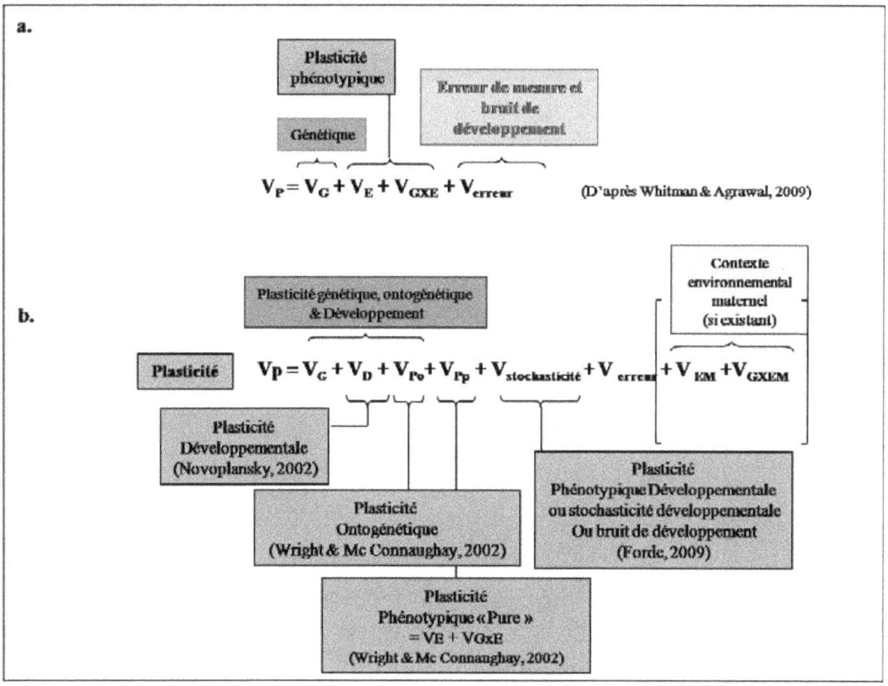

Figure 31. Détermination du type de plasticité et réponse plastique par l'étude des normes de réactions. (Varin, d'après Williams, 1992 ; Scheiner, 1993 ; De Witt *et al.,* 1998 ; Novoplanski 2002 ; Wright & McConnaughay, 2002 ; D'après Dewitt & Scheiner, 2004 ; Scheiner, 2006 ; Valadares *et al.,* 2006 ; Whitman & Agrawal, 2009 ; Nijhout d'après Cabej, 2012) La lecture s'effectue par le cartouche centrale en suivant les pointillés.

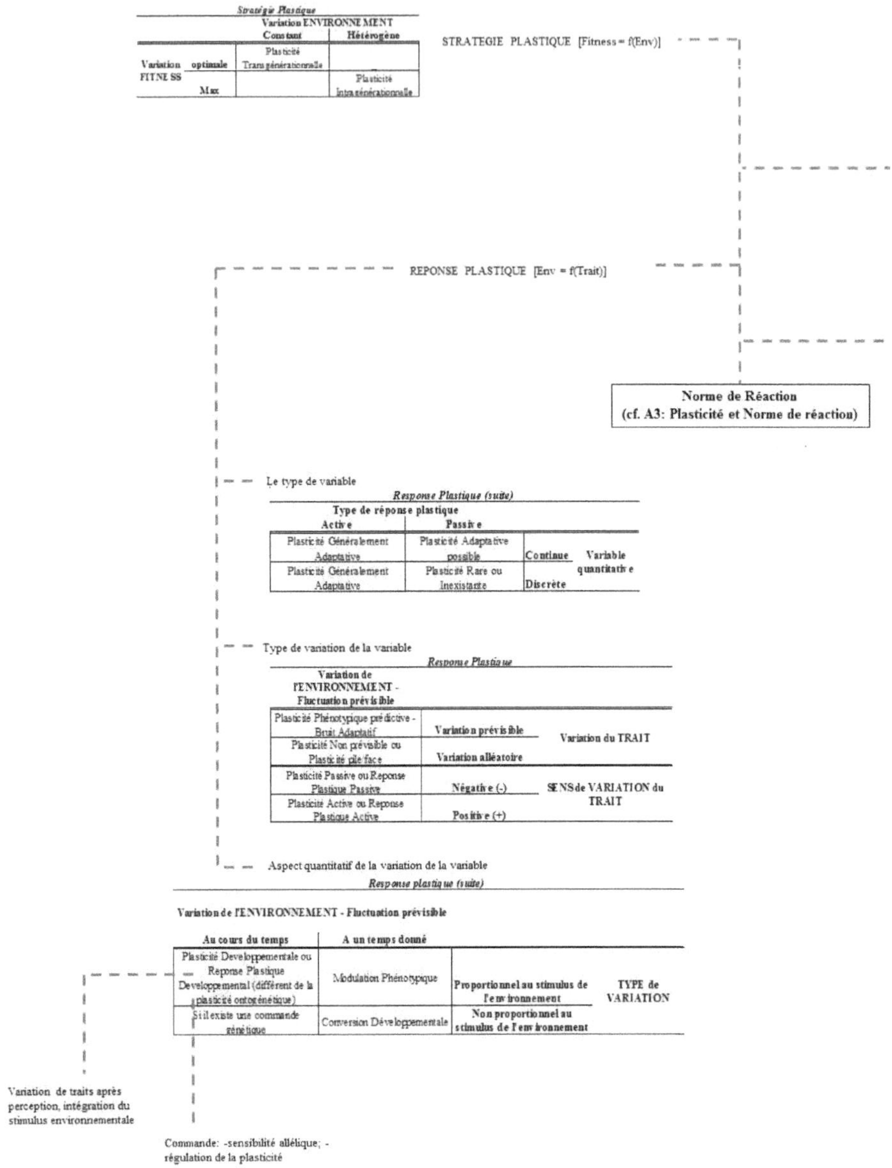

- AJUSTEMENT PLASTIQUE [Trait = f(Temps)]

Ajustement Plastique

Variation du TRAIT		
ELASTICITE	**A court ou moyen terme** *(mais avec retour au phénotype initial suite au retrait de la contrainte ou perturbation)*	
PLASTICITE Phénotypique	**A court ou moyen terme**	
PLASTICITE à cours terme: physiologique	**Court terme**	
PLASTICITE à moyenne terme : ACCLIMATATION	**Moyen terme**	**Variation de TEMPS**
PLASTICITE à long terme :		
1) Décalage phenotypique et phénologique long		
2) Plasticité ontogénétique (Additive ou non avec les décalage phénotypique)	**Long terme**	
3) Plasticité Développementale (Additive ou non avec les décalage phénotypique et plasticité phénotypique et plasticité ontogénétique)		

- En fonction du NIVEAU D'ORGANISATION

Niveau de déploiement et d'approche de la Plasticité	Type de plasticité		Stratégie Plastique	Réponse Plastique	Ajustement Plastique	Objectif ultime de la plasticité
			FITNESS=f(ENV)	TRAIT=f(ENV)	TRAIT=f(TEMPS)	
Biosphère						
Biomes						
Ecopaysages						
Ecosystèmes		La plasticité est un trait en lui-même				
Communauté						
Populations		Plasticité structurale, Plasticité Morphologique, Plasticité Architecturale & développementale, Plasticité comportementale	Plasticité Transgénérationnelle, Intragénérationnelle			Plasticité "Infinie" ou parfaite
Espèces						
Super-organisme						
Organismes (Individu)	Plasticité ou Plasticité Phénotypique, Plasticité phénotypique dite 'Pure'; Plasticité Ontogenétique, Plasticité Développementale	plasticité Structurale, Morphologique, Plasticité Architecturale, plasticité Physiologique; plasticité métabolique & Anatomique		Plasticité Non prévisible ou Plasticité pile face, Plasticité Passive ou Reponse Plastique Passive; Plasticité Active ou Reponse Plastique Active, Plasticité Developpementale ou Reponse Plastique Developpemental (différent de la plasticité ontogénétique); Conversion Développementale	Plasticité à long terme ; Plasticité à moyenne terme : Acclimatation ; Plasticité à cours terme physiologique	*Niveau non génétique* : Plasticité pure - *Niveau génétique* : Genes plastiques; Gènes de plasticité; Epigénétique Optimale - *Niveau génétique, de la croissance et du Développementale* : Contrôle Optimal des Modifications de la Croissance; Modifications Ontogénétiques; Developpementales; Phénologiques
Organes						
Cellules et tissus		Plasticité génétique, Plasticité Biochimique				
Moléculaire et génétiques (Physiologie; Gènes)				Plasticité Phénotypique prédictive - Bruit Adaptatif		

Figure 32. Détermination du type de plasticité et réponse plastique par l'étude de la norme de réaction (Varin, d'après De Witt, 1998 ; De Witt *et al.*, 1998 ; Pigliucci, 2001 ; Wright & Mc Connaughay, 2002 ; Van Kleunen & Fischer, 2005 ; Fordyce, 2006 ; Pigliucci *et al.*, 2006 ; Violle *et al.*, 2007 ; Cook 2008 ; Varin, 2009 ; Whitman & Agrawal, 2009 ; Manuk, 2010 ; Gibert 2012 ; Nijhout d'après Cabej, 2012).

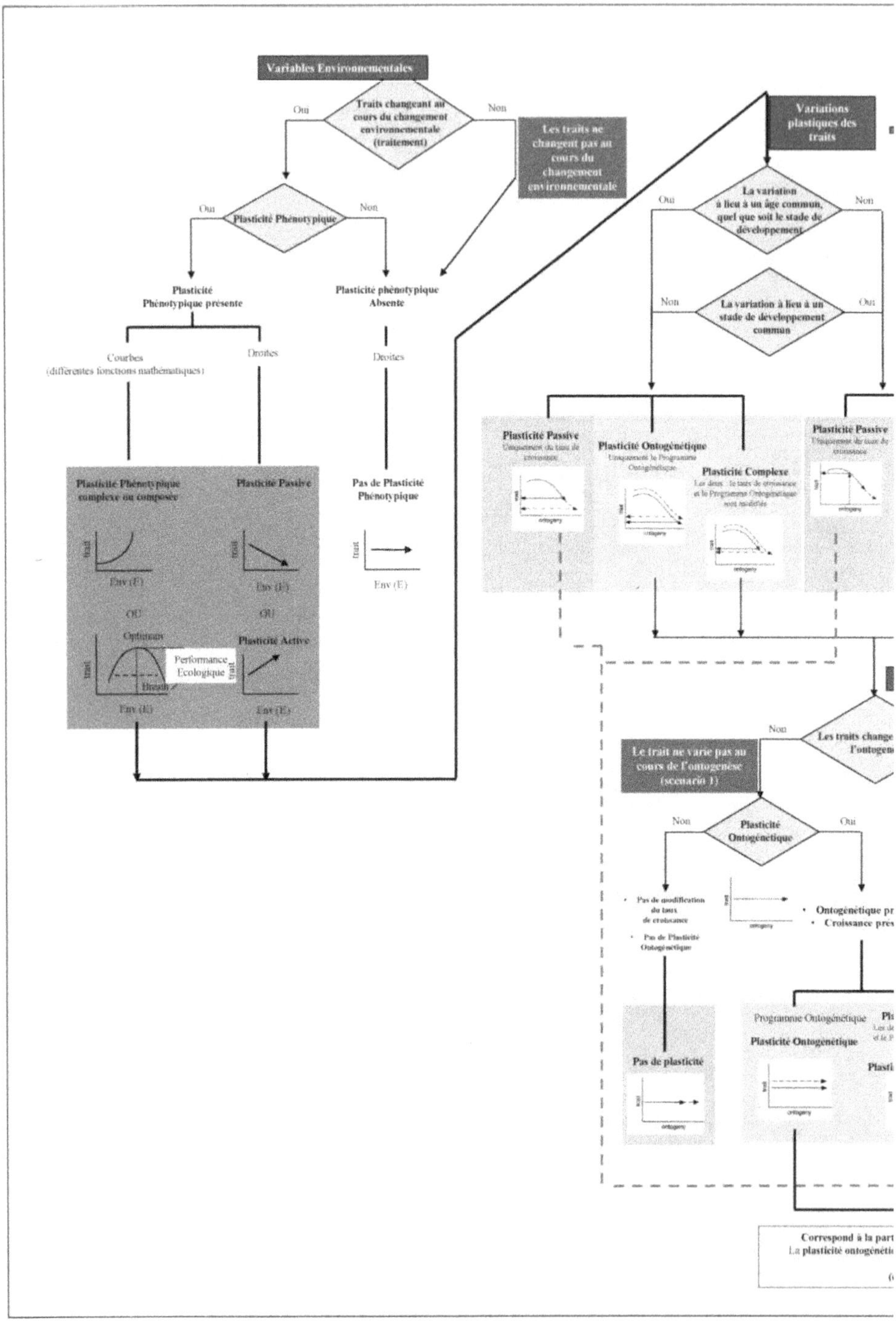

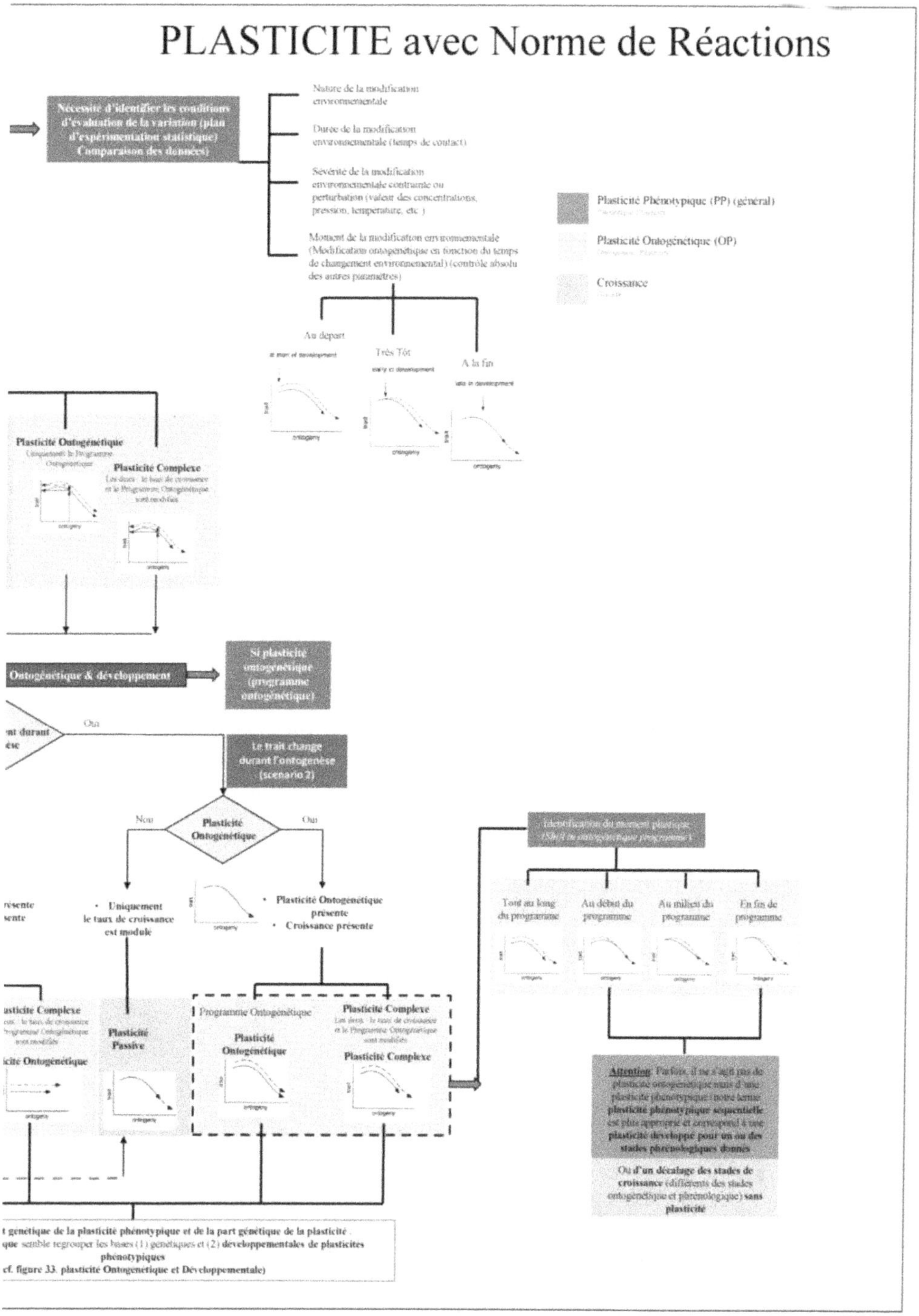

PLASTICITE avec Norme de Réactions
Nécessité d'identifier les conditions d'évaluation de la variation (plan d'expérimentation statistique) Comparaison des données)
Nature de la modification environnementale
Durée de la modification environnementale (temps de contact)
Sévérité de la modification environnementale contrainte ou perturbation (valeur des concentrations, pression, température, etc.)
Moment de la modification environnementale (Modification ontogénétique en fonction du temps de changement environnemental) (contrôle absolu des autres paramètres)
Plasticité Phénotypique (PP) (général)
Plasticité Ontogénétique (OP)
Croissance
Au départ
Très Tôt
A la fin
Plasticité Ontogénétique
Plasticité Complexe
Ontogénétique & développement
Si plasticité ontogénétique (programme ontogénétique)
Oui
Le trait change durant l'ontogenèse (scenario 2)
Non
Plasticité Ontogénétique
Oui
Uniquement le taux de croissance est modulé
Plasticité Ontogénétique présente
Croissance présente
Tout au long du programme
Au début du programme
Au milieu du programme
En fin de programme
Plasticité Passive
Programme Ontogénétique
Plasticité Ontogénétique
Plasticité Complexe
Plasticité Complexe
Attention: Parfois, il ne s'agit pas de plasticité ontogénétique mais d'une plasticité phénotypique (notre terme plasticité phénotypique séquentielle est plus approprié et correspond à une plasticité développée pour un ou des stades phénologiques donnés
Ou d'un décalage des stades de croissance (différents des stades ontogénétique et phénologique) sans plasticité
cf. figure 33. plasticité Ontogénétique et Développementale)

Figure 33. Part génétique de la plasticité, Plasticité ontogénétique ou plasticité développementale (Varin, d'après Schlichting & Pigliucci, 1995 ; Novoplansky, 2002 ; Forde, 2009 ; Varin, 2009 ; Whitman & Agrawal, 2009 ; Nijhout d'après Cabej, 2012).

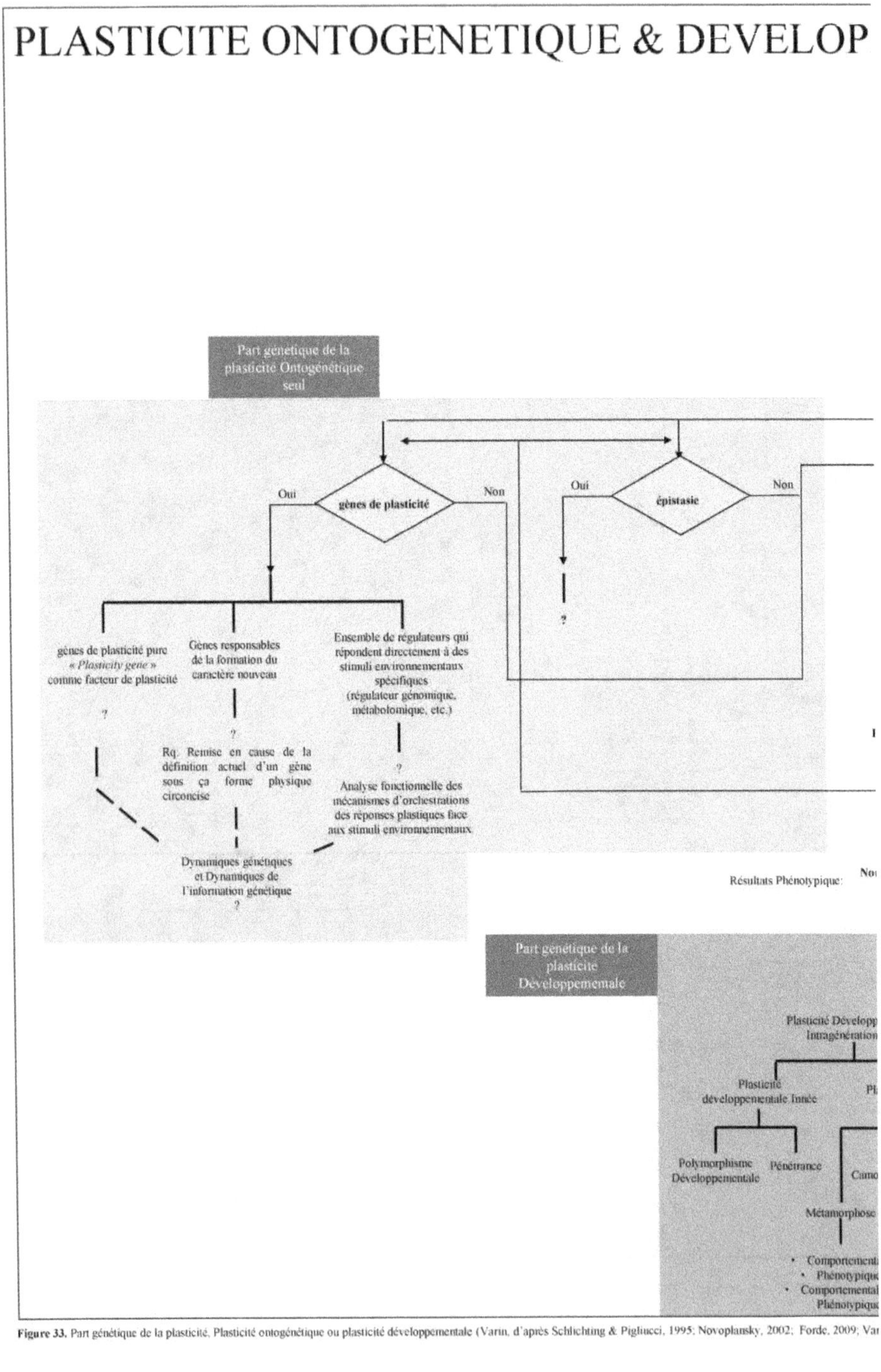

PEMENTALE

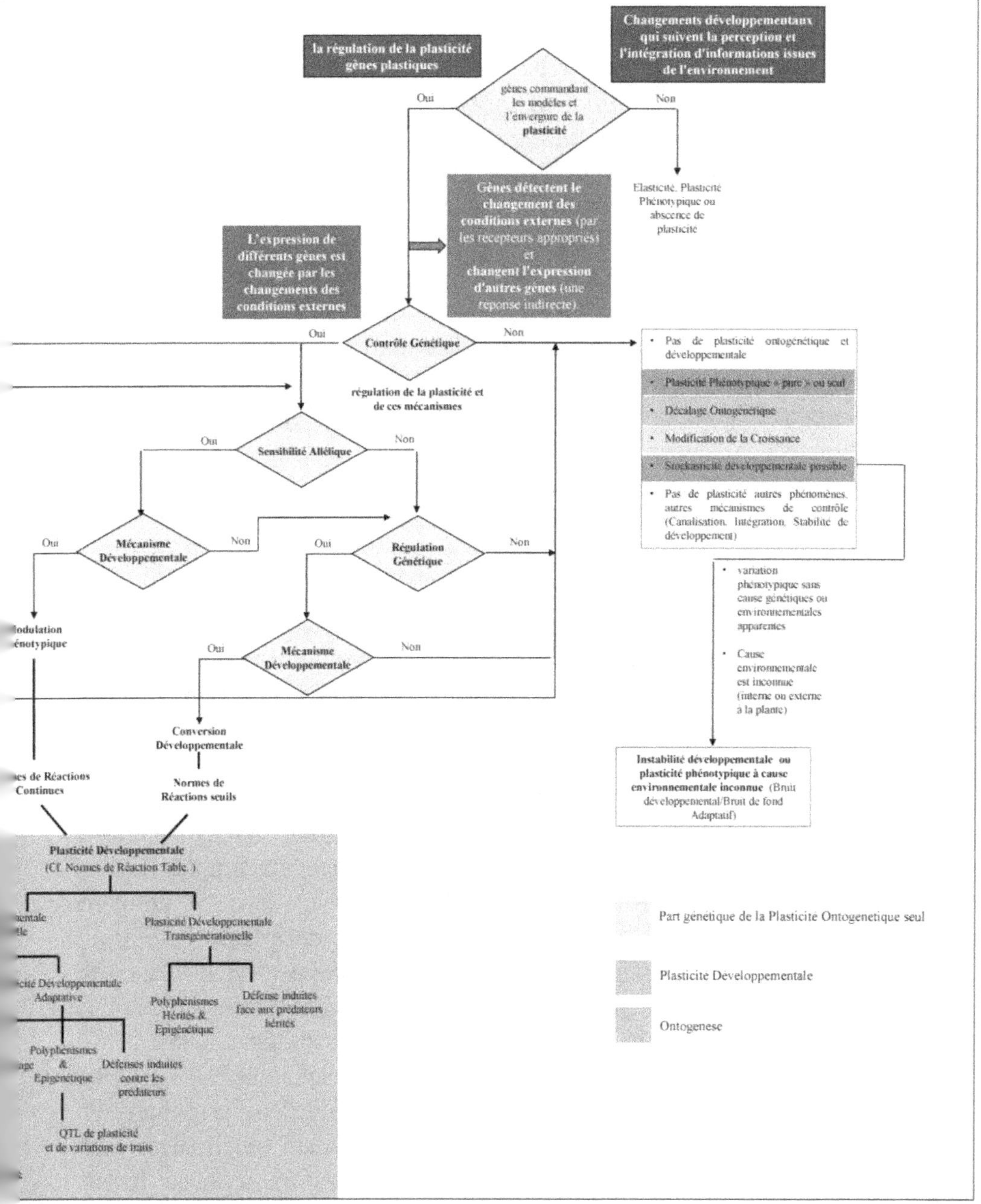

2009, Whitman & Agrawal, 2009, Nijhout d'après Cabej, 2012)

Comme l'avaient déjà signalé Charles Darwin et Leigh Van Valen, l'importance de l'environnement dans la plasticité a été très négligée. Darwin ce reproche de ne pas avoir mis suffisamment de poids sur l'importance de l'action directe de l'environnement sur la génération du phénotype ; et Van Valen ce reproche de ne pas avoir mis assez l'accent sur le principe que l'évolution serait probablement un point de contrôle du développement par le biais de l'écologie.

1) "*In my opinion, the greatest error which I have committed, has not been allowing sufficient weight to the direct action of environment, i.e. food, climate, etc. independently of natural selection.*" Charles Darwin à Moritz Wagner

2) "*A plausible element could be made that evolution is the control of development by ecology. Oddly, neither area has figured importantly in evolutionary theory since Darwin, who contributed much to each.*" Leigh Van Valen.

Ainsi, une importance grandissante consternant la prise en compte de l'aspect environnemental doit avoir lieu en ce début de XXIème siècle.

La recherche continue sur la Plasticité et la plasticité des divers traits fonctionnels et développementaux illuminera de manière générale les propriétés fondamentales influençant la croissance et la Fitness de la plante et également des animaux. Un secteur qui mérite un grand intérêt est l'étude des réponses plastiques faces aux facteurs environnementaux biotiques, y compris la production inductible des produits chimiques lors de la défense des plantes en réponse aux herbivores et les pathogènes, les effets des mycorhizes et symbioses sur le développement des plantes hôtes (Baldwin, 1999 ; Cheplick, 1997). Puisque des études de plasticité sont soigneusement liées au contexte écologique de l'organisme et des différences entre les sites et les habitats dans la nature (Bazzaz, 1996). Ces études sont en général complexes (Bazzaz, 1996). Elles devront de plus en plus examiner les réponses plastiques issues d'efforts multifactoriels plutôt que des facteurs environnementaux simples (Sultan *et al.,* 1998 ; Ryser & Eek, 2000). La recherche dans ce domaine débouchera sur des perspectives importantes concernant la Fitness individuelle et la persistance des populations (Donohue & Schmitt, 1998) et la gestion & orchestrations des gênes de l'individu (Phillips, 2006), la génération de fonction biologique et son évolution (Phillips, 2006).

La recherche de l'architecture, des mécanismes de gestion génétique et des voies hormonales ayant un rôle dans la perception environnementale et la réponse phénotypique améliorera non seulement la vision mécaniste de ces systèmes de réponses mais, illuminera également des contraintes possibles sur l'évolution de la plasticité adaptative (De Witt *et al.,* 1998). En conclusion, les études comparatives ajouteront à nos connaissances des implications écologiques de la Plasticité par exemple dans le cadre de la distribution, la diffusion et la persistance des populations de plantes.

L'étude de la plasticité dans son contexte écologique présente un intérêt pour établir : 1) des collaborations interdisciplinaires comme cela se fait actuellement en génomique comparative (Figure. 34) où la plasticité génomique correspond à un point de vue des projets des recherches ; 2) de réaliser des modèles ; et 3) d'identifier des mécanismes de réponses environnementales et de justifier leurs implications dans la plasticité. Mais, elle permettra également 4) d'évaluer les effets directs et indirects des réponses plastiques dans les relations entre organismes au sein de leurs environnements abiotiques et biotiques ; et 5) de mettre en place des tableaux de réponses, stratégies, de gènes de plasticité (s'ils sont existants), mécanismes de gestions et orchestrations de gènes plastiques et de mettre en place des diagrammes fonctionnels en lien avec l'environnement écologique et la génétique d'individus comme l'avait initié Grime lors de l'identification des stratégies écologiques RCS (Tableau. II).

Figure 34. Génomique comparative. Dès que l'on a disposé de plusieurs génomes entièrement séquencés, on a eu envie de les comparer : démarche classique en Recherche Fondamentale (Varin, 2015).

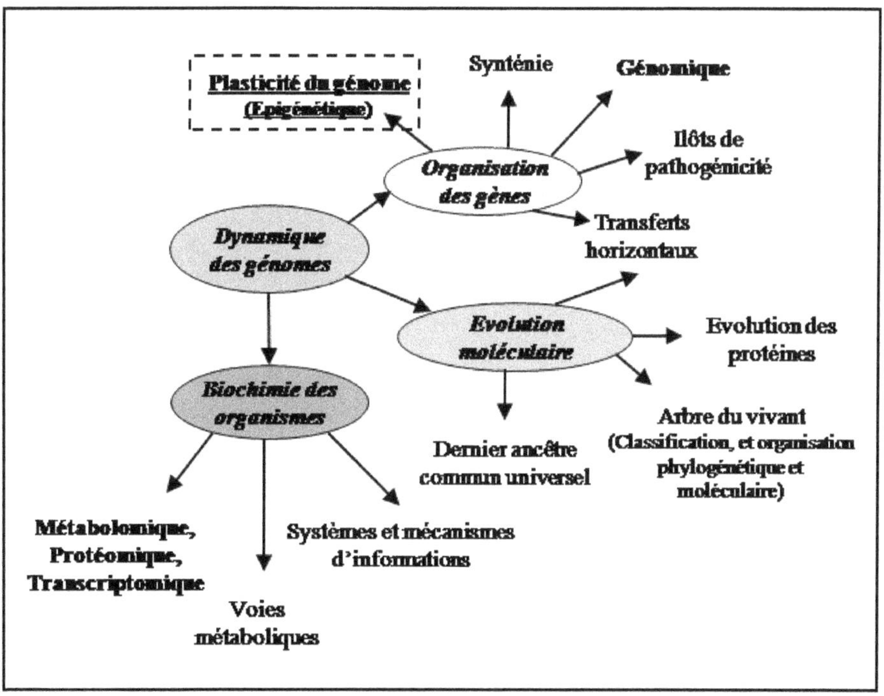

Tableau II. Réponses morphogénétiques à la dessiccation, l'ombrage ou stress nutritifs minérales des plantes compétitives, tolérantes au stress et rudérales et leurs conséquences écologiques dans trois types d'habitat (Grime & Mackey, 2002).

Strategy	Response to stress	Consequences		
		Habitat 1[a]	Habitat 2[b]	Habitat 3[c]
Competitive	Large and rapid changes in root:shoot ratio, leaf area and root surface area	Tendency to sustain high rates of uptake of water and mineral nutrients to maintain dry matter production under stress and to succeed in competition	Tendency to exhaust reserves of water and/or mineral nutrients both in the rhizosphere and within the plant: etiolation in response to shade increases susceptibility to fungal attack	Failure rapidly to produce seeds reduces chance of rehabilitation after disturbance
Stress-tolerant	Changes in morphology slow and often small in magnitude	Overgrown by Competitors	Conservative utilisation of water, mineral nutrients and photosynthate allows survival over long periods in which little dry matter production is possible	
Ruderal	Rapid curtailment of vegetative growth and diversion of resources into seed production		Chronically low seed production fails to compensate for high rate of mortality	Rapid production of seeds ensures rehabilitation after disturbance

RÉFÉRENCES BIBLIOGRAPHIQUES

Les références citées dans les articles de ce manuscrit ne sont pas reprises dans cette bibliographie.

A

Aerts R., Chapin III F.S., 2000. The mineral nutrition of wild plants revisited: A re-evaluation of processes and patterns. *Advances in Ecological Research* 30, 1–67.

Aerts R., 1999. Interspecific competition in natural plant communities: mechanisms, trade-offs and plant–soil feedbacks. *Journal of Experimental Botany,* 50(330), 29–37.

Agrawal A.A, Laforsch C., Tollrian R., 1999. Transgenerational induction of defenses in animals and plants. *Nature* 401, 60–63.

Agrawal AA., 2001. Phenotypic plasticity in the interactions and evolution of species. *Science* 294, 321–326.

Agrawal A.A., 1999. Induced plant defense: Evolution of induction and adaptive phenotypic plasticity. Reprinted from pages 251-268 *In: Inducible plant defenses against pathogens and herbivores*: Biochemistry, ecology, and agriculture. (A.-A. Agrawal, S. Tuzun, and E. Bent, eds), American Phytopathological Society Press, St. Paul, MN (USA).

Agrawal A.A., Laforsch C., Tollrian R., 1999. Transgenerational induction of defences in animals and plants. *Nature* 401, 60-63.

Agrawal A.A., 2001. "Phenotypic Plasticity in the Interactions and Evolution of Species." *Science's compass* 294, 321-326.

Agren G.I., Ingestad T., 1987. Root:Shoot ratio as a balance between nitrogen productivity and photosynthesis. *Plant, ell, and Environment* 10, 579-586.

Anthony J. F., Griffiths A.J.F., Miller J.H., Suzuki D.T., Lewontin R.C., Gelbart W.M., 2002. Introduction à l'analyse génétique. *3ème Edition de boeck, Belgique. 784 p.*

Atkin O.K., Loveys B.R., Atkinson L.J., Pons T.L., 2006. Phenotypic plasticity and growth temperature: understanding interspecific variability. *Journal of Experimental Botany* 57(2), 267–281.

Aubret F., Bonnet X., Shine R., 2007 The role of adaptive plasticity in major evolutionary transition: early aquatic experience affects locomotor performance of terrestrial snakes. *Funct. Ecol.* 21, 1154–1161.

B

Bailliere J.B., 1878. La sensibilité dans le règne animal et dans le règne végétal. Claude Bernard, La science expérimentale, 218-235.

Balan B., 1979. L'ordre et le Temps : L'anatomie comparée et l'histoire des vivants au XIXème siècle. *Librairie Philosophique J. Vrin. 1979. Joseph Floch, Maitre-Imprimeur à Mayenne.* 608p. ISBN : 2711600491.

Baldwin I.T., 1999. Inducible nicotine production in native *Nicotiana* as an example of adaptive phenotypic plasticity. *J Chem Ecol* 25, 3–30.

Bazzaz F.A., 1996. Plants in changing environments: Linking physiological, population, and community ecology. Cambridge University Press, Cambridge and New York, 320p (ISBN: 0521391903).

Bell D.L., Sultan S.E., 1999. Dynamic phenotypic plasticity for root growth in *polygonum*: A comparative study. *American Journal of Botany* 86(6), 807-819.
Benton T.G., Ranta E., Kaitala V., Beckerman A.P., 2001. Maternal effects and the stability of population dynamics in noisy environments. *Journal of Animal Ecology* 70, 590- 599.
Bergson H., 1939. Matière et mémoire. Essai sur la relation du corps à l'esprit. Première Edition : 1939, Paris: Les Presses universitaires de France, 1965, 72e édition, Collection: Bibliothèque de philosophie contemporaine, 282 p.
Bernardo J., 1996. Maternal effects in animal ecology. *American Zoologist* 36, 83 105.
Bilbrough C.J., Caldwell M.M., 1997. Exploitation of springtime ephemeral N pulses by six Great Basin plant species. *Ecology* 78, 231-243.
Blackman R.L., Eastop V.F., 1984. Aphids on the World's Crops (Avon, British Museum).
Bloom A.J., Chapin S.F., Money H.A., 1985. Ressource limitation in plants—an economic analogy. *Annu. Rev. Ecol. Systematics* 16, 363–392.
Bousquet J., 2002. Introduction de la conscience dans la matière : de la physique quantique à la biologie. Aristra ed (diffusé sur www.aristra.org), 18p.
Bradshaw A.D., 1965. Evolutionary significance of phenotypic plasticity in plants. *Advances in Genetics* 13, 115-155.
Bradshaw A.D., Hardwick K., 1989. Evolution and stress – genotypic and phenotypic components. *Biological Journal of the Linnean Society* 37, 137–155.
Brawner III W.R., Hill G.E., Sundermann C., 2000. Effects of coccidial and Mycoplasmal infections on carotenoid-based plumage pigmentation in male house finches. *The Auk* 117, 952-963.
Bruni N.C., Young J.P., Dengler N.G., 1996. Leaf development plasticity of *Ranunculus flabellaris* in response to terrestrial and submerged environments. *Can. J. Bot.* 74, 823–837.
Buis R., 1991. On the generalization of the logistic law of growth. *Acta Biotecheoretica.* 39, 185-195.
Bunce J.A., 1997. Variation in growth stimulation by elevated carbon dioxide in seedling of some C3 crop and weed species. *Global Change Biology* 3, 61-66.

C

Cabej N.R., 2012. Epigenetic Principles of Evolution. London: First ed. Elsevier,Inc. Amsterdam/Boston, 123-216.
Cahill JR. J.F., 2003. Lack of relationship between below-ground competition and allocation to roots in 10 grassland species. *Journal of Ecology* 91, 532-540.
Calas A., Perrin J.F., Plas C., Vanneste P., 1997. Physiologie animale ; adaptation et milieux de vie, *Edition Doin.*
Caldwell M.M., Pearcy R.W.; 1994. Physiological Ecology: Exploitation of Environmental Heterogeneity by Plants. *Academic Press, San Diego, CA.*
Caldwell M.M., Manwaring J.H., Jackson R.B., 1991. Exploitation of phosphate from fertile soil microsites by three Great Basin perennials when in competition. *Funct. Ecol.* 5, 757–764.
Callahan H.S., Wells C.L., Pigliucci M., 1999. Light-sensitive plasticity genes in Arabidopsis thaliana: mutant analysis and ecological genetics. *Evol. Ecol. Res.* 1, 731–751.

Campbell B.D., Grime J.P., Mackey J.M.L., 1991. A trade-off between scale and precision in resource foraging. *Oecologia* 87, 532–538.
Chapin F.S. III., 1980. The mineral nutrition of wild plants. *Annu. Rev. Ecol. Syst.* 11, 233-260.
Carfantan S., 2014. Leçon sur la Matière et l'Esprit. Philosophie et spiritualité 2003 réédition 2014, 183p.
Carmassi M., 2002. Commentaire sur l'étude de Jacqueline Bousquet : Introduction de la conscience dans la matière –de la physique à la biologie. Aristra ed (diffusé sur www.aristra.org), 2p.
Casas J., 2012. Variations, évolutions, métamorphoses. *Publications de L'université de Saint-Etienne.* 448p.
Cheng S.H, Moore B.D., Wu J., Edwards G.E., Ku M.S.B., 1989. Photosynthetic Plasticity in *Flaveria brownii*: Growth Irradiance and the Expression of C4 Photosynthesis. *Plant Physiol.* 89, 1129-1135.
Cheplick G.P., 1997. Effects of endophytic fungi on the phenotypic plasticity of *Lolium perenne* (Poaceae). *American Journal of Botany* 84, 34 – 40.
Colasanti R.L., Hunt R., 1997. Resource dynamics and plant growth: a self-assembling model for individuals, populations and communities. *Funct. Ecol.* 11, 133–145.
Colebatch G., Cooper P., East P., 2002. cDNA cloning of a salivary chymotrypsin-like protease and the identification of six additional cDNAs encoding putative digestive proteases from the green mirid, *Creontiades dilitus* (Hemiptera: Miridae). *Insect Biochem Mol Biol* 32, 1065–1075
Coleman J.S., McConnaughay K.D.M., Ackerly D.D., 1994. Interpreting phenotypic variation in plants. *Trends in Ecology and Evolution* 9, 187–191.
Cook C.D.K., 1968. On the determination of leaf form in Ranunculus Aquatilis. *New Phytol.* 68, 469-480.
Cooper W.S., Kaplan R.H., 1982. Adaptive "coin-flipping": a decision-theoretic examination of natural selection for random individual variation. *J. Theor. Biol.* 94, 135-51.
Cordell S., Goldstein G., Mueller-Dombois D., Webb D., Vitousek P.M., 1998. Physiological and morphological variation in *Metrosideros polymorpha,* a dominant Hawaiian tree species, along an altitudinal gradient: the role of phenotypic plasticity. *Oecologia* 113, 118–196.
Cornelissen J.H.C., Aerts R., Cerabolini B., Werger M.J.A., van der Heijden M.G.A., 2001. Carbon cycling traits of plant species are linked with mycorrhizal strategy. *Oecologia* 129, 611-619.
Cornelissen J.H.C., Lavorel S., Garnier E., Diaz S., Buchmann N., Gurvich D.E., Reich P.B., Steege H., Morgan H.D., Van Der Heijden M.G.A., Pausas J.G., Poorter H., 2003. A Handbook of protocols for standadised and easy measurement of plant functional traits worldwide. *Australian Journal of Botany.* 51, 335-380.
Cornelissen T.G., Fernandes G.W., 2001. Defence, growth and nutrient allocation in the tropical shrub *Bauhinia brevipes* (Leguminosae). *Austral Ecology* 26, 246-253.
Crick J.C. & Grime J.P., 1987. Morphological plasticity and mineral nutrient capture in two herbaceous species of contrasted ecology. *New Phytologist* 107, 403-414.
Cudworth R., 1678. The True Intellectual System of the Universe, *London, Printed for Richard Royston.*

Cusset G. 1991. Les modèles sigmoïdes en biologie végétale. *Acta Biotheoretica* 39, 197-205.

D

Darwin C., 1872. *Effects of the increased Use and Disuse of Parts, as controlled by Natural Selection. The Origin of Species. 6th edition, p. 108, John Murray. Consulté le 2007-12-28.*

Dedono M.W., 2010. Le complexe de plasticité - Etat des lieux & immersion. *Plastir* 18(3), 23p.

Dedono M.W., 2005, 2007. Le concept de plasticité : un nouveau paradigme épistémiologique. *Revue de philosophie et de sciences humaine « DOGMA »* (Février 2007 réédition de 2005), 11p.

Dedono M.W., 1996. L'Ere des Plasticiens – de nouveaux hommes de science face à la poésie du monde. *Audin Editeur, Collection Science & Spiritualité : Epistémologie,* 296p.De Jong G., 1990. Quantitative genetics of reaction norms. *J. evol. Biol.* 3, 447-468.

de Jong G., 1995. 'Phenotypic Plasticity as a Product of Selection in a Variable Environment', *American Naturalist* 145, 493–512.

de Jong G., 2005. "Evolution of phenotypic plasticity: patterns of plasticity and the emergence of ecotypes". *New Phytol.* 166(1), 101-117.

Debat V., David P., 2001. Mapping phenotypes: Canalization, plasticity and developmental stability. *Trends in Ecology & Evolution* 16, 555-561.

Debat V., Debelle A., Dworkin I., 2009. Plasticity, canalization and developmental stability of the Drosophila wing: joint effects of mutations and developmental temperature. *Evolution 63-11, 2864–2876.*

Deguine J.P., Leclant F., 1997. *Aphis gossypii* Glover (*Hemiptera, Aphididae*), Vol 11 (Montpellier, CIRAD-CA).

Delaplace P., Delory B.M., Baudson C., Mendaluk-Saunier de Cazenave M., Spaepen S., Varin S., du Jardin P., 2015. Influence of rhizobacterial volatiles on the root system architecture and the production and allocation of biomass in the model grass *Brachypodium distachyon* (L.) P. Beauv. *BMC Plant Biology* **15:** 195-210.

Denver R.J., 1997*a*. Environmental stress as a developmental cue: Corticotropin-releasing hormone is a proximate mediator of adaptive phenotypic plasticity in amphibian metamorphosis. *Horm. Behav.* 31, 169–79.

Denver R.J., 1997*b*. Proximate mechanisms of phenotypic plasticity in amphibian metamorphosis. *Amer. Zool.* 37, 172–184.

Denver R.J., 1998. Hormonal correlates of environmentally induced metamorphosis in the Western spadefoot toad, Scaphiopus hammondii. *General and Comparative Endocrinology* 110, 326-336.

Descartes R., 1964-1974. Oeuvres, *éd par C. Adam et P. Tannery, Paris, Vrin.*

De Witt T.J., Scheiner S.M., 2004. Phenotypic plasticity: functional and conceptual approaches. Oxford University Press. Oxford, New York, 225p.

De witt T.J., Scheiner S.M., 2004. Phenotypic variation from single genotypes: a primer. In: *Phenotypic plasticity. Functional and conceptual approaches.* (T.-J. DeWitt, S.-M. Scheiner, eds), Oxford University Press, Oxford.

De Witt T.J., Sih A., Wilson D.S., 1998. Costs and limits to benefits as constraints on the evolution of phenotypic plasticity. *Trends Ecol.Evol.* 13, 77–81.

DeWitt T.J., 1998. Costs and limits of phenotypic plasticity: tests with predator-induced morphology and life history in a freshwater snail. *Journal of Evolutionary Biology* 11, 465–480.

Diamond J.M., 1986. Why do disused proteins become genetically lost or repressed? *Nature* 321, 565-566.

Dodson S. 1989. Predator-induced reaction norms. *BioScience* 39, 447-452.

Dodzhansky T., Ayala F., Stebbins G.L., Valentine J.W., 1983. Evolución. *Omega*, Barcelona, 558.

Donohue K.J., Schmitt J., 1998. Maternal environmental effects: Adaptive plasticity?. *In: Maternal effects as adaptations*. (T.-A. Mousseau, C.-W. Fox, eds), Oxford, UK: Oxford University Press, 137–158.

Donohue K., Hammond-Pyle E., Heschel S.M., Messiqua D., Schmitt J., 2000. Density-dependence and population differentiation of genetic architecture in *Impatiens capensis* in natural environments. *Evolution* 54, 1969–1981.

Dorn L., Hammond-Pyle E., Schmitt J., 2000. Plasticity to light cues and resources in *Arabidopsis thaliana*: Testing for adaptive value and casts. *Evolution* 54, 1982–1994.

Drennan P.M., Nobel P.S., 1998. Root growth dependence on soil temperature for *Opuntia ficus-indica*: influences of air temperature and a doubled CO_2 concentration. *Functional Ecology* 12, 959-964.

Driesch H., 1928. Philosophie des Organischen, *Heidelberg, Quelle & Meyer*.

Dubé M., Morisset P., 1996. La plasticité phénotypique des caractères anatomiques foliaires chez le *Festuca rubra* L. (*Poaceae*). *Can. J. Bot.* 74, 1708–1718.

Dudley S.A., Schmitt J., 1996. Testing the adaptive plasticity hypothesis: Density-dependent selection on manipulated stem length in *Impatiens capensis*. *Am. Nat.* 147, 445–465.

Dudley S.A., 1996. Differing selection on plant physiological traits in response to environmental water availability: A test of adaptive hypotheses. *Evolution* 50, 92–102.

Dworkin I., 2005a. Canalization, cryptic variation, and developmental buffering: a critical examination and analytical perspective. *In: Variation - a central concept in biology*. (B. Hallgrımsson, B.-K. Hall, eds), Burlington, USA: Elsevier/Academic Press, 131–158.

Dworkin I., 2005b Towards a genetic architecture of cryptic genetic variation and genetic assimilation: the contribution of K.G. Bateman. *J. Genet.* 84, 223–226.

E

Elberse I.A.M., Van Damme J.M.M., Van Tienderen P.H., 2003. Plasticity of growth characteristics in wild barley (*Hordeum spontaneum*) in response to nutrient limitation. *J Ecol* 91, 371-382.

Emlen D.J., Szafran Q., Corley L.W., Dworkin I., 2006. Insulin signaling and limb-patterning: Candidate pathways for the origin and evolutionary diversification of beetle horns. *Heredity* 97, 179-191. [Site net de l'auteur Emlen DJ : http://dbs.umt.edu/research_labs/emlenlab/Publications.htm]

Emlen D.J., Hunt J., Simmons L.W., 2005. Evolution of sexual dimorphism and male dimorphism in the expression of beetle horns: phylogenetic evidence for modularity, evolutionary lability, and constraint. *American Naturalist* 166, S42-S68.

Emlen D.J., 2001 Costs and the diversification of exaggerated animal structures. *Science* 291, 1534–1536.

Ernande B., Dieckmann U., 2004. The evolution of phenotypic plasticity in spatially structured environments: Implications of intraspecific competition, plasticity costs and environmental characteristics. *Journal of Evolutionary Biology* 17, 613–628.

Ericsson T., 1995. Growth and Shoot – root ratio of seedling in relation to nutrient availability. *Plant Soil* 169, 205-2014.

Evans J.P., 1991. The effect of resource integration on fitness related traits in a clonal dune perennial, *Hydrocotyle bonariensis*. *Oecologia* 86, 268–275.

F

Falconer D.S., 1990. Selection in different environments: effects on environmental sensitivity (reaction norm) and on mean performance. *Genetical Research, Cambridge* 56, 57–70.

Falconer D.S., 1974. Introduction à la génétique quantitative, *Masson et Cie edn.*

Fernandez-Lopez M., Goormachtig S., Gao M., D'Haeze W., Montagu M.V., Holsters M., 1998. Ethylene-mediated phenotypic plasticity in root nodule development on *Sesbania rostrata*. *Proc. Nat. Acad. Sci. USA.* 95, 12724-12728.

Fitter A.H., 1994. Architecture and biomass allocation as components of the plastic response of root systems to soil heterogeneity. *In: Exploitation of environmental heterogeneity by plants*, (M.-M. Caldwell, R.-W. Pearcy, eds.), Academic Press, New York, NY, *305–323.*

Forde B.G. & Lorenzo H., 2001. The nutritional control of root development. *Plant and soil* 232, 51-68.

Fordyce J.A., 2006. The evolutionary consequences of ecological interactions medicated through phentypic plasticity. Review. *The Journal of Experimental Biology* 209, 2377-2383.

Fowler M.S., 2005. Interactions between maternal effects and dispersal. *Oikos* 110: 81-90.

Fox C.W., Waddell K.J., Mousseau T.A., 1995. Parental host plant affects offspring life histories in a seed beetle. *Ecology* 76.

Francis F., Gerkens P., Harmel N., Mazzucchelli G., De Pauw E., Haubruge E., 2006. Proteomics in Myzus persicae: effect of aphid host plant switch. *Insect Biochem Mol Biol* 36, 219 - 227.

Frankow-Lindberg B.E., 1999. Effects of adaptation to winter stress on biomass production, growth and morphology of three contrasting white clover cultivars. *Physiol Plant* 106, 196-202.

G

Gaudin T, 2013. L'impératif du vivant : Suggestions pour la réorganisation du monde. Editions de l'Archipel, Collection Géographie du futur, 316p. ISBN : 978-2-8098-1013-4.

Garland Jr T., Kelly S.A., 2006. Phenotypic plasticity and experimental evolution. *The Journal of Experimental Biology* 209, 2344-2361.

Garnier E., 1991. Resource capture, biomass allocation and growth in herbaceous plants. *Trends in Ecology and Evolution* 6, 126–131.

Garnier E., 1992. Growth analysis of congeneric annual and perennial grass species. *Journal of Ecology* 80, 665-675.
Garnier E., 1998. Interspecific variation in plasticity of grasses in response to nitrogen supply. In Population Biology of Grasses. (Ed G.P. Cheplick), Cambridge University Press, New York, 155-182.
Gautier H., Varlet-Grancher C., Membré J.M., 2001. Plasticity of petioles of white clover (*Trifolium repens*) to blue light. *Physiol Plant* 112(2), 293-300.
Gedroc J.J., Mc Connaughay K.D.M, Coleman J.S., 1996. Plasticity in root/shoot partitioning: optimal, ontogenetic, or both? *Function Ecology* 10, 44-50.
Gilbert S., Epel D., 2009. Ecological Developmental Biology: Integrating Epigenetics, Medicine, and Evolution, *Sunderland, Sinauer Associates*.
Gillespie J.H., Turelli M., 1989. Genotype-environment interactions and the maintenance of polygenic variation. *Genetics* 121, 129–138.
Givnish T.J., 2002. Ecological constraints on the evolution of plasticity in plants, *Evol. Ecol.* 16, 213–242.
Griffith T.M., Sultan S.E., 2005. Shade tolerance plasticity in response to neutral vs green shade cues in *Polygonum* species of contrasting ecological breadth. *New Phytologist* 166, 141–148.
Grime J.P., Thompson K., Hodgson J.G., Cornelissen J.H.C., Rorison I.H., Hendry G.A.F., Ashenden T.W., Askew A.P., Band S.R., Booth R.E., Bossard C.C., Campbell B.D., Cooper J.E.L., Davison A.W., Gupta P.L., Hall W., Hand D.W., Hannah M.A., Hillier S.H., Hodkinson D.J., Jalili A., Liu Z., Mackey J.M.L., Matthews N., Mowforth M.A., Neal M.A., Reader R.J., Reiling K., Ross-Fraser W., Spencer R.E., Sutton F., Tasker D.E., Thorpe P.C., Whitehouse J., 1997. Integrated screening validates primary axes of specialization in plants. *Oikos* 79, 259–281.
Grime J.P., Campbell B.D., Mackey J.M.L., Crick J.C., 1991. Root plasticity, nitrogen capture and competitive ability. In: Atkinson D, ed. *Plant root growth: an ecological perspective.* Oxford, UK: Blackwell Scientific Publications, 381–397.
Grime J.P., Crick J.C., Rincon J.E., 1986. The ecological significance of plasticity. In: Jennings DH, Trewavas AJ, eds. *Plasticity in plants*. Cambridge, UK: Company of Biologists, 5–30.
Grime J.P., Hodgson J.G., Hunt R., 1988. Comparative plant ecology: a functional approach to common British species. London: Unwin Hyman, 742p.
Grime J.P., Hunt R., 1975. Relative growth rate: Its range and adaptive significance in a local flora. *Journal of Ecology* 69, 393–422.
Grime J.P., Mackey J.M.L., 2002. The role of plasticity in resource capture by plants. *Evolutionary Ecology* 16, 299–307.
Grime J.P., 1979. *Plant strategies and vegetation processes*. Chichester, UK: Wiley.
Grime J.P., 2001. Plant strategies, vegetation processes, and ecosystem properties, 2nd ed. (Wiley Hoboken, eds), New Jersey, USA.
Guillemant P., 2015. Metaphysique : la physique de la conscience de Philippe Guillemant. Métaphysique. *Revue Temps*, 21-23.
Guntrip J., Sibly R.M., 1998. Phenotypic plasticity, genotype by-environment interaction and the analysis of generalism and specialization in *Callosobruchus maculates*. *Heredity* 81, 198-204.

Gurevitch J., Wilson P., Teese P., Stone J., Stoutenburgh R., 1990. Competition among old-field perennials: effects of available space and resource level. *Journal of Ecology* 78, 727-744.

H

Hameroff S., 1998. Quantum compuntation in brain microtubules? The Penrose-Hameroff 'Orch OR' model of consciousness. *Phil. Trans. R. Soc. Lond.* A 356, 1869-1896.

Harper J.L., 1985. Modules, branches, and the capture of resources. In J.B.C. Jackson, L.W. Buss and R.E. Cook (eds) Population Ecology and Evolution of Clonal Organisms. Yale University Press, New Haven, CT.

Harnett D.C., Bazzaz F.A., 1983. Physiological interaction among intraclonal ramets in *Solidago Canadensis*. *Ecology* 64, 779-788.

Harvey W., 1651. Exercitationes de generatione animalium, *London, Apud Lodovicum elzevirium.*

Hawkesford M.J., Davidian J.C., Grignon C., 1993. Sulphate/proton cotransport in plasma-membrane vesicles isolated from roots of *Brassica napus* L.: increased transport in membranes isolated from sulphur-starved plants. *Planta* 190, 297-304.

Heller M., 1984. Physiologie végétale. Tome II. Développement. Paris: Masson, 20p.

Hendrickson L., Ball M.C., Wood J.T., Chow W.S., Furbank R.T., 2004. Low temperature effects on photosynthesis and growth of grapevine. *Plant, Cell and Environnement* 27, 795-809.

Hermanutz L.A., Weaver S.E., 1996. Agroecotypes or phenotypic plasticity? Comparison of agrestal and ruderal populations of the weed Solanum ptycanthum. *Oecologia* 105, 271-280.

Hill G.E., 1994. House Finches are what they eat: A reply to Hudon. *The Auk* 111, 221–225.

Hillesheim E., Stearns S.C., 1991. The responses of Drosophila melanogaster to artificial selection on body weight and its phenotypic plasticity in two larval food environments. *Evolution* 45, 1909-23.

Hodge A., 2004. The plastic plant: root responses to heterogeneous supplies of nutrients. *New Physiologist* 162, 9-24.

Hodge A., Robinson D., Griffiths B.S., Fitter A.H., 1999a. Why plants bother: root proliferation results in increased nitrogen capture from an organic patch when two grasses compete. *Plant Cell Environ* 22, 811–820.

Hodge A., Robinson D., Griffiths B.S., Fitter A.H., 1999b. Nitrogen capture by plants grown in N-rich organic patches of contrasting size and strength. *J Exp Bot* 50, 1243–1252.

Hodge A., Stewart J., Robinson D., Griffiths B.S., Fitter A.H., 1999c. Plant, soil fauna and microbial responses to N-rich organic patches of contrasting temporal availability. *Soil Biol Biochem* 31, 1517–1530.

Hodge A., Robinson D., Fitter A.H., 2000a. Are microorganisms more effective than plants at competing for nitrogen? *Trends Plant Sci* 5, 304–308.

Hodge A., Robinson D., Fitter A.H., 2000b. An arbuscular mycorrhizal inoculum enhances root proliferation in, but not nitrogen capture from, nutrient-rich patches in soil. *New Phytol* 145, 575–584.

Hodge A., Stewart J., Robinson D., Griffiths B.S., Fitter A.H., 2000c. Spatial and physical heterogeneity of N supply from soil does not influence N capture by two grass species. *Funct Ecol* 14, 575–584.
Hodge A., Stewart J., Robinson D., Griffiths B.S., Fitter A.H., 2000d. Competition between roots and micro-organisms for nutrients from nitrogen-rich patches of varying complexity. *J Ecol* 88, 150–164.
Hodge A., Stewart J., Robinson D., Griffiths B.S., Fitter A.H., 2000e. Plant N capture and microfaunal dynamics from decomposing grass and earthworm residues in soil. *Soil Biol Biochem* 32, 1763–1772.
Hodge A., Campbell C.D., Fitter A.H., 2001. An arbuscular mycorrhizal fungus accelerates decomposition and acquires nitrogen directly from organic material. *Nature* 413, 297–299.
Hoffmann W.A., Poorter H., 2002. Avoiding Bias in calculations of relative growth rate. *Annals of Botany* 80, 37-42.
Høgh-Jensen H. 2003. The effect of potassium deficiency on growth and N2-fixation in *Trifolium repens. Physiologia Plantarum* 119, 440–449.
Hooper D.U., Chapin F.S., Ewel J.J., Hector A., Inchausti P., Lavorel S., Lawton J.H., Lodge D.M., Loreau M., Naeem S., Schmid B., Setala H., Symstad A.J., Vandermeer J., Wardle D.A., 2005. Effects of biodiversity on ecosystem functioning: a consensus of current knowledge. *Ecological Monographs* 75, 3–35.
Huante P., Rincon E., Chapin III F.S., 1998. Foraging for nutrients, responses to changes in light, and competition in tropical deciduous tree seedlings. *Oecologia* 117, 209–216.
Huber H., Lukacs S., Watson M.A., 1999. Spatial structure of stoloniferous herbs: an interplay between structural blue-print, ontogeny and phenotypic plasticity. *Plant Ecology* 141, 107-115.
Huber H., Kane N.C., Heschel M.S., von Wettberg E.J., Banta J., Leuck A.M., Schmitt J., 2004. Frequency and microenvironmental pattern of selection on plastic shade-avoidance traits in natural population of Impatiens capensis. *The Ameican Naturalist* 163(4), 548-563.
Huey R.B., Partridge L., Fowler K., 1991. Thermal sensibility of Drosophila melanogaster responds rapidly to laboratory natural selection. *Evolution* 45, 751-6.
Hunt R., Causton D.R., Shipley B., Askew A.P., 2002. A modern tool for classical plant growth analysis. *Annals of Botany.* 90, 485-488.
Hunt R., Cornelissen J.H.C., 1997. Components of relative growth rate and their interrelationships in 59 temperate plant species. *The New Physiologist* 135: 395-417.
Hunt W.F., Loomis R.S., 1976. Carbohydrate-limited growth kinetics of Tobacco (*Nicotiana rustica* L.) Callus. *Plant Physiol.* 57, 802-805.
Hutchings M.J., de Kroon H., 1994. Foraging in plants: the role of morphological plasticity in resource acquisition. *Advances in Ecological Research* 25, 159–238.

J

Jacobson R., 1963. Closing statements: Linguistics and Poetics. (T.A. Sebeok, ed), Style in langage, Cambridge, MA: MIT Press, New-York, 351-377.

Jackson R.B., Manwaring J.H., Caldwell M.M., 1990. Rapid physiological adjustment of roots to localized soil enrichment. *Nature* 344, 58–60.
Jablonka E., Lamb M.J., 2002. The changing Concept of Epigenetics. *Ann. N. Y. Aced. Sci.* 981, 82-96.
Jain S.K., 1978 Inheritance of phenotypic plasticity in soft chess, *Bromus mollis* L. (*Graminae*). *Experimentia* 34, 835- 836.
Jennings D.H., Trewavas A.J., 1986 Plasticity in plants. *[Symp. exp. Biol., 40, 1985.] Company of Biologists: Cambridge,* 372p.
Johannsen W., 1909. Elemente Der Exacten Erblichkeitslehre, *Gustav Fischer, Jena.*
Johannsen W., 1911. The Genotype Conception of Heredity, *The American Naturalist,* 45:129-159.
Johnson H.A., Biondini M.E., 2001. Root morphological plasticity and nitrogen uptake of 59 plant species from the Great Plains grasslands, U.S.A. *Basic Appl. Ecol.* 2, 127–143.
Johnston I.A., 2006. Environment and plasticity of myogenesis in teleost fish. Review. *The Journal of Experimental Biology* 209, 2249-2264.

K

Kehr J., 2006. Phloem sap proteins: their identities and potential roles in the interaction between plants and phloem-feeding insects. *J Exp Bot* 57, 767 - 774.
Kirongo B.B., Mason E.G., 2003. Decline in relative growth rate of 3 juvenile radiata pine clones subjected to varying competition levels in Canterbury, New Zealand. *Annals of Forest Science* 60, 585-591.
Kokko H., Sutherland W.J., 2001. Ecological traps in changing environments: Ecological and evolutionary consequences of a behaviourally mediated allee effect. *Evolutionary Ecology Research 3*, 537-551.
Krivan V., 2003. Competitive co-existence caused by adaptive predators. *Evol. Ecol. Res.* 5, 1163–1182.

L

Lacey E.P., 1998. What is an adaptative environmentally induced parental effect? *In Maternal effects as adaptations, T. A. Mousseau, and C. W. Fox, eds.*
Lambert D., Rezsöhazy R., 2007. Comment les pattes viennent au serpent : essai sur l'étonnante plasticité du vivant. *Champs Flammarion,* 412p.
Lambert J.F., 2011. Cerveau et conscience : bilan et perspectives. Travaux académie des sciences morales et politiques. Rapport 3, Chap 7, 18p.
Lee B.R., Jung W.J., Kim K.Y., Avice J.C., Ourry A., Kim T.H., 2005. Transient increase of de novo amino acid synthesis and its physiological significance in water-stressed white clover. *Functional Plant Biology* 32, 831-838.
León J., 1993 Plasticity in fluctuating environments. *In: Adaptation in stochastic environments* (J. Yoshimura, C.-W. Clark, eds), Berlin, Germany: Springer-Verlag, 105–121.
Lessmann V., Gottmann K., Malcangio M., 2003. Neurotrophin secretion: current facts and future prospects. *Progress in Neurobiology* 69, 341-374.
Levins R., 1968. Evolution in changing environments. *Princeton, NJ: Princeton University Press.*
Lewontin R.C. 1957. The adaptations of populations to varying environments. *Cold Spring Harbor Symp. Quant. Biol.* 22, 395–408.

Lorens L., Menuelas J., Estiarte M., Bruna P., 2004. Contrasting growth changes in two dominant species of a mediterranean shurbland submitted to experimental drought and warming. *Annals of Botany* 94, 843-853.

Loveys B.R., Scheurwater I., Pons T.L., Fitter A.H., Atkin K., 2002. Growth temperature influences the underlying components of relative growth rate: an investigation using inherently fast- and slow-growing plant species. *Plant, Cell and Environment* 25, 975-987.

Lukens L.N., Doebley J., 1999. Epistatic and environmental interactions for quantitative trait loci involved in maize evolution. *Genet. Res.* 74, 291–302.

M

Macdonald S.E., Chinnappa C.C., 1989. Population differentiation for phenotypic plasticity in the Stellaria longipes complex. *Amer. J. Bot.* 76, 1627-1637.

Mack R.N., Simberloff D., Lonsdale W.M., Evans H., Clout M., Bazzaz F.A., 2000. Biotic invasions: causes, epidemiology, global consequences, and control. *Ecol. Appl.* 10, 689–710.

Madakadze I.C., Stewart K.A., Madakadze R.M., Smith D.L., 2003. Crop physiology & metabolism: Base temperatures for seedling growth and their correlation with Chilling sensitivity for Warm-Season Grasses. *Published in crop science* 43, 874-878.

Malpighi M., 1687. Opera Omnia, *Lugduni Batavorum, Apud P. Van der Aa.*

Manuk S.B., 2009. The reaction norm in gene x environment interaction. Letter to the editor, *Molecular Psychiatry*: 1-2.

Marshall C., Price AC., 1997. Sectoriality and its implications for physiological integration. *In: The Ecology and Evolution of Clonal Plants* (H. de Kroon, J. van Groenendael, eds), Backhuys Publishers, Leiden.

Marshall C., 1990. Source–sink relations of interconnected ramets. *In: Clonal growth in plants: regulation and function* (J. Van Groenendael, H. De Kroon, eds), The Hague, the Netherlands: SPB Academic Publishers, 23–42.

Martinez-Meier A., Sanchez L., Pastorino M., Gallo L., Rozenberg P., 2008. What is hot in tree rings? The wood density of surviving Douglas-firs to the 2003 drought and heat wave. *Forest Ecology and Management* 256, 837–843.

Mc Kenna M.F., Houle G., 1999. The effect of light on the growth and reproduction of *Floerkea proserpinacoides*. *New Phytologist* 141, 99-108.

McKenna M.F., Shipley B., 1999. Interacting determinants of interspecific relative growth: empirical patterns and a theoretical explanation. *Ecoscience* 6, 286–296.

McConnaughay K.D.M., Coleman J.S., 1999. Biomass Allocation in Plants: Ontogeny or Optimality? A Test along Three Resource Gradients. *Ecology* 80(8), 2581-2593.

Menu F., Desouhant E., 2002. Bet-hedging for variability in life cycle duration: bigger and later-emerging chestnut weevils have increased probability of a prolonged diapause. *Oecologia* 132, 167-174.

Meziane D., Shipley B., 1999. Interacting determinants of specific leaf area in 22 herbaceous species: effects of irradiance and nutrient availability. *Plant, Cell and Environment* 22, 447–459.

Miklos G.L., Rubin G.M., 1996. The role of the genome project in determining gene function: insights from model organisms. *Cell* 86, 521-9.

Miller N.J., Kift N.B., Tatchell G.M., 2005. Host-associated populations in the lettuce root aphid, *Pemphigus bursarius* (L.). *Heredity* 94, 556-564.

Mitchell R.S., 1976. Submergence Experiments on Nine Species of Semi-Aquatic *Polygonum*. *American Journal of Botany* 63, 1158–1165.

Mondor E.B., Rosenheim J.A., Addicott J.F., 2005. Predator-induced transgenerational phenotypic plasticity in the cotton aphid. *Oecologia* 142, 104-108.

Mondor E.B., Tremblay M.N., Lindroth R.L., 2004. Transgenerational phenotypic plasticity under future atmospheric conditions. *Ecology Letters* 7, 941-946.

Moran N.A., 1992 The evolutionary maintenance of alternative phenotypes. *Am. Nat.* 139, 971–989.

More H., 1987. The Immortality of the Soul, *Dordrecht, M. Nijhoff.*

Morin R., Bainbridge M., Fejes A., Hirst M., Krzywinski M., Pugh T., McDonald H., Varhol R., Jones S., Marra M., 2008. Pro-Þling the Hela S3 transcriptome using randomly primed cDNA and massively parallel short-read sequencing. *Biotechniques* 45, 81-94.

Moriuchi K.S., Winn A.A., 2005. Relationships among growth, development and plastic response to environment quality in a perennial plant. *New Phytologist* 166, 149–158.

Mou P., Michell R.J., Jones R.H., 1997. Root distribution of two tree species under a heterogeneous nutrient environment. *Journal of Applied Ecology* 34, 645-656.

Mousseau T.A., Dingle H., 1991. Maternal Effects in Insect Life Histories. *Annual Review of Entomology* 36, 511-534.

Mousseau T.A., Fox C.W., 1998. The adaptive significance of maternal effects. *Trends in Ecology & Evolution* 13, 403-407.

N

Navas M.L., Garnier E., 2002. Plasticity of whole plant and leaf traits in *Rubia peregrina* in response to light, nutrient and water availability. *Acta Oecol* 23, 375-383.

Nijhout H.F., 2003. Development and evolution of adaptive polyphenisms. *Evolution & Development* 5(1), 9–18

Nilsson-Ehle H., 1914. « genocentrique » des évolutionnistes anglo-saxons : 1937 : « Genetics and the origin of species ».

Noble I.R., Slatyer R.O., 1980. The use of vital attributes to predict successional changes in plant communities subject to recurrent disturbances. *Vegetatio* 43, 5-21.

Norby R.J., Wullschleger S.D., Gunderson C.A., Johnson D.W., Ceulemans R., 1999. Tree responses to rising CO_2 in field experiments: implications for the future forest. *Plant Cell Env.* 22, 683–714.

Novoplansky A., 2002. Developmental plasticity in plants: implications of noncognitive behavior. *Evolutionary Ecology* 16, 177–188.

Novoplansky A., Cohen D., Sachs T., 1989. Ecological implications of correlative inhibition between plant shoots. *Physiol. Plant.* 77, 136–140.

Nunney L., Cheung W., 1997. The effect of temperature on body size and fecundity in female *Drosophila melanogaster*: Evidence for adaptive plasticity. *Evolution* 51, 1529-1535.

Nussey D.H., Wilson A.J., Brommer J.E., 2007. The evolutionary ecology of individual phenotypic plasticity in wild populations. *Journal Compilation.* 20, 831-844.

O

Omar S., Lalonde M., Marcotte M., Cook M., Proulx J., Goel K., Durst T., Philogène B.J.R., Arnason J.T., 2000. Insect growth-reducing and antifeedant activity in Eastern North America hardwood species and bioassay-guided isolation of active principles from *Prunus serotina. Agricultural and Forest Entomology* 12, 253-257.

P

Padilla D.K., Adolph S.C., 1996. Plastic inducible morphologies are not always adaptive: the importance of time delays in a stochastic environment. *Evolutionary Ecology* 10, 105-117.

Pardos M., Puértolas J., Aranda I., Pardos J.A., 2006. Can CO_2 enrichment modify the effect of water and high light stress on biomass allocation and relative growth rate of cork oak seedlings? *Trees* 20, 713–724.

Persson L., De Roos A., 2003. Adaptive habitat use in sizestructured populations: linking individual behavior to population processes. *Ecology* 84, 1129–1139.

Pfennig D.W., Wund M.A., Snell-Rood E.C., Cruickshank T., Schlichting C.D., Moczek A.P., 2010. Phenotypic plasticity's impacts on diversification and speciation. *Trends in Ecology and Evolution* 25, 459–467.

Phillips K., 2006. Phenotypic plasticity: Inside JEB is a twice monthly feature, which highlights the key developments in the Journal of Experimental Biology. Written by science journalists, the short reports give the inside view of the science in JEB. *The Journal of Experimental Biology,* 3p.

Piersma T., Drent J., 2003 Phenotypic flexibility and the evolution of organismal design. *Trends Ecol. Evol.* 18, 228–233.

Piersma T., Lindström A., 1997. Rapid reversible changes in organ size as a component of adaptive behaviour. *Trends Ecol. Evol.* 12, 134–138.

Pigliucci M., 1996. How organisms respond to environmental changes: from phenotypes to molecules (and *vice versa*). *Tree* 11(4), 168-173.

Pigliucci M., 1997. Ontogenetic phenotypic plasticity during the reproductive phase in *Arabidopsis thaliana (Brassicaceae). American Journal of Botany* 84(8), 887-895.

Pigliucci M., Schmitt J., 1999. Genes affecting phenotypic plasticity in Arabidopsis: pleiotropic effects and reproductive fitness of photomorphogenic mutants. *J. Evol. Biol.* 12, 551–562.

Pigliucci M., 2001. Phenotypic Plasticity: Beyond Nature and Nurture. *Baltimore, MD: The Johns Hopkins University Press.*

Pigliucci M., 2005. Evolution of phenotypic plasticity: where are we going now? *Trends in Ecology & Evolution* 20, 481-486.

Pigliucci M., 2006. Evolutionary biology: Puzzle solving or paradigm shifting? *The quarterly Review of Biology* 81(4), 377-379.

Pigliucci M., 2006. Genetic variance-covariance matrices: a critique of the evolutionary quantitative genetics research program. *Biology and Philosophy* 21, 1-23.

Pigliucci M., Murren C.J., Schlichting C.D., 2006. Phenotypic plasticity and evolution by genetic assimilation. *The Journal of Experimental Biology* 209, 2362-2367.

Pigliucci M, Müller G., 2010. Evolution: The Extended Synthesis, *Cambridge, MA, MIT Press.*

Pintado A., Valladares F., Sancho L.G., 1997. Exploring phenotypic plasticity in the lichen *Ramalina capitata*: morphology, water relations and chlorophyll content in north- and south-facing populations. *Annals of Botany* 80(3), 345-353.

Pitelka L.F., Ashmun J.M., 1985. Physiology and integration of ramets in clonal plants. *In: Population biology and evolution of clonal organisms* (J.-B.C. Jackson, eds), Yale Univ. Newhaven, 399-435.

Poorter H., Remkes C., 1990. Leaf area ratio and net assimilation rate of 24 wild species differing in relative growth rate. *Oecologia* 83, 553-559.

Poorter H., Remkes C., Lambers H., 1990. Carbon and Nitrogen economy of 24 wild species differing in relative growth rate. *Plant Physiology* 94, 621-627.

Poorter H., 1989. Interspecific variation in relation growth rate : on ecological causes and physiological consequences. *In: growth rate and productivity in higher plants, Causes and consequences of variation.* (H. Lambers, M.-L. Cambridge, H., Konings, T.-L. Pons, eds), SPB Academic Publishing, The Hague, 49–68.

Poorter H., Van de Vijver C.A.D.M., Boot R.G.A., Lambers H., 1995. Growth and Carbon economy of a fast-growing and a slow-growing grass species as dependent on nitrate supply. *Plant and Soil* 171, 217-227.

Portsmuth A., Niinemets Ü., 2007. Structural and physiological plasticity in response to ligh and nutrients in five temperate deciduous woody species of contrasting shade tolerance. *Funct Ecol* 21, 61-77.

Potvin C., Tousignant D., 1996. Evolutionary consequences of simulated global change: genetic adaptation or adaptive phenotypic plasticity. *Oecologia* 108, 683-693.

Pouderon B., Maurel M.C., Bréchet Y., Cailleau H., Collet E., Baciu M., Joosten J., Mermillod M., Le Jan Y., Bastit A., Boulègue L., de Gaudemar M., Bonnet C., Poulot D., Casas J., Gillet R., Hoquet T., Bikfalvi A., Cézilly F., Sartre M., Michon C., Guillaume S., Herrera C., Vergès E., de Viron O., Van Camp M., Yor M., 2012. Variations, évolutions, metamorphoses, 448p.

Price T.D., 2006. Phenotypic plasticity, sexual sexual selection, and the evolution of colour patterns. *Journal of Evolutionary Biology* 12, 2368–2376.

R

Rai V., Sharma N.K., Rai A.K., 2005. Growth and cellular ion content of a salt-sensitive symbiotic system *Azolla pinnata - Anabaena azollae* under NaCl stress. *Journal of Plant* Physiology xxx, xxx-xxx

Rajaniemi T.K., Allison V.J., Goldberg D.E., 2003. Root competition can cause a decline in diversity with increased productivity. *Journal of Ecology* 91, 407-416.

Ramade F., 2002. Dictionnaire encyclopédique de l'écologie et des sciences de l'environnement. Dunod 2eme Edition, Paris, 520p. ISBN: 2 10 006670 6.

Rehfeldt G., Wykoff W.R., Ying C.C., 2001. Physiologic plasticity, evolution, and impacts of a changing climate on *Pinus contorta. Climatic Change* 50, 355–376.

Reik W., Walter J., 2001. Genomic imprinting: Parental influence on the genome. *Nature Genetics* 2, 21-32.
Reynolds HL., D'Antonio C., 1996. The ecological significance of plasticity in root weight ratio in response to nitrogen: opinion. *Plant and Soil* 185, 75–97.
Richard C.L., Bossdorf O., Muth N.Z., Gurevitch J., Pigliucci M., 2006. Jack of all trades, master of some? On the role of phenotypic plasticity in plant invasions. *Ecology Letters* 9, 981-993.
Roach D.A., Wulff R.D., 1987. Maternal Effects in Plants. *Annual Review of Ecology and Systematics* 18, 209-235.
Robinson D., 1994. Tansley Review no. 73. The responses of plants to non-uniform supplies of nutrients. *New Phytologist* 127, 635-674.
Robinson T.E., Kolb B., 1999a. Alterations in the morphology of dendrites and dendritic spines in the nucleus accumbens and prefrontal cortex following repeatedtreatment with amphetamine or cocaine. *Eur. J. Neurosci.* 11, 1598–1604.
Robinson T.E., Kolb B., 1999b. Morphine alters the structure of neurons in the nucleus accumbens andneocortex of rats. *Synapse* 33, 160–162.
Roff D.A., Tucker J., Stirling G., Fairbairn D.J., 1999. The evolution of threshold traits: effects of selection on fecundity and correlated response in wing dimorphism in the sand cricket. *Journal of Evolutionary Biology* 12(3), 535-546.
Roff D.A., 2002. Life History Evolution (Sunderland, Sinauer Associates, Inc.).
Roy J., Mooney H.A., 1982. Physiological adaptation and plasticity to water stress of coastal and desert populations of *Heliotropium curassavicum* L. *Oecologia* (Berlin) 52, 370–375.
Ryser P., Eek L., 2000. Consequences of phenotypic plasticity vs. interspecific differences in leaf and root traits for acquisition of aboveground and belowground resources. *American Journal of Botany* 87, 402-411.
Ryser P., Notz R., 1996. Competitive ability of three ecologically contrasting grass species at low nutrient supply in relation to their maximal relative growth rate and tissue density. *Bulletin of the Geobotanical Institute ETH* 62, 3-12.

S

Sachs T., Novoplansky N., 1993. The development and patterning of stomata and glands in the epidermis of *Peperomia. New Phytol.* 123, 567–574.
Sachs T., Novoplansky A., 1995. Tree form: architectural models do not suffice. *Isr. J. Plant Sci.* 43, 203–212.
Sachs T., Novoplansky A,. 1997. What does aclonal organization suggest concerning clonal plants? *In: The Ecology and Evolution of Clonal Plants.* (H. de Kroon and J. van Groenendael, eds), Backhuys Publishers, Leiden, 55-77.
Salisbury F.B., Ross C.W., 1992. Plant Physiology, Fourth edition. Belmont CA: Wadsworth Publishing Co.
Sarkar S., Fuller T., 2003. "Generalized norms of reaction for ecological developmental biology." *Evolution et development* 5(1), 106-115.
SAS Institute Inc., 1999. SAS/Stat User's Guide, Version 8 (Cary, SAS Institute).
Savidge R.A., 1994. The tracheid-differentiation factor of conifer needles. *Internat. J. Plant Sci.* 155, 272–290.
Scheiner S.M., Lyman R.F., 1989. 'The Genetics of Phenotypic Plasticity I. Heritability', *Journal of Evolutionary Biology* 2, 95–107.

Scheiner S.M., Lyman R.F., 1991. The genetics of phenotypic plasticity. II. Responses to selection. *Journal of Evolutionary Biology* 4, 23-50.

Scheiner S.M., 1993. Plasticity as a Selectable Trait: Reply to Via. *American Naturalist* 142, 371–373.

Scheiner S.M., 1993. Evolution of phenotypic plasticity. *Annual Review of Ecology and Systematics* 24, 35-68.

Scheiner S.M., 2006. Genotype-environment interactions and evolution. *In: Evolutionary Genetics and Case Studies.* (C.-W. Fox, C.-M. Wolf, eds). Oxford University Press, London, 326-338.

Scheiner S.M., Lyman R.F., 1989. The Genetics of Phenotypic Plasticity I. Heritability. *Journal of Evolutionary Biology* 2, 95–107.

Schneider H., 2006. *Plant morphology as the cornerstone to the integration of fossils and extant taxa in phylogenetic analyses. Species Phylog. Evol. 1,* 65-71.

Schipley B., Hunt R., 1996. Regression smoothers for estimating PFDameters of growth analyses. *Annals of Botany* 76, 569-576.

Schipley B., 2000 Shipley B. 2000. Plasticity in relative growth rate and its components following a change in irradiance. *Plant, Cell and Environment* 23, 1207-1216.

Schlaepfer M.A., Runge M.C., Sherman P.W., 2002. Ecological and evolutionary traps. *Trends in Ecology & Evolution* 17, 474-480.

Schlichting C.D., 1989. Phenotypic integration and environmental change. *Bio Science* 39, 460-464.

Schlichting C.D., Pigliucci M., 1995. Gene regulation, quantitative genetics and the evolution of reaction norms. *Evolutionary Ecology* 9, 154-168.

Schlichting C.D., Pigliucci M., 1998. *Phenotypic Evolution: A Reaction Norm Perspective.* Sunderland, MA: Sinauer Associates.

Schlichting C.D., 2002. Phenotypic plasticity in plants. *Plant Species Biology* 17, 85-88.

Schlichting C.D., Smith H., 2002. 'Phenotypic Plasticity: Linking Molecular Mechanisms with Evolutionary Outcomes', *Evolutionary Ecology* 16, 189–211.

Schlichting C.D. 1986. The evolution of phenotypic plasticity in plants. *Ann. Rev. Ecol. Syst.* 17, 667–693.

Schmalhausen II. 1986 [1949]. Factors of Evolution: The Theory of Stabilizing Selection. *University of Chicago Press, Chicago.*

Schmid B., 1992. Phenotypic variation in plants. *Evolutionary Trends in Plants* 6, 45–60.

Schmidt-Nielsen K., 1998. Précis de Physiologie, *Edition Dunod.*

Schmitt J., McCormac A.C., Smith H., 1995. A test of the adaptive plasticity hypothesis using transgenic and mutant plants disabled in phytochrome-mediated elongation responses to neighbors. *Am. Nat.* 146, 937–953.

Sexton J.P., Mc Kay J.K., Sala A., 2002. Plasticity and genetic diversity may allow saltcedar to invade cold climates in north America. *Ecological Application.* 12(6), 1652-1660.

Sheldon B.C., 2002. Adaptive maternal effects and rapid population differentiation. *Trends in Ecology & Evolution* 17, 247-249.

Shen H., Tang Y., Washitani I., 2006. Morphological plasticity of *Primula nutans* to hummock-and hollow microsites in an alpine wetland. *J Plant Res* 119, 257–264.

Shipley B., Hunt R., 1996. Regression smoothers for estimating parameters of growth analyses. *Annals of Botany* 78, 569-576.

Shipley B., Peters R.H., 1990. A test of Tilman model of plant strategies : relative growth rate and biomass partitioning. *The American Naturalist* 136, 139-153.
Shipley B., 2000. Plasticity in relative growth rate and its components following a change in irradiance. *Plant, Cell and Environment* 23, 1207-1216.
Shipley B., 2002. Trade-offs between net assimilation rate and specific leaf area in determining relative growth rate: relationship with daily irradiance. *Functional Ecology* 16, 682-689.
Shipley B., 2006. Net assimilation rate, specific leaf area and leaf mass ratio: which is most closely correlated with relative growth rate: A meta-analysis. *Functional Ecology* 20, 565-574.
Shipley B., Lechowicz M.J., Wright I., Peter B., Reich P.B., 2006. Fundamental tradeoffs generating the worldwide leaf economics spectrum. *Ecology* 87:535-541.
Shumway S.W., 1995. Physiological integration omong clonal ramets during invasion of disturbance patches in a New England salt marsh. *Annals of Botany* 76, 225-233.
Sibly R.M., 1997. Life history evolution in heterogeneous environments: a review of theory. *In: Plant Life Histories: Ecology, Phylogeny and Evolution.* (J.-W. Silvertown, M. Franco and J.-L. Harper, eds), Cambridge University Press, Cambridge.
Simon J.C., Decau M.L., Jacquet A., 2005. Fonctionnement des couverts prairiaux : les effets morphologiques majeurs liés à la coupe. *Le guide de l'herbe* fiche 8.
Slade A.J., Hutchings M.J., 1987a. The effects of nutrient availability on foraging in the clonal herb *Glechoma hederacea. J. Ecol.* 75, 95-112.
Slade A.J., Hutchings M.J., 1987b. The effects of light intensity on foraging in the clonal herb *Glechoma hederacea. J. Ecol.* 75, 639-650.
Smith A.B., 1988. Patterns of diversification and extinction in early *Palaeozoic echinoderms. Palaeontology* 31, 799-828.
Smith-Gill S.J., 1983. Developmental plasticity: Developmental conversion versus phenotypic modulation. *Amer. Zool.* 23, 47-55.
Snow R., 1931. Experiments on growth and inhibition. II. New phenomena of inhibition. *Proc. R. Soc. London B* 108, 305–316.
Stearns S.C., 1989. The evolutionary significance of phenotypic plasticity. *Bioscience.* 39(7), 436-445.
Steinger T., Roy B.A., Stanton M.L., 2003. Evolution in stressful environments II: adaptive value and costs of plasticity in response to low light in *Sinapis arvensis. J. Evol. Biol.* 16, 313–323.
Stuefer J.F., 1998. Two types of division of labour in clonal plants: benefits, costs and constraints. *Persp. Plant. Ecol. Evol. Syst.* 1, 47–60.
Sultan S.E., 1987. Evolutionary implications of phenotypic plasticity in plants. *Evolutionary Biology* 21, 127-178.
Sultan S.E., Bazzaz F.A., 1994. Phenotypic plasticity in *Polygonum persicaria.* III. The evolution of ecological breadth for nutrient environment. *Evolution* 47, 1050–1071.
Sultan S.E., 1995. Phenotypic plasticity and plant adaptation. *Acta Botanica Neerlandica* 44, 363-383 (Special Jubilee Symposium Volume).
Sultan S.E., Wilczek A.M., Bell D.L., Hand G., 1998. Physiological response to complex environments in annual *Polygonum* species of contrasting ecological breadth. *Oecologia* 115, 564–578.

Sultan E., 2000. Phenotypic plasticity for plant development, function and life history. *Trends in plant science* 5(12), 537-542.

Sultan S.E., 2001. Phenotypic plasticity for fitness components in *Polygonum* species of contrasting ecological breadth. *Ecology* 82, 328–343.

Sultan S.E., Spencer H.G., 2002. Metapopulation structure favors plasticity over local adaptation. *The American Naturalist* 160(2), 271-283.

Sultan S.E., 2004. Promising directions in plant phenotypic plasticity. *Perspectives in Plant Ecology, Evolution and Systematics* 6/4, 227–233.

Sultan S.E., 2005. An emerging focus on plant ecological development. *New Phytologist* 166, 1–8.

Sultan S.E., 2007. Development in context: the timely emergence of eco-devo. Invited Opinion article. *Trends in Ecology and Evolution* 22(11), 575-582.

T

Tilman D., 1988. Mechanisms of competition for nutrients and light. *In Plant Strategies and the Dynamics and Structure of Plant Communities. Princeton University Press, Princeton, NJ,* 52–97.

Tilman D., 2004. Niche tradeoffs, neutrality, and community structure: A stochastic theory of resource competition, invasion, and community assembly. *The National Academy of sciences of the USA (PNAS).* 101(30), 10854-10861.

Timsina J., Garrity D.P., Pandey R.K., 1994. Plant water relations and growth of cowpea cultivars subjected to varying degrees of waterlogging. *Field Crops Research* 39, 49-57.

Tjallingii W., 2006. Salivary secretions by aphids interacting with proteins of phloem wound responses. *J Exp Bot* 57, 739 - 745.

Traw M.B., Ackerly D.D., 1995. Leaf position, light levels, and nitrogen allocation in five species of rain forest pioneer trees. *Am. J. Bot.* 82, 1137–1143.

Tufto J., 2000 The evolution of plasticity and nonplastic spatial and temporal adaptations in the presence of imperfect environmental cues. *American Naturalist*, 156, 121-130.

V

Valladares F., Gianolis E., Gomez J.M., 2007. Ecological limits to plant phenotypic plasticity. *New Phytologist* 176, 749-763.

Valladares F., Sanchez-Gomez D., Zavala M., 2006. Quantitative estimation of phenotypic plasticity: bridging the gap between the evolutionary concept and its ecological applications. *Journal of Ecology* 94, 1103-1116.

Van Buskirk J., Steiner U.K., 2009. The fitness costs of developmental canalization and plasticity. *Journal of Evolutionary Biology* 22, 852-860.

van Kleunen M., Fischer M., 2005. Constraints on the evolution of adaptative phenotypic plasticity in plants. *New Phytologist.* 166, 49-60.

Van Tienderen P.H., 1991. Evolution of generalists and specialists in spatially heterogeneous environments. *Evolution; International Journal of Organic Evolution* 45 : 1317 – 1331.

Van Tienderen P.H., 1997. Generalists, specialists, and the evolution of phenotypic plasticity in sympatric populations of distinct species. *Evolution; International Journal of Organic Evolution* 51, 1372 – 1380 .

Van Valen L., 1965. Morphological variation and width of ecological niche. *Am. Nat.* 99, 377-389.

Vanlerberghe-Masutti F., Chavigny P., Fuller S.J., 1999. Characterization of microsatellite loci in the aphid species *Aphis gossypii* Glover. *Molecular Ecology* 8, 693-695.

Vanlerberghe-Masutti F., Chavigny P.C., 1998. Host-based genetic differentiation in the aphid *Aphis gossypii* Glover, evidenced from RAPD fingerprints. *Molecular Ecology* 7, 905-914.

Varin S., 2009a. Plasticité fonctionnelle du trèfle blanc en réponse à la disponibilité en soufre. Spécialité : Physiologie, Biologie des Organismes, Populations (écologie fonctionnelle et biotechnologie), *Ecole Doctorale Normande de Chimie-Biologie, Thèse de doctorat de l'université de Caen,* 213p.

Varin S., 2009b. Functional plasticity of white clover in response to sulphur availability. Spécialité : Physiologie, Biologie des Organismes, Populations (écologie fonctionnelle et biotechnologie), *Ecole Doctorale Normande de Chimie-Biologie, PhD thesis in university of Caen,* 213 p.

Varin S., 2005. Etude de la plasticité des traits d'histoire de vie de trois lignées de « trèfle blanc » *Trifolium repens* L. en réponse à des fertilisations azotées et soufrées. Master recherche de biologie fondamentale appliquée, 2004-2005 (UMR INRA/UCBN EVA-Nutrition N, C, S. Caen) (Université de Caen-Rouen-Le Havre).

Verschoor A.M., Van der Stap I., Helmsing N.R., Lürling M., Van Donk E., 2004a. Inducible colony formation within the Scenedesmaceae: adaptive responses to infochemicals from two different herbivore taxa. *Journal of Phycology* 40, 808–814.

Verschoor A.M., Vos M., Van der Stap I., 2004b. Inducible defences prevent strong population fluctuations in bi- and tritrophic food chains. *Ecology Letters* 7, 1143–1148.

Via, S., 1991. Specialized host plant performance of pea aphid clones is not altered by experience. *Ecology* 72, 1420-1427.

Via S., 1993. Adaptive phenotypic plasticity: target or by-product of selection in a variable environment? *Am. Nat.* 142, 352–365.

Via S., 1994. 'The Evolution of Phenotypic Plasticity: What Do We Really Know?'. *In: Ecological Genetics* (L.-A. Real, ed.), Princeton University Press, Princeton, 35–57.

Via S., Gomulkiewicz R., De Jong G., Scheiner S.M., Schlichting C.D., Van Tienderen P.H., 1995. 'Adaptive Phenotypic Plasticity: Consensus and Controversy', *Trends in Ecology and Evolution* 10, 212–217.

Vilanueva M.C.S., 2004. Biodiversité et relations trophiques dans quelques milieux estuariens et lagunaires de l'Afrique de l'ouest : Adaptations aux pressions environnementales. Thèse Laboratoire d'Agronomie, Environnement et Écotoxicologie INP/ENSAT - Avenue de l'Agrobiopole Auzeville Tolosane B. P. 107 F 32607 Castanet Tolosan, Cedex. 272p.

Villanueva B., Dekkers J.C.M., Woolliams J.A., Settar P., 2004. Maximizing genetic gain over multiple generations with quantitative trait locus selection and control of inbreeding. *J Anim Sci.* 82, 1305-1314.

Violle C., Navas M.L., Vile D., Kazakou E., Fortunel C., Hummel I., Garnier E., 2007. Let the concept of trait be functional !. *Oikos,* 116 (5), 882-892.

Vitousek P.M., D'Antonio C.M., Loope L.L., Westbrooks R., 1996. Biological invasions as global environmental change. *Am. Sci.* 84, 468–478.

Volis S., Mendlinger S., Ward D., 2002. Differentiation in populations of *Hordeum spontaneum* Koch along a gradient of environmental productivity and predictability: plasticity in response to water and nutrient stress. *Biological Journal of the Linnean Society* 75, 301-312.

Volis S., Verhoeven K.J.F., Mendlinger S.D., Ward D., 2004. Phenotypic selection of reproduction in different environments in wild barley. *J Evol Biol* 17, 1121-1131.

Vos M., Kooi B.W., DeAngwlis D.L., Mooij W.M., 2004a. Inducible defences and the paradox of enrichment. *Oikos* 105, 471–480.

Vos M., Verschoor A.M., Kooi B.W., Wäckers F.L., DeAngelis D.L., Mooij W.M., 2004b. Inducible defenses and trophic structure. *Ecology* 85, 2783–2794.

W

Wade M.J., 1998. The evolutionary genetics of maternal effects. *In: Maternal effects as adaptation* (T-A. Mousseau, C.-W. Fox, eds) Oxford University Press, New York.

Watson M.A., Casper B.B., 1984. Morphogenetic constraints on patterns of carbon distribution in plants. *Ann. Rev. Ecol. Syst.* 15, 233–258.

Weiher E., van der Werf A., Thompson K., Roderick M., Garnier E., Eriksson O., 1999. Challenging Theophrastus: A common core list of plant traits for functional ecology. *Journal of Vegetation Science* 10, 609-618.

Weiner J., Martinez S., Mueller-Schaerer H., Stoll P., Schmid B., 1997. How important are environmental maternal effects in plants? A study with *Centaurea maculosa. J. Ecol.* 85, 133–142.

Welham C.V.J., Turkington R., Sayre C., 2002. Morphological plasticity of white clover (*Trifolium repens* L.) in response to spatial and temporal resource heterogeneity. *Oecologia* 130, 231–238.

West-Eberhard M.J., 1989. Phenotypic plasticity and the origins of diversity. *Ann. Rev. Ecol. Syst.* 20, 249-278.

West-Eberhard M.J., 2003. Developmental Plasticity and Evolution. (M.-J. West-Eberhard, eds) Oxford, Oxford University Press. New York. ISBN: 978-0-19-512235-0.

Westerman C.H., 1970. Genotype-environment interaction and developmental regulation in *Arabidopsis thaliana. II. Inbred lines; analysis. Heredity* 26, 93-106.

Whitlock M.C., 1996. The Red Queen beats the Jack-of-all Trades: The limitations on the evolution of phenotypic plasticity and niche breadth, *Am. Naturalist* 148, S65-S77.

Wijesinghe D.K, Hutchings M.J., 1997. The effects of spatial scale of environmental heterogeneity on the growth of a clonal plant: an experimental study with *Glechoma hederacea. J. Ecol.* 85, 17–28.

Wijesinghe D.K., Beurskens E.A.J.S., Hutchings M.J., 2001. Root system size and precision in nutrient foraging: responses to spatial pattern of nutrient supply in six herbaceous species. *Journal of Ecology* 89, 972–983.

Whitman D.W., Agrawal A.A., 2009. What id phenotypic plasticity and why is it important? *In: Phenotypic Plasticity of Insects* (Whitman, D.W. and Ananthakrishnan, T.N., eds), Chap 1, Science Publishers, 1–63.

Williams G.C. 1992. Natural selection. Domains, levels and challenges. Oxford University Press, Oxford.

Williams D.G., Mack R.N., Black R.A., 1995. Ecophysiology of introduced *Pennisetum setaceum* on Hawaii: the role of phenotypic plasticity. *Ecology* 76, 1569–1580.

Wilson R.S., Franklin C.E., 2002. Testing the beneficial acclimation hypothesis. *Trends Ecol. Evol.* 17, 66–70.

Wilkins J., 2006. Macroevolution-Its Definition, Philosophy and History. Version 2.1.3. Copyright © 1997-2006.

Woehrmann K., Tomiuk J., 1988. Life cycle strategies and genotypic variability in populations of aphids. *J. Genet.* 67, 43–52.

Wolff C.F., 1759. Theoria generationis, *Halae ad Salam, Litteris Hindelianis.*

Woltereck R., 1909. Weitere experimentelle Untersuchungen über Artveränderung, speziel über das Wesen quantitativer Artunterschiede bei Daphnien. *Verhandlungen des deutschen zoologischen Gesellschaft* 19, 110-173.

Wool D., Hales D., Sunnucks P., 1995. Host-Plant Relationships of Aphis-Gossypii Glover (*Hemiptera, Aphididae*) in Australia. *Journal of the Australian Entomological Society* 34, 265-271.

Wright S.D., McConnaughay K.D.M., 2002. Interpreting phenotypic plasticity: the importance of ontogeny. *Plant Species Biology* 17, 119-131.

Wu H.P., 1975. The genetic basis of adaptation in *Arabidopsis*. *In: Adaptability in plants* (T. Matsuo, ed.), University of Tokyo Press, Tokyo. 159-171.

Wu R., Stettler R.F., 1998. Quantitative genetics of growth and development in *Populus*. III. Phenotypic plasticity of crown structure and function. Heredity 81, 299–310.

Wu R., Grissom J.E., McKeand S.E., O'Malley D.M., 2004. Phenotypic plasticity of fine root growth increases plant productivity in pine seedlings. *BMC Ecology* 4, 14.

Z

Zhu L.H., Welander M., Hellgren O., 1999. Growth rates and biomass production of micropropagated apple plants of M26 and Gravenstein on their own roots and in different micrografted combinations under non-limiting and limiting nutrient conditions. *Journal of Experimental Botany* 50(336), 1189-1198.

Ziska L.H., Bunce J.A., 1998. The influence of increasing growth temperature and CO_2 concentration on the ratio of respiration to photosynthesis in soybean seedling. *Global Change Biology* 4, 637-643.

CHAPITRE 2

Croissance, Développement & Plasticité chez les végétaux

« Celui qui croit qu'une croissance exponentielle peut continuer indéfiniment dans un monde fini est un fou – ou un économiste ! » Kenneth Boulding, économiste américain (1910-1983)

Résumé

La croissance de plantes exige une nutrition minérale, de l'eau et de la lumière. Ces ressources essentielles doivent être présentes dans des quantités spécifiques pour que les plantes présentent des croissances et des développements optimaux. La plupart des plantes peuvent ajuster leur capacité d'absorption en ressources minérales et de prospection souterraines par des ajustements plastiques comme l'attribution de biomasse aux racines et aux parties aériennes

Le développement est évalué par des études de fonctions caractérisées par des traits fonctionnels illustrant des appareils ou systèmes contribuant à une fonction biologique commune et des études morpho-anatomiques et histologiques. La croissance d'un organisme est préférentiellement mesurée par le poids gravitationnel improprement appelé « biomasse » de celui-ci. Pour évaluer la croissance, on utilise des traits caractéristiques de la croissance comme des courbes de variations de biomasse au cours du temps ou modèles et la détermination du taux de croissance relatif (RGR).

La plasticité phénotypique peut optimiser la croissance et le développement en régulant les rapports d'allocations, disponibilités des ressources et en maintenant un fort taux de croissance.

Mots clefs : *Croissance, développement, RGR, modèle, plasticité, environnement, acquisition des nutriments.*

Abstract

The plant growth requires mineral nutrition, water and light. These essential resources must be present in specific amounts, order to have for plants optimal growth and development. Most plants can adjust their absorption capacity in mineral resources and ground prospecting with plastic adjustments for example the allocation of biomass to roots and aerienne parts of plant.

The development is assessed by studies of functions characterized by functional traits illustrating devices or systems contributing to common biological functions and morpho-anatomical & histological studies. The growth of an organism is preferably measured by the gravitational weight improperly called "biomass" of it. To assess growth, we used the characteristic traits of the growth for example the curves of biomass variations over time or models and the determination of relative growth rate (RGR).

Phenotypic plasticity can optimize growth and development by regulating the allocation reports, availability of resources and can maintaining a high growth rate.

Key words : *Growth, development, RGR, model, plasticity, environment, nutrient acquisition.*

Liste des abréviations

Δ : variation
d : variation infinitésimale
LAR : Leaf Area Ratio-Rapport de Surface Foliaire
LMR : Leaf Mass Ratio-Rapport de Biomasse Foliaire
NAR : Net Assimilation Rate-Taux d'Assimilation Net
PGPR : Plant Growth Promoting Rhizobacteria-rhizobactéries favorisant la croissance des plantes
r : Taux de croissance
RGR : Relative Growth Rate-taux de croissance relatif
SLA : Specific Leaf Area-Surface Foliaire Spécifique
t : temps
W : poids sec ou masse sèche
y : correspond à un trait

CHAPITRE 2

Croissance, Développement & Plasticité chez les végétaux

I. Croissance et développement

I.1. Définition de la croissance et du développement

Le développement concerne toutes les modifications qualitatives et quantitatives qui ont lieu au cours du temps. Chez une plante, sa vie se décompose en trois phases : établissement, persistance et dispersion (Figure. 1) (Grime, 1979 ; Grime *et al.,* 1988). Les modifications qualitatives qui ont lieu lors du développement, sont irréversibles et se produisent au cours du temps (Figure. 2) (Grime, 1979 ; Grime *et al.,* 1988 ; Heller, 1984). Ces modifications quantitatives représentent la croissance du végétal. La croissance correspond à une augmentation permanente de taille, de masse et de nombre qui n'est pas obligatoirement associée à un changement de forme et d'anatomie (Heller, 1984). On parle de différenciation quand la part prise par les modifications qualitatives va prédominer : c'est l'acquisition de propriétés morphologiques et fonctionnelles. Cette croissance détermine le phénotype final de l'organisme. Dans notre cas, le végétal, ce phénotype joue un rôle important dans la survie de la plante.

Figure 1. Schéma illustrant les trois phases de la vie d'une plante : a) annuel ; b) pérenne (Grime *et al.,* 1988).

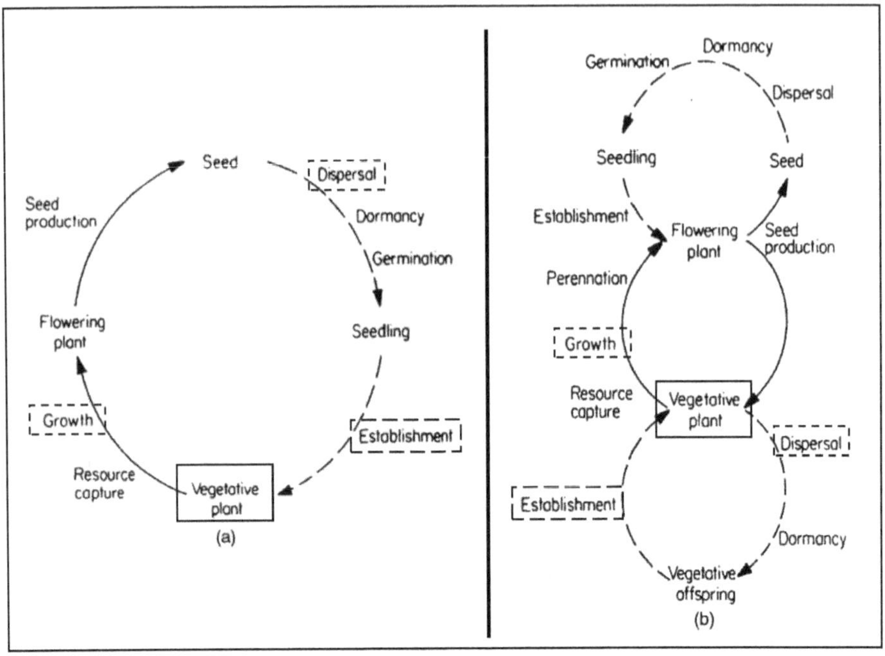

Figure 2. Croissance d'un haricot décrite en trois stades de croissance hétérotrophe (a, b, c) et en deux stades de croissance autotrophe (d, e).

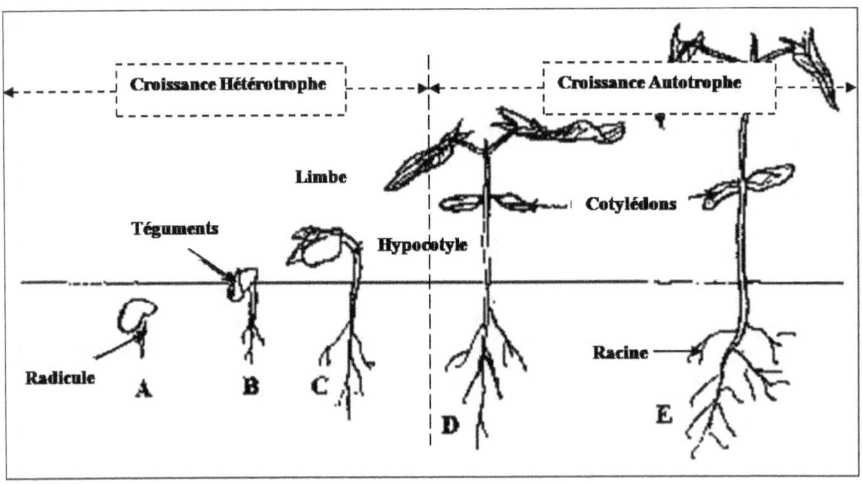

I.2. Mesures et Aspect mathématique de la croissance et du développement

Le développement est évalué par des études de fonctions caractérisées par des traits fonctionnels (Violle *et al.,* 2007) illustrant des appareils ou systèmes contribuant à une fonction biologique commune et des études morpho-anatomiques et histologiques. La croissance d'un organisme est préférentiellement mesurée par le poids gravitationnel improprement appelé « biomasse » de celui-ci.

La biomasse peut-être fraîche ou sèche (Grime, 1979 ; Grime *et al.*, 1988 ; Heller, 1984). La matière fraîche à l'avantage d'être non destructeur du végétal mesuré (Grime, 1979 ; Grime *et al.*, 1988 ; Heller, 1984). Malheureusement, elle présente le désavantage de ne pas différencier la croissance des différents mouvements d'eau comme la turgescence, les flétrissements et la réimbibition (Grime, 1979 ; Grime *et al.*, 1988 ; Heller, 1984). La matière sèche, évite ces obstacles mais présente l'inconvénient d'être destructrice et son augmentation peut être le résultat de différents phénomènes comme la lignification, callosité ou formation de réserves qui augmentent la densité ou bien la masse des végétaux sans pour autant être de la croissance.

A présent, considérons que « y » correspond à un trait. La croissance mesurée par le trait « y » est retenue comme critère d'approche de la croissance. L'accroissement « Δy » est mesuré pendant la période « Δt ». La croissance proprement dite équivaux à la variation « Δ » de valeur de « y » pendant la variation « Δ » de temps « t » (Tableau. I) (Debouche, 1979 ; Heller, 1984). Nous pouvons, ainsi déterminer la croissance, la vitesse de croissance, le taux de croissance. La vitesse de croissance est définie comme le rapport entre l'accroissement Δy et la variation de temps Δt (Tableau. I). Le taux de croissance « r » quant à lui est le rapport entre la vitesse de croissance du trait mesuré et la valeur de ce trait avant la variation. Elle correspond à la vitesse de croissance relative (Tableau. I). Dans le cas où la variation de temps « Δt » est infinitésimale, la vitesse de croissance « v » est considérée comme la dérivée de la fonction « y » par le temps « t » (Tableau. II) (Debouche, 1979 ; Buis, 1991 ; Cusset, 1991 ; Heller, 1984). Le taux de croissance « r » est donc défini comme la dérivée « d » logarithmique de la valeur du trait mesuré « y » au cours du temps « t ». Ainsi, le Taux de Croissance Relatif noté RGR (*Relatif Growth Rate*) peut être défini. Il découle de la définition du taux de croissance (Grime, 1979 ; Grime *et al.*, 1988 ; Heller, 1984).

Tableau I. Principales valeurs permettant l'étude de la croissance pendant la période Δ de temps t.

Grandeur	Symbole	Définition	unité
Trait d'histoire de vie mesuré	y		unité choisi (nombre, masse, volume, etc.)
temps (age de la plante)	t		unite de temps (seconde ou heure ou jours ou degrés jours)
Croissance	Δy	Δy	
Vitesse de croissance	v	$v = \Delta y / \Delta t$	
Taux de croissance (ou vitesse de croissance relative)	$r = \lambda$	$r = v / y = \Delta y / y * 1/ \Delta t$	

Tableau II. Principales valeurs permettant l'étude de la croissance pendant une variation infinitésimale de temps t.

Grandeur	Symbole	Définition	unité
Trait d'histoire de vie mesuré	y		unité choisi (nombre, masse, volume, etc.)
temps (age de la plante)	t		unité de temps (seconde ou heure ou jours ou degrés jours)
La vitesse de croissance	v	$v = y' = dy / dt$	
Le Taux de croissance	$r = \lambda$	$r = y' / y = dy / y * 1/t$ $r = Lny * 1 / dt$	

I.3. Analyse de la croissance par le Taux de Croissance Relatif (RGR : Relative Growth Rate)

La croissance optimale exige que les plasticités morphologiques et physiologiques soient évaluées dans le rapport biomasse aérienne/biomasse racinaire (Bradshaw, 1965 ; Jennings & Trewavas, 1986 ; Sultan, 1987). En plus, de la modulation de ce rapport, les plantes peuvent également avoir des manières alternatives de changement d'allocation des ressources pour acquérir, limiter ou mobiliser des ressources, par exemple, un changement de la morphologie et de la concentration en chlorophylle des feuilles (Salisbury & Ross, 1992) ou en maintenant leurs symbioses. La plasticité phénotypique peut optimiser la croissance en régulant les rapports d'allocations, disponibilités des ressources et en maintenant un fort taux de croissance. Une plante à phénotype fixe peut souffrir d'une réduction du taux de croissance due au rapport non-optimal des ressources disponibles. Pour évaluer la croissance, on utilise des traits caractéristiques de la croissance comme des courbes de variations de biomasse au cours du temps et la détermination du taux de croissance relatif (RGR). La croissance d'un organisme est préférentiellement mesurée par la biomasse de celui-ci. La biomasse peut-être fraîche ou sèche (Grime, 1979 ; Grime *et al.,* 1988 ; Heller, 1984). La matière fraîche a l'avantage d'être non destructrice du végétal mesuré (Grime, 1979 ; Grime *et al.,* 1988 ; Heller, 1984). Malheureusement, elle présente le désavantage de ne pas différencier la croissance des différents mouvements d'eau comme la turgescence, les flétrissements et la réimbibition (Grime, 1979 ; Grime *et al.,* 1988 ; Heller, 1984). La matière sèche évite ces obstacles mais présente l'inconvénient d'être destructrice et son augmentation peut être le résultat de différents phénomènes comme la lignification, callosités ou formation de réserves qui augmentent la densité des végétaux sans pour autant être de la croissance.

I.4. Définition et calcul du RGR

L'analyse classique de la croissance utilise également le RGR (Relative Growth Rate) (Shipley & Hunt, 1996). Hoffmann & Poorter (2002) et Hunt *et al.* (2002) ont abondamment décrit la méthode de calcul de ce taux présenté dans l'équation : $RGR = (Ln\ W_2 - Ln\ W_1)/(t_2 - t_1)$ où W_1 et W_2 correspondent aux masses sèches de la plante aux temps t_1 et t_2 (Hoffmann & Poorter, 2002). Le Taux de Croissance Relatif d'une plante est une mesure de l'efficacité de croissance du végétal, c'est-à-dire le taux auquel une quantité donnée de biomasse existante peut produire la nouvelle biomasse par unité de temps (Shipley & Hunt, 1996 ; Shipley, 2000). Les études comparatives de Grime & Hunt (1975) ont montré d'énormes différences interspécifiques qui existent au sein du RGR quand les plantes sont cultivées en condition de production contrôlée. Beaucoup de chercheurs ont alors tourné leurs efforts, pour expliquer cette variation interspécifique, en étudiant les composants du RGR (Poorter & Remkes, 1990 ; Rai *et al.,* 2005). Le RGR dépend fortement des capacités photosynthétiques principalement foliaires (surface des feuilles, biomasse sèche, etc.) même si celle des tiges est souvent négligée. De plus, il dépend également de la synthèse réalisée par les organes respirant (racines). Le RGR tient compte de la photosynthèse et de la respiration de la plante, c'est un trait fonctionnel « composite » (Figure. 3a).

Figure 3. a. Définition mathématique du Taux de Croissance Relatif (RGR : *Relative Growth Rate*) en tant que bilan d'acquisition du carbone chez un végétal ; **b.** décomposition mathématique actuelle du RGR en Taux d'assimilation net (NAR: *Net Assimilation Rate*); rapport de surface foliaire (SLA : *Specific Leaf Area*) et rapport de biomasse foliaire (LMR : *Leaf Mass Ratio*) (Varin, 2009).

a.

$$\text{RGR} = \text{Acquisition de carbone par photosynthèse des feuilles} - \text{Perte de carbone par respiration de l'organisme}$$

$$\text{RGR} = \frac{\text{Quantité de Carbone acquit grâce à la photosynthèse des feuilles}}{\text{unité de biomasse de la plante}} - \left[\frac{\text{respiration des feuilles}}{\text{unité de biomasse de la plante}} - \frac{\text{respiration des tiges}}{\text{unité de biomasse de la plante}} - \frac{\text{respiration des racines}}{\text{unité de biomasse de la plante}} \right]$$

b.

$$\text{RGR} = \left[\frac{dW}{W} \cdot \frac{1}{dt}\right] = \left[\frac{dW}{W} \cdot \frac{1}{La}\right] \cdot \left[\frac{La}{Wla}\right] \cdot \left[\frac{Wla}{W}\right]$$

$$\text{RGR} = \text{NAR} \;.\; \text{SLA} \;.\; \text{LMR}$$

I.5. Signification des différentes composantes du RGR

Le RGR peut-être mathématiquement décomposé en trois composantes (Shipley, 2000, 2002): (i) Une composante « physiologique » : Le Taux d'Assimilation Net (NAR : *Net Assimilation Rate*) qui est étroitement lié à un taux photosynthétique net de la plante entière. Le NAR correspond à une variation de biomasse par unité de surface foliaire. Quand le NAR = 0, la photosynthèse et la respiration sont équilibrées. Lorsque l'on compare différente forme de croissance, la notion de NAR est essentielle (Grime, 1979 ; Loren *et al.,* 2004). Et, (ii) Deux composantes « morphologiques » spécifiques des feuilles qui sont regroupées dans un paramètre très important pour toutes les plantes : le Rapport de Surface Foliaire (LAR : *Leaf Area Ratio*). Le LAR sert de base dans la quantification de l'acclimatation avec le rapport partie aérienne / partie souterraine. Il se décompose en deux parties que l'on peut considérer comme des limites : (a) La première partie correspond à la Surface Foliaire Spécifique (SLA : *Specific Leaf Area*) caractérisant l'épaisseur des feuilles et la densité des tissus foliaires. L'inverse du SLA correspond à la masse de feuilles par unité de superficie, elle est fortement liée à l'épaisseur et à la densité de la feuille. Le SLA est le paramètre le plus important du RGR. En augmentant la biomasse et la surface des feuilles, les plantes peuvent capter et absorber plus de photons lumineux. Les plantes n'ont pas toutes un haut SLA. Cela est principalement dû à l'aspect structural du végétal et aux compétitions qu'il peut subir. Par ailleurs, un haut SLA n'est pas très utile lorsque l'obscurité est abondante, la plante doit jouer sur ses capacités structurales. Ainsi, les plantes ayant un haut SLA ont de grandes feuilles minces comme chez l'Erable. Les plantes ayant un faible SLA ont de petites et/ou épaisses feuilles comme chez les orchidées et aiguilles de Pin. (b) La seconde partie correspond une composante d'attribution de la biomasse foliaire. Il s'agit du Rapport de Biomasse Foliaire (LMR : Leaf Mass Ratio) rapportant la biomasse des feuilles sur celle de la plante entière.

I.6. Intérêt écologique

D'après l'expression du RGR, nous remarquons que les deux limites principales correspondent à celles des feuilles. L'équation du RGR suppose que le carbone fixé par les feuilles est le facteur limitant le RGR (Bunce, 1997 ; Ziska & Bunce, 1998). Ce n'est pas vrai dans le cas où les facteurs alimentaires du sol (ions, minéraux, etc.) et l'eau sont limitants (Zhu *et al.,* 1998). Dans ce cas, la plante exige une plus grande biomasse racinaire (faible LMR) pour augmenter son RGR. Ainsi, le RGR dépend fortement du contexte nutritionnel et de l'environnement biotiques et abiotiques. Les plantes peuvent défendre leurs tissus grâce à des défenses chimiques et mécaniques (morphoanatomie). Par exemple, contre les herbivores, la plante peut mettre en place des défenses chimiques (production de composés secondaires) et mettre en place des défenses physiques (épaisseur des feuilles, densité des tissus, des épines, etc.). Vraisemblablement, ces adaptations modifient le RGR. Kirongo & Mason (2003) ont montré dans le cas de la compétition que la taille du Pin *Radiata* joue un rôle plus important que l'âge sur les changements de RGR. Leur étude contribue à supprimer la notion de RGR constant. Ils supposent que le RGR est fortement influencé par (i) un NAR qui est fonction de l'âge et de la taille des plantes, (ii) par les changements d'allocations et (iii) un vieillissement physiologique accentuant les effets de l'auto ombrage. D'autre part, la croissance des plantes varie en fonction des facteurs physicochimiques comme la température (Madakadze *et al.*, 2003), l'éclairement (Mc Kenna & Houle, 1999), l'humidité, structure du sol et de l'atmosphère, etc. La période de croissance est également fortement dépendante de ces facteurs.

I.7. Interprétation d'une étude du taux de croissance relatif (RGR : Relative Growth Rate)

Les premiers agronomes ont supposé que le gain de carbone peut être déterminé grâce au RGR (Figure. 3a), car le carbone, l'oxygène, l'hydrogène expliquent une forte proportion de la biomasse sèche de la plante et ces éléments sont acquis par la photosynthèse essentiellement et la solution du sol (Timsina *et al.,* 1994). Cependant, le taux de photosynthèse est fortement commandé par la morphologie et les changements de morphologie. Ceci permet de maximiser le gain de carbone. Le gain de carbone est principalement dû aux feuilles et à leurs productions. Ce gain plus ou moins rapide dépend de l'ensoleillement. Si l'ensoleillement est important, il existe un bon nombre d'enzymes du cycle de Calvin (Makino *et al.,* 2000). Si l'ensoleillement est faible, c'est-à-dire un fort ombrage, la surface de la feuille est plus grande. Les structures et les organisations des feuilles sur la branche sont plus optimisées (Poorter, 1989) (pas de superposition, optimisation des capacités photosynthétiques). Le RGR peut-être mathématiquement décomposé en trois composantes (Figure. 3b, 4) comme nous l'avons vue dans la partie I.5.

Figure 4. Définition mathématique du Taux de Croissance Relatif (RGR : Relative Growth Rate) et détails fonctionnels (Varin, 2009).

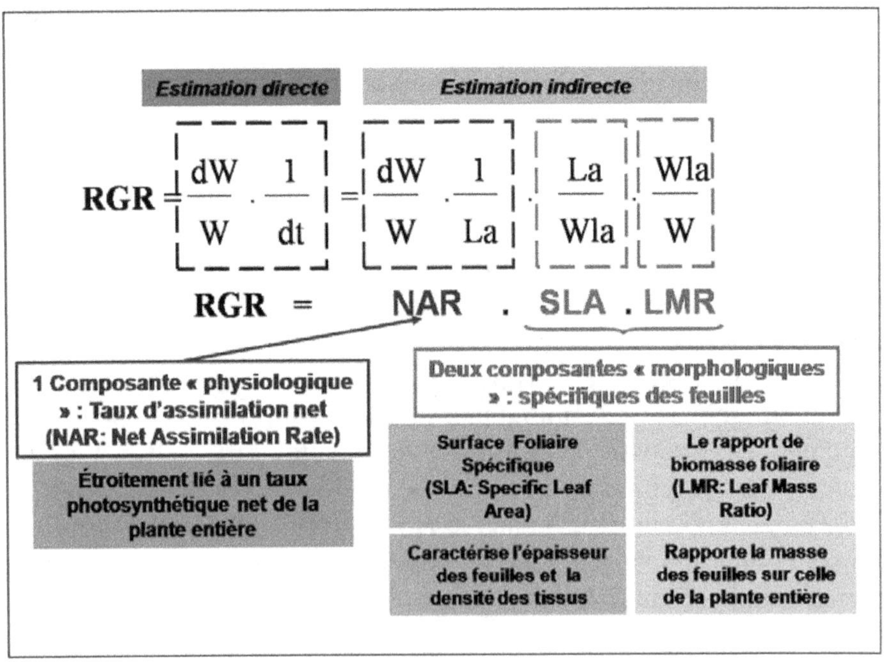

D'après l'expression du RGR, nous remarquons que les deux limites principales correspondent à celles des feuilles. L'équation du RGR suppose que le carbone fixé par les feuilles est le facteur limitant le RGR (Bunce, 1997 ; Ziska & Bunce, 1998). Comme nous l'avons vus dans le paragraphe 1.6, ceci n'est pas vrai dans le cas où les facteurs alimentaires du sol (ions, minéraux, etc.) et l'eau sont limitants (Zhu *et al.,* 1998). Dans ce cas, la plante exige une plus grande biomasse racinaire (faible LMR) pour augmenter son RGR. Ainsi, le RGR dépend fortement du contexte nutritionnel. Les études de RGR et de ses composants sont fortement artificielles. Les plantes sont cultivées séparément sous conditions de croissances contrôlées et souvent dans les systèmes hydroponiques ou de sable-culture. Ces conditions contrôlées sont nécessaires pour simplifier la complexité de la croissance car, il est difficile de mimer des conditions normales pour produire des résultats proches de la réalité L'objectif de cette partie était de montrer les outils d'évaluation de la plasticité par l'étude de la croissance. Il semble probable que les plantes pourraient se protéger des fluctuations environnementales et d'approvisionnements en ressources, en réduisant leur croissance au cours des périodes de variations, limitations, carences relatives en ressources. Ce serait un avantage écologique (Krick & Grime, 1987 ; Garnier, 1998) pour les plantes au même titre que les modifications physiologiques, morphologiques ou anatomiques mis en avant lors des modifications d'approvisionnement en ressource.

II. Analyse de la croissance par le Taux de Croissance Relatif (RGR : *Relative Growth Rate*)

II.1. Stratégies de Grime et croissance

Dans les années 1979, Grime identifia des stratégies I ^{aire} et II ^{aire} chez les végétaux (Figure. 5) et identifia les notions de contrainte, compétition et perturbation (Grime, 1979 ; Grime *et al.,* 1988). La croissance joue un rôle essentiel dans la compétition, la tolérance aux contraintes (ombrage et déficiences en nutriments) et la perturbation (Cahill, 2003 ; Grime, 1979 ; Timsina *et al.,* 1994). La compétition est définie comme la confrontation des capacités d'exploitations des ressources vitales de différents individus. L'exploitation correspondant aux tentatives qu'un organisme met en place pour utiliser les unités des ressources voisines mises à sa disposition. La définition de cette notion de compétition peut varier suivant certains scientifiques : Gurevitch *et al.* (1990), définissent la compétition comme une réduction de la santé (vigueur) résultant de la partie des ressources utilisées dans les limites disponibles (« *Reduction in fitness resulting from shared use of a resource in limited supply* »). Grime (1979) et Tilman (2004) ont des opinions différentes quant à cette définition. Grime (1979) considère que les espèces disposant d'un fort RGR ont une stratégie de compétition supérieure. Ainsi, la compétition est moins importante ou intermédiaire pour de forts niveaux de productivité. Tilman (2004) considère une espèce ayant une stratégie de compétition supérieure comme une espèce nécessitant peu de ressources limitantes pour se développer et survivre.

Figure 5. Modèle décrivant les variations d'équilibres existantes entre la compétition (C), contrainte (S) et la perturbation (R) chez les végétaux et présentation des stratégies I aire (a) et II aire (b) (Grime *et al.*, 1988).

a)

		Perturbations	
		Faible	Fortes
Contraintes	Faible	*C*	*R*
	Forte	*S*	*non viable*

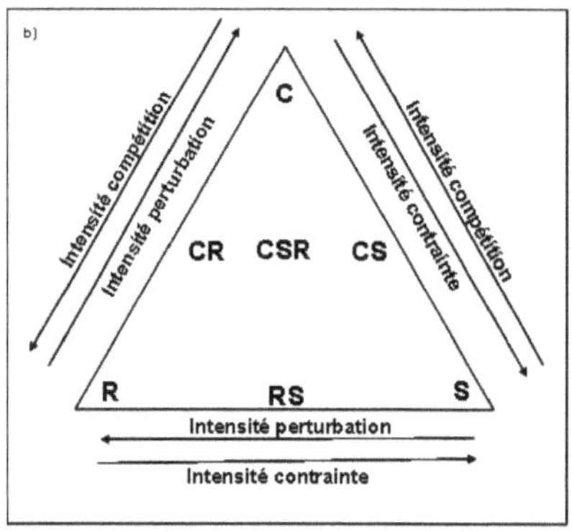

II.2. Rôle du sol et de la rhizosphère dans la répartition et l'exploitation des nutriments par la plante

Les sols sont uniques du fait de leur structure complexe. Ils sont constitués d'une partie solide, gazeuse et liquide et sont en phase avec l'environnement. Cette complexité provoque un environnement hétérogène qui affecte les plantes au niveau racinaire. Les systèmes racinaires sont modulables et cette modulation peut s'expliquer par la plasticité (Hodge, 2004). De nombreuses études ont montré que cette complexité permet au système racinaire d'être extrêmement plastique et de faire face à l'hétérogène nature du sol et la distribution inégale des éléments nutritifs présents dans le sol (Hodge, 2004). Nous savons que dans un environnement normal la plupart des racines sont généralement en associations symbiotiques avec mycètes (mycorhize) et/ou bactéries (fixation symbiotique du N_2). Ainsi, la contribution possible du symbiote à la capture de ressource et l'impact sur la réponse racinaire de la plante devrait également être considérée (Hodge, 2004).

Une abondante littérature existe pour soutenir la conclusion que les racines sont physiologiquement et morphologiquement plastique aux variations nutritionnelles des sols (Jackson *et al.,* 1990 ; Hutchings & De Kroon, 1994 ; Hodge, 2004). Par exemple, Hodge (2004) a mis en évidence des modulations de la prolifération racinaire de *Hordeum vulgare* confrontée à des conditions nutritionnelles en phosphate, nitrate, ammonium et potassium variables (Figure. 6).

Figure 6. Plasticité de la prolifération racinaire de l'Orge (*Hordeum vulgare*). Des plantes sont cultivées en solution nutritive avec une portion de racines exposée à une concentration en phosphate, nitrate, ammonium et potassium 100 fois supérieure à la concentration du reste du substrat. Ensuite, elles sont comparées à un plant témoin pour lequel les nutriments sont concentrés dans tout le profil racinaire. LHL (Low High Low) et HHH (High High High) font référence aux concentrations en nutriments dans les trois portions du substrat. (D'après Drew (1975) dans Hodge 2004).

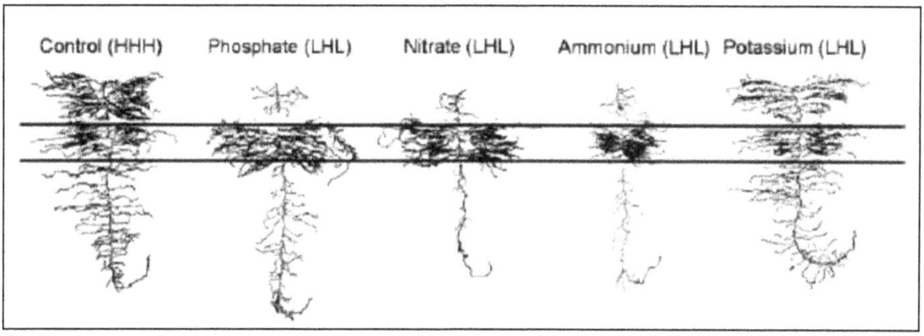

Par ailleurs, des auteurs ont démontré, lorsque des plantes se sont développées en condition de compétition interspécifique pour des pools de ressources communs (patch nutritionnel), que la correction de l'enracinement est complexe et la prolifération racinaire prend une orientation et un sens. Ils ont montré que les espèces, qui ont proliféré le plus et développé le plus de plasticité, capturaient la plupart de l'N mis à disposition (Hodge *et al.,* 1999, 2000 ; Robinson *et al.,* 1999 ; Hodge, 2004). L'avantage de la prolifération racinaire a pu être démontré dans ces conditions. Grâce à l'utilisation des patchs nutritionnels, les auteurs ont mis en évidence que la réponse plastique des racines est fonction des espèces végétales et répondent différemment à l'ombrage, aux interactions compétitives et à la disponibilité nutritionnelles qui varient spatio-temporellement (Mou *et al.,* 1997 ; Huante *et al.,* 1998 ; Hodge, 2004).

Ainsi, les plantes sont des concurrentes efficaces pour les micro-organismes (Kaye & Hart, 1997 ; Hodge *et al.,* 2000). Les racines sont remarquables par leurs capacités à réaliser des ajustements physiologiques et morphologiques lorsqu'elles sont confrontées aux ressources hétérogènes. Les racines fines peuvent être rapidement déployées pour exploiter les ressources. La croissance des racines fines tend également à être de courte durée comparées à des racines plus brutes, bien que les espèces puissent être différentes dans leur réponse plastique (Campbell *et al.*, 1991 ; Wijesinghe *et al.*, 2001).

II.3. Stratégies de la plante sur le sol

Au niveau de la rhizosphère, l'effet des différentes stratégies sur le sol s'explique par les interactions entre racines et micro-organismes du sol. Les espèces compétitives stimulent l'activité microbienne par une forte production d'exsudats fermentescibles (Van der Krift *et al.*, 2001). Les plantes compétitives sont capables d'absorber de grandes quantités de nutriments. Néanmoins, les plantes conservatives sont de bonnes compétitrices vis-à-vis des micro-organismes par leur capacité à absorber l'azote sous de faibles concentrations (Tilman, 1990 ; Wilson *et al.*, 1999).

Au niveau racinaire, les deux composantes de la stratégie fonctionnelle des espèces que sont la qualité de litière et activité rhizosphérique vis-à-vis des cycles C et N convergent. L'espèce compétitive fournit une litière facilement décomposable et une activité des racines favorable aux micro-organismes. Ces caractéristiques attendues sont bénéfiques au statut nutritif du sol en favorisant le turnover des éléments (cf. Tome II). A l'opposé, la conservative fournissant une litière peu fermentescible et une activité rhizosphérique peu favorable a un effet négatif sur le turnover et la disponibilité des éléments dans le sol. En revanche, on s'attend à ce qu'elle favorise le stockage de carbone.

II.4. Importance de la plasticité du « Shoot/Root ratio »

Bien que des décalages fonctionnels en réponse à différents niveaux de ressources aient été étudiés principalement en ce qui concerne l'attribution de biomasse par exemple le rapport biomasse racinaire / biomasse aérienne (Volis *et al.*, 2004) (Figure. 7). Les études récentes de plasticité incluent également des aspects détaillés des systèmes aériens et racinaires qui plus directement sont liés à l'acquisition des ressources (Schlichting, 1986 ; Gedroc *et al.*, 1996). Ces aspects détaillés sont souvent montrés comme des modèles fonctionnels appropriés de la plasticité que l'on nomme traits fonctionnels. Ils incluent des paramètres qui influencent directement la capture de la lumière au niveau de la feuille comme la taille de la feuille et l'aire spécifique des feuilles, mais également au niveau de la plante entière : le « *Leaf Area Ratio* » (LAR) et des paramètres qui sont des indicateurs précis de la capacité d'enracinement comme la longueur spécifique des racines, le déploiement spatial des racines et le rapport longueur racinaire /biomasse racinaire de la plante entière. Sous l'utilisation de ces traits, ces réponses plastiques morphologiques sont des manières de permettre aux plantes un ajustement fonctionnel face aux modifications de l'environnement. Par exemple, une étude récente effectuée sur des plantes cultivées en conditions nutritionnelles défavorables et différents niveaux lumineux a prouvé que, malgré l'attribution fortement réduite de biomasse au niveau des racines, les plantes d'ombrage ont maintenu leur capacité d'absorption racinaire et par conséquent la concentration en azote des feuilles augmentait sensiblement le rapport longueur / volume des racines fines (Ryser & Eek, 2000) et influence le root/shoot ratio.

Figure 7. Modification du rapport biomasse racinaire / biomasse aérienne chez quatre populations d'*Hordeum spontaneum* pour quatre traitements : optimal, stress hydrique, oligotrophie, oligotrophie et stress hydrique (D'après Volis *et al.*, 2002).

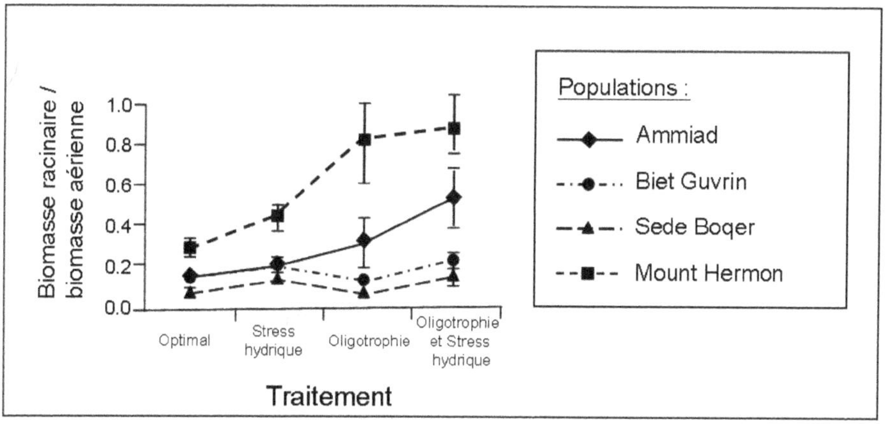

La théorie d'utilisation optimale des ressources prévoit que les parties aériennes et racinaires se développent proportionnellement quelles que soient les limitations en lumière et en nutriments que subit la plante (Bloom *et al.,* 1985 ; Tilman, 1988). La croissance est prévue pour être la plus grande dans les organes qui subissent le plus de limitation en ressources. L'allocation aux parties aériennes végétatives devrait dépasser l'allocation allouée pour les racines quand la lumière est en quantité plus limitante vis-à-vis de la nutrition minérale et vice versa. L'analyse empirique du rapport biomasse de la partie aérienne/biomasse racinaire (shoot/root ratio) suggère en effet la présence d'une réponse plastique à la disponibilité en nutriment et à la lumière (Slade & Hutchings, 1987). L'allocation proportionnelle de biomasse aux racines *vs* parties aériennes est fondamentale pour les interactions entre plantes (Fitter, 1994 ; Robinson 1994 ; Reynolds & D'Antonio, 1996 ; Colasanti & Hunt, 1997 ; Aerts & Chapin, 1999). Les plantes répartissent proportionnellement plus de biomasse vers les racines lorsqu'elles sont dans des environnements pauvres en eau et en nutriments, et plus de biomasse aux parties aériennes lorsque les plantes sont dans des environnements limités en lumière (Chapin, 1980 ; Ericsson, 1995 ; Aerts, 1999). On pense que cette réponse est mise en place pour maximiser le taux de croissance (Agren & Ingestad, 1987) et l'aptitude potentielle à la compétition (Crick & Grime, 1987 ; Tilman, 1988 ; Grime *et al.,* 1997). Dans les environnements fertiles et productifs, la capacité de la plante à allouer des ressources du sol pour favoriser la production des feuilles est caractéristique des espèces compétitives (Grime, 1979 ; Ryser & Notz, 1996). Généralement, on pense que les espèces qui investissent plus de matière vers les racines vont dominer compétitivement leurs habitats avec une productivité des parties aériennes faibles et ceux qui investissent plus de matière dans les parties aériennes vont dominer compétitivement leurs habitats avec une productivité des parties aériennes élevées (Tilman, 1988).

En dépit de l'importance du rapport biomasse racinaire/ biomasse aérienne sur les performances de la plante, la plasticité de ce rapport peut être un facteur prédictif relativement simple pour évaluer l'aptitude potentielle à la compétition.

II.5. Plantes compétitrices et croissance

Les espèces les plus compétitives correspondent aux espèces végétales ayant : i) de bonnes préemptions des ressources. Elles peuvent être identifiées par une croissance rapide (Cahill, 2003) ; ii) des résistances aux contraintes et perturbations. Les plantes peuvent être identifiées par une croissance rapide et une création d'organes de réserves (stockages) (Rajaniemi *et al.,* 2003). La croissance rapide permet à la plante de monopoliser des ressources et donne à la plante l'avantage concurrentiel par rapport à ses voisines (Zhu *et al.,* 1999). Les avantages concurrentiels de la plante coïncident avec la dualité qui peut exister entre la croissance et le potentiel issu de la phénologie. Ce potentiel issu de la phénologie détermine les augmentations des structures, les ajustages des structures et la rentabilité des feuilles et racines (Zhu *et al.,* 1999). Il détermine la capacité à produire une canopée dense, une chevelure racinaire dense. Donc, il conditionne la distribution spatiale des feuilles, des racines et les capacités physiologiques du végétal (Cahill, 2003). Ce potentiel de variation phénologique quantifie les variations des phénomènes périodiques de la vie du végétal en fonction du climat et conditions environnementales. Il correspond aux variations de la plasticité phénotypique au cours du temps. La croissance est la résultante des modifications de différents paramètres : (i) modifications de la stratégie d'allocation d'énergie et de matière de la plante, (ii) modifications des différentes stratégies adaptatives, (iii) variations des phénomènes périodiques de la vie du végétal en fonction du climat et conditions environnementales.

II.6. Effet des variations en eau et en nutriments sur la croissance des plantes

La croissance de plantes exige une nutrition minérale, de l'eau et de la lumière. Ces ressources essentielles doivent être présentes dans des quantités spécifiques pour que les plantes présentent des croissances et des développements optimaux. La plupart des plantes peuvent ajuster leur capacité d'absorption en ressources minérales et de prospection souterraine par des ajustements plastiques comme l'attribution de biomasse aux racines et aux parties aériennes (Bloom *et al.*, 1985 ; Garnier, 1991).

Les plantes stolonifères et rhizomateuses produisent les parties aériennes horizontalement qui s'enracinent au niveau des entre-noeuds et permet une multiplication végétative avec production de clone. Les individus génétiques identiques peuvent être nombreux et sont potentiellement indépendants bien qu'ils demeurent physiquement reliés ensemble par les stolons. De tels réseaux de clones peuvent être longévitaux et peuvent atteindre une ampleur spatiale considérable dans des conditions environnementales normales. Les plantes stolonifères et rhizomateuses peuvent prélever des nutriments à des endroits multiples de leur environnement souterrain (Pitelka & Ashmun, 1985 ; Marshall, 1990 ; Marshall & Price, 1997). Les études expérimentales ont prouvé que l'hétérogénéité spatiale dans la disponibilité de ressources peut être limitée par une redistribution interne des ressources absorbées à partir les stolons (Hartnett & Bazzaz, 1983 ; Evans, 1991 ; Shumway, 1995).

Les individus issus de plantes non clonales se spécialisent typiquement dans l'absorption de ressources minérales plus rares pour éviter la limitation de leur croissance. Par exemple, les plantes exposées à une faible disponibilité en eau et à un approvisionnement élevé en lumière développent de grands systèmes racinaires pour pouvoir augmenter le prélèvement en eau dont dépend la croissance des parties aériennes. En revanche, les ramets de stolons peuvent se spécialiser dans la prise abondante de ressource et redistribuer l'excédent de glucides, d'eau et de nutriments, selon les principes de sources et de puits. Ce phénomène, appelé répartition spatiale des tâches, a été montré de manière expérimentalement chez un certain nombre d'espèces (Stuefer *et al,* 1996 ; d'Alpert & Stuefer, 1997 ; Wijesinghe & Hutchings, 1997 ; Stuefer, 1998) et peut augmenter la productivité des plantes stolonifères jusqu'à de 70% suivant les conditions expérimentales (Stuefer *et al.*, 1996).

II.7. Effet des variations en eau et en nutriments sur la plasticité des plantes

Magyar *et al.* (1997) ont comparé les performances de trois stratégies plastiques de plantes différentes par leurs réponses à une variation environnementale : stratégie non-plastique, plastique autonome, plastique coordonnée. La stratégie non-plastique ne répond pas à la variation environnementale, alors que les deux stratégies plastiques montrent une spécialisation inductible, qui augmente la prise d'une ressource localement. Ces auteurs ont supposé que la spécialisation pour l'absorption d'une ressource implique un coût pour l'acquisition des ressources. L'état d'hétérogénéité temporelle des ressources peut mener à la spécialisation de coût. Ce coût fait suite à une disparité entre la spécialisation, par exemple chez les plantes stolonifères par la production de stolons, et l'exploitation des ressources si les états environnementaux changent après que la spécialisation ait été induite. Ce coût est analogue à la limite de fiabilité de l'information et au coût de maintenance des mécanismes sensoriels de l'organisme mentionné par De Witt *et al.* (1998). L'effet combiné de la spécialisation et du coût d'opportunité peut sérieusement gêner la rentabilité de la plasticité dans différents habitats.

II.8. Effet des variations nutritionnelles sur les traits de croissance potentiellement plastique

Les traits impliqués dans l'acquisition de ressource montrent souvent les modèles fonctionnels appropriés de la plasticité, tels que l'attribution de biomasse aérienne et aux systèmes racinaires ou à la biomasse relative des plantes (Schlichting, 1986 ; Gedroc, *et al.*,

1996). Ces ajustements spécifiques peuvent en partie compenser les réductions fonctionnelles inévitables de la croissance des plantes et de la production de biomasse qui se produisent sous des conditions de limitation en ressource par exemple la production de feuilles chez *Polygonum lapathifolium* placées dans des conditions de luminosités différentes (Figure. 8) (Sultan, 2000).

Figure 8. **(a)** Répliques du même génotype de *Polygonum lapathifolium* âgé de huit semaines en condition de faibles éclairements (20% de rayonnement photosynthétiquement actif disponible (PAR); gauche) et en éclairement élevé (100% de PAR disponible ; droite). Les plantes en condition de faibles éclairements soutiennent de grandes, minces feuilles et peu de branches. Les plantes placées en condition de forts éclairements portent des feuilles étroites sur leurs branches et sont à un stade avancé de leur croissance ce qui est montré par la sénescence des premières feuilles. **(b)** Normes de réactions moyennes pour 25 génotypes de *Polygonum lapathifolium* développées au PAR faible (20%) et PAR élevée (100%). Présentation des moyennes de chaque traitement encadré de leur écart type. Les plantes à faible niveau d'éclairement ont une biomasse totale plus faible (cercle rempli) mais produisent un LAR plus fort (cercle non rempli) dû à des changements d'attribution de la biomasse, de morphologie et de structure de la feuille (Sultan, 2000).

Une telle plasticité développementale peut permettre à un individu génétique donné de se développer et se reproduire avec succès dans les sites contrastés. Tandis que la plasticité physiologique modifie des traits à court terme comme l'angle pris par les feuilles, l'ouverture stomatique et le taux photosynthétique. Elle peut permettre à des plantes de s'ajuster temporellement à des variabilités de l'environnement tel que l'intensité de la lumière et la demande en eau. Les réponses plastiques à long et à court terme peuvent contribuer à la capacité que possède des espèces à occuper des habitats divers et variables dans la nature (Sultan *et al.,* 1998).

Bien que des décalages fonctionnels en réponse à différents niveaux de ressource aient été étudiés principalement en ce qui concerne l'attribution de biomasse par exemple le rapport biomasse racinaire / biomasse aérienne (Volis *et al.,* 2004) (Figure. 7), les études récentes de plasticité incluent également des aspects détaillés des systèmes aériens et racinaires qui plus directement sont liés à l'acquisition des ressources (Cf. partie II.4).

III. Modélisation

III.1. Modèle de courbe de croissance

La courbe représentative de la croissance du végétal est généralement représentée sous la forme d'une sigmoïde (Figure. 9) (Cusset, 1991 ; Hunt & Loomis, 1976). C'est-à-dire en forme de sigma grec allongé (Cusset, 1991 ; Heller, 1984). De très nombreuses fonctions mathématiques ont été proposées pour représenter la tendance générale de la croissance (Debouche, 1979 ; Buis, 1991 ; Cusset, 1991). Dans la pratique, les modèles de Verhulst (fonction logistique) et de Gompertz sont très généralement employés (Buis, 1991 ; Cusset, 1991). Il existe également les modèles de : Mitscherlich, Johnson Schumacher, Gaussien, Logistique, Arc tangente, Amplitude hyperbolique, Nelder, Lundqvist (Debouche, 1979). Ces modèles fluctuent par l'emplacement du point de fixation de la croissance en début, milieu ou fin de courbe.

Figure 9. Courbe de croissance d'un végétal étudiée par le suivie d'un trait d'histoire de vie « y » au cours du temps « t ». a) présentation des cinq phases de la croissance numéroté de 1 à 5 ; b, c, d) modélisation des trois sections de la croissance que l'on définit dans une zone d'étude (d'après Debouche, 1979 ; Buis, 1991 ; Cusset, 1991 ; Heller, 1984 ; Varin, 2009).

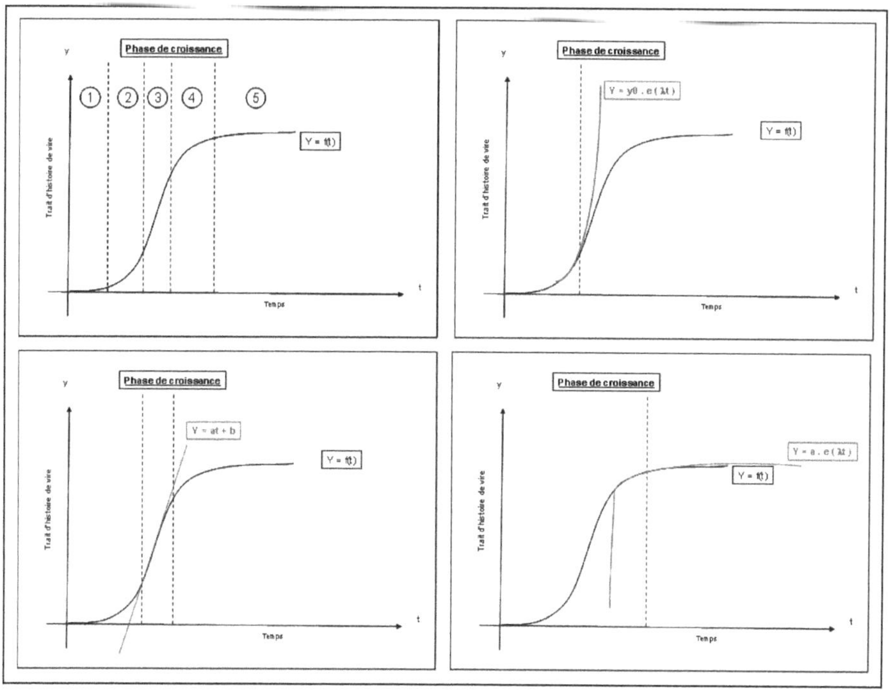

Nous désignerons par y la variation expliquée quand elle est quelconque, par K sa valeur maximale, par L une dimension linéaire, par N un effectif, par S une surface et par W une masse ou un poids (Cusset, 1991). Seule la forme des équations et les paramètres d'ajustement composant ces équations, utilisés dans les régressions modélisant la forme différentielle de la croissance, ne seront pas forcément égaux aux paramètres écrits de la même façon dans des formes intégrées (Cusset, 1991).

Généralement, la courbe obtenue avec la W présente une légère baisse en début et en fin de vie de la plante (Buis, 1991 ; Cusset, 1991 ; Heller, 1984). En début de croissance du végétal, la diminution de croissance est due à l'utilisation des réserves de la graine de manière hétérotrophe alors que la plantule n'est pas encore autotrophe. La baisse en fin de vie est probablement due à une diminution de l'assimilation au cours de la sénescence et à la consommation des réserves. On peut dire que la croissance est rythmée. La courbe de croissance peut être décomposée en cinq rythmes regroupés en trois sections modélisables. Les cinq rythmes sont les suivants (Figure. 9) : i) la phase de latence, où dy/dt est nul ; ii) la phase d'accélération, où dy/dt augmente, appelé aussi la phase exponentielle. Elle est modélisable par une fonction exponentielle ; iii) la phase stationnaire, où dy/dt est constant, Elle est modélisable par une droite ; iv) la phase de décélération, où dy/dt est diminué. Elle peut également être modélisable par une exponentielle ; v) et enfin une nouvelle phase de latence, où dy/dt est nul (Figure. 9).

Le choix du modèle, la réalisation expérimentale qui permet de faire l'acquisition des données biologiques et la procédure d'analyse statistique est donc très important. Elle dépend de la plante modèle, des conditions initiales de l'expérimentation. Chaque phase de la courbe de croissance peut être fixée ou non. Donc, il n'y a pas un bon modèle mais, de bons modèles. Il est donc nécessaire de réaliser des expérimentations spécialement conçus bio statistiquement avec un bon *design* statistique pour la réalisation de tel ou tel modèle. Et, signalons enfin que l'estimation des paramètres de ces différentes équations nécessite l'utilisation de programmes de régressions non linéaires (Debouche, 1979).

III.2. Modèle de développement de la rhizosphère et de ces bactéries

Un des principaux problèmes lors de l'introduction des microorganismes bénéfiques à la rhizosphère des plantes, est que les rhizobactéries favorisant la croissance des plantes (PGPR : *Plant Growth Promoting Rhizobacteria*) ne survivent pas ou ne peuvent pas exécuter leurs fonctions spécifiques sur les plantes et dans le sol. Strigul & Kravchenki (2006) ont évalué la survie microbienne de PGPR inoculées dans la rhizosphère. Ils ont utilisé des modélisations mathématiques et des simulations de croissance par ordinateur. Ces auteurs ont testé plusieurs facteurs abiotiques influençant la survie PGPR : la disponibilité des composés organiques solubles, de l'oxygène moléculaire et la concentration d'azote minéral dans le sol. Les principaux facteurs biotiques considérés ont été les interactions directes et indirectes entre PGPR et micro-organismes résidants, la prédation et les parasitismes comme des protozoaires bactériens. Un modèle présentant un système composé de quatre des équations différentielles ordinaires non-linéaires a été développé pour simuler la croissance des populations de PGPR dans la rhizosphère (Figure. 10). Les résultats des simulations ont indiqué que la concurrence pour les ressources entre la population introduite et les micro-organismes résidants était le facteur limitant le plus important dans la détermination du taux de survie des PGPR et de leurs croissances. Strigul & Kravchenki (2006) ont également mis en évidence que l'inoculation de PGPR la plus efficace est prévue dans des conditions organiques et minérales de sols pauvres ou de sols stressés. C'est-à-dire lorsque le développement de la microflore résidente est inhibée. Un autre facteur important pour la survie PGPR est la compatibilité entre la composition des exsudats racinaires d'accueil et la capacité des PGPR à exploiter ces ressources et composés.

Figure 10. Schéma d'un modèle de croissance des populations de Rhizbactéries promotrice de la croissance des plantes (PGPR) au sein de la rhizosphère comprenant un système de quatre équations différentielles non linéaires (Strigul & Kravchenko, 2006).

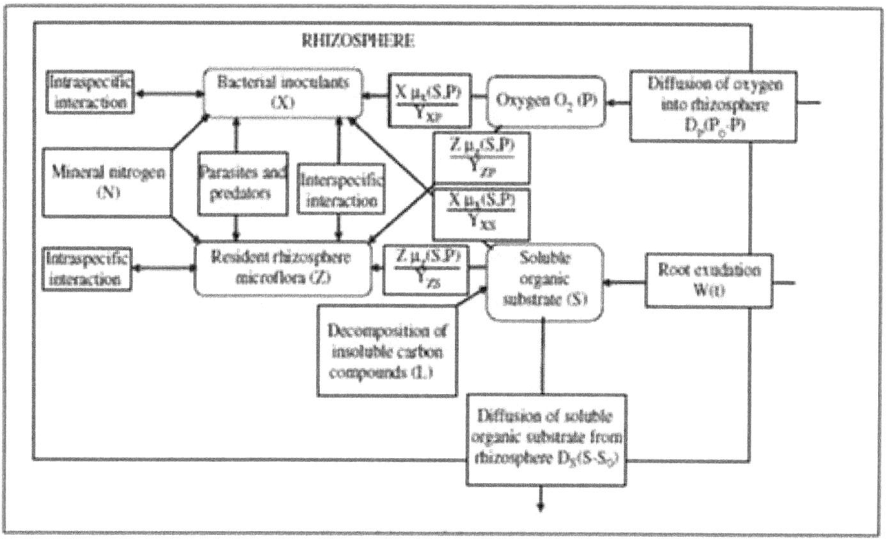

Conclusion

La croissance est la résultante des modifications de différents paramètres : (i) la modification de la stratégie d'allocation d'énergie et de matière de la plante, (ii) les modifications des différentes stratégies adaptatives et (iii) les variations des phénomènes périodiques de la vie du végétal en fonction du climat et conditions environnementales.

La croissance optimale exige que la plasticité morphologique ou physiologique soit évaluée dans le rapport biomasse aérienne/biomasse racinaire (Bradshaw, 1965 ; Jennings & Trewavas, 1986 ; Sultan, 1987). En plus, de la modulation de ce rapport, les plantes peuvent également avoir des manières alternatives de changement d'allocation des ressources pour acquérir, limiter ou mobiliser des ressources, par exemple, un changement de la morphologie et de la concentration en chlorophylle des feuilles (Salisbury & Ross, 1992) ou en maintenant leurs symbioses par exemple les mycorrhizes dans les racines (Smith *et al.,* 1997) ou fixation. L'étude de la plasticité intégrée donc l'étude de la plasticité ontogénétique et phénotypique telle que définie par Wright & Mc Connaughay (2002). Des auteurs comme Useche & Schiplay (2010), Varin *et al.* (2009) étudient la part de la plasticité phénotypique « pure » et la part de la plasticité ontogénétique. Lors de l'étude de cette dernière partie, ces auteurs établissent des résultats fortement informatifs décrivant le RGR, des paramètres développementaux-ontogénétiques et phénologiques, la croissance et sa modélisation en fonction de la disponibilité en nutriment notamment l'azote comme présentée dans les résultats de Useche & Schipley (2010) (Figure. 11).

Figure 11. Exemple d'expérimentation et Modélisation de la plasticité. Dans cette expérience, Les individus « contrôles » ont été exposées à une solution hydroponique constante pendant 4 semaines, dans laquelle la concentration d'azote a été maintenue à 1 mM. Les individus test de la même espèce ont été cultivées dans cette même solution pour les 12 premiers jours, après quoi la concentration d'azote a été réduit de 100 fois à 0,01 mM et maintenu à ce niveau jusqu'à la fin de la période de 4 semaines (traitement du stress nutritif). **a.** Des Paramètres du changement ontogénétique et de croissances sont calculées à partir des valeurs prédites (courbe) du RGR et chacune de ses composantes ; **b.** (A) Relation entre la plasticité de la valeur prédite du RGR à la fin de l'expérience et de la plasticité évaluée par le taux de changement maximum du NAR (r^2 =0,28, P = 0,049), y = þ 0.384x 0.200. (B) Relation entre la plasticité de la valeur prédite du RGR à la fin de l'expérience et de la plasticité évaluée par la valeur prédite du NAR à la fin de l'expérience (r^2=0,33, P = 0,031), y = þ 0.393x 0.174. Le degré de plasticité, pour chaque paramètre ontogénétique de chaque caractère a été calculée comme étant la valeur absolue du pourcentage de la différence entre la valeur du contrôle et du traitement des paramètres ontogénétiques ; **c.** (A) Relation entre la plasticité évaluée par le pourcentage de diminution du RGR au moment de son taux de variation maximale et la plasticité du taux maximum lors du changement de RWR (r^2 = 0,32, P = 0,035), y = 20.559x þ 0,302. (B) Relation entre la plasticité évaluée par le pourcentage de diminution du RGR au moment de son taux de variation maximale et la plasticité évaluée par le pourcentage de diminution du RGR à la fin de l'expérience (r^2=0,69, P = 2 1024), y =0.635x þ 0.070. Le degré de plasticité, pour chaque paramètre ontogénétique de chaque caractère a été calculée comme étant la valeur absolue du pourcentage de la différence de la valeur du paramètre ontogénétique entre le contrôle et le traitement **d.** (A) Relation entre le RGRmax et la plasticité prédite de la valeur du RGR au moment de son taux de variation maximum (r^2=0,38, P = 0,018), y=0.504x 0.030 2. (B) Relation entre RGRmax et la plasticité évaluée par le pourcentage d'augmentation du RWR à la fin de l'expérience (r^2=0,34, P = 0,029), y =1.928x 0.174 2. (C) Relation entre RGRmax et la plasticité de la valeur prédite du RWR à la fin de l'expérience (r^2=0,45, P = 0,009, y = þ 1.148x 0.019). Le degré de la plasticité pour chaque paramètre ontogénétique de chaque caractère a été calculé comme étant la valeur absolue du pourcentage de la différence entre la valeur du contrôle et le traitement de chaque paramètre ontogénétique (Useche & Shipley, 2010).

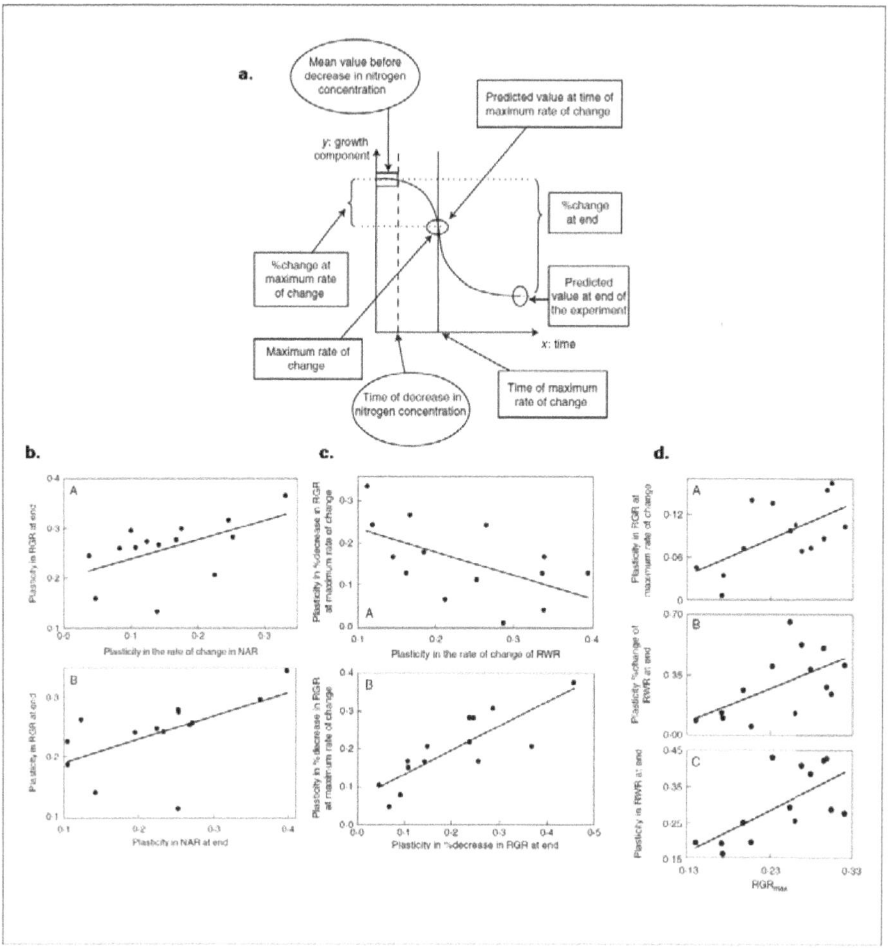

La plasticité phénotypique peut optimiser la croissance en régulant les rapports d'allocation, disponibilités des ressources et en maintenant un fort taux de croissance. Une plante à phénotype fixe peut souffrir d'une réduction du taux de croissance due au rapport non-optimal des ressources disponibles. La plasticité élevée peut augmenter la tolérance à la variation environnementale et mener à une « Fitness » plus élevée comparée à celle d'une plante à phénotype fixe. Pour évaluer la croissance, on utilise des traits caractéristiques de la croissance comme des courbes de variation de biomasse au cours du temps et la détermination du taux de croissance relatif (RGR). Le taux de croissance relatif (RGR) d'une plante est une mesure de son efficacité de croissance, c'est-à-dire le taux auquel une quantité donnée de biomasse existante peut produire la nouvelle biomasse par temps d'unité (Schipley, 2000). Les études comparatives de Grime &

Hunt (1975) ont montré d'énormes différences interspécifiques existant au sein du RGR quand les plantes sont cultivées en condition de production contrôlée. Beaucoup de chercheurs ont alors tourné leurs efforts, pour expliquer cette variation interspécifique, en étudiant les composants du RGR (Pooter & Remkes, 1990 ; Shipley & Peters, 1990 ; Garnier, 1992 ; Hunt & Cornelissen, 1997 ; McKenna & Shipley 1999 ; Meziane & Shipley 1999).

RÉFÉRENCES BIBLIOGRAPHIQUES

Les références citées dans les articles de ce manuscrit ne sont pas reprises dans cette bibliographie.

A

Abberton M.T., Michaelson-Yeates T.P.T., Macduff J.H., 1998. Characterization of novel inbred lines of white clover (*Trifolium repens* L.). I. Dynamics of plant growth and nodule development in flowing solution culture. *Euphytica* 103, 35–43.

Abrol Y.P., Ahmad A., 2003. Sulphur in Plants. *Kluwer Academic Publishers, Dordrecht.*

Ahmad A, Abdin M.Z., 2000. Photosynthesis and its related physiological variables in the leaves of *Brassica* genotypes as influenced by sulphur fertilisation. *Physiologia Plantarum* 110, 144-149.

Allaie R.R., Reshi Z., Wafai B.A., 2005. Demographic plasticity in relation to growth and resource allocation pattern in anthemis cotula-an alien invasive species in Kashmir Himalaya, Indie. *Applied Ecology and Environmental Research* 4, 63-74.

Almeida J.P.F., Hartwig U.A., Frehner M., Nösberger J., Lüscher A., 2000. Evidence that P deficiency induces N feedback regulation of symbiotic N2 fixation in white clover (*Trifolium repens* L.). *Journal of Experimental Botany* 51, 1289–1297.

Anderson A.J., Spencer D., 1950. Sulphur in nitrogen metabolism of legumes and non-legumes. *Australian Journal of Scientific Research* 3, 431–449.

Andrieu N., Josien E., Duru M., 2007. Relationships between diversity of grassland vegetation, field characteristics and land use management practices assessed at the farm level. *Agriculture, Ecosystems and Environment* 120, 359-369.

Antunez I., Retamosa E.C., Villar R., 2001. Relative growth rate in phylogenetically related deciduous and evergreen woody species. *Oecologia* 128, 172-180.

Appels M.A., Haaker H., 1988. Identification of cytoplasmic nodule-associated forms of malate dehydrogenase involved in the symbiosis between *Rhizobium leguminosarum* and *Pisum sativum. European Journal of Biochemistry* 171, 515-522.

Appleby C.A., 1984. Leghaemoglobin and rhizobial respiration. *Annual Review of Plant Physiology* 35, 443–478.

Appleby C.A., 1992. The origin and functions of haemoglobin in plants. *Science in Progress* 76, 365-398.

Arredondo-Peter R., Hargrove M.S., Moran J.F., Sarath G., Klucas R.V., 1998. Plant Hemoglobins. *Plant Physiology* 118, 1121-1125.

Atkin O.K., Loveys B.R., Atkinson L.J., Pons T.L., 2006. Phenotypic plasticity and growth temperature: understanding interspecific variability. *Journal of Experimental Botany* 57(2), 267–281.

Aulakh M.S., Dev G., Arora B.R., 1976. Effect of sulphur fertilization on the nitrogen-sulphur relationships in alfalfa (*Medicago sativa* L. Pers.). *Plant and Soil* 45, 75-80.

B

Bailey J.S., Laidlaw A.S., 1999. The interactive effects of phosphorus potassium, lime and molybdenum on the growth and morphology of white clover (*Trifolium repens* L.) at establishment. *Grass and Forage Science* 54, 69-76.

Barney B.M., Igarashi R.Y., Dos Santos P.C., Dean D.R., Seefeldt L.C., 2004. Substrate Interaction at an Iron-sulfur face of the FeMo-cofactor during Nitrogenase catalysis. *The Journal of Biological Chemistry* **279,** 53621-53624.

Bell C.I., Clarkson D.T., Cram W.J., 1995. Sulphate supply and its regulation of transport in roots of a tropical legume *Macroptilium atropurpureum* cv. Siratro. *Journal of Experimental Botany* 46, 65-71.

Benizri E., Amiaud B., 2005. Relationships between plant and microbial communities in fertilized grasslands. *Soil Biology and Biochemistry* 37, 2055-2067.

Bergersen F.J., 1982. Root Nodules of Legumes: structure and functions. Research Studies Press, (J. Wiley and Sons, eds), Chichester RSP, Chichester.

Bergersen F.J.,1991. Physiological control of nitrogenase and uptake hydrogenase. *In: Biology and Biochemistry of Nitrogen Fixation,* (M.-J. Dilworth, A.-R. Glenn, eds.), Elsevier, Amsterdam, 76–102.

Beuve N., Rispail N., Laîné P., Cliquet J.B., Ourry A., Le Deunff E., 2004. Putative role of γ -aminobutyric acid (GABA) as a long distance signal in up-regulation of nitrate uptake in *Brassica napus* L. *Plant, Cell and Environment* 27, 1035–1046.

Blake-Kalff M.M.A., Harrison K.R., Hawkesford M.J., Zhao F.J., McGrath S.P., 1998. Distribution of sulfur within oilseed rape leaves in response to sulphur deficiency during vegetative growth. *Plant Physiology* 118, 1337-1344.

Bloom A., Chapin F.S., Mooney H.A., 1985. Resource limitation in plants. An economic analogy. *Annual Review of Ecology and Systematics* 16, 363-392.

Blum H., Beier H., Gross H.J., 1987. Improved silver staining of plant proteins, RNA and DNA in polyacrylamid gel. *Electrophoresis* 8, 93-99.

Bohn H.I., Barrow N.S., Rajan S.S.S., Parfitt R.L., 1986. Reaction of inorganic sulphur in soils. *In*: *Sulphur in agriculture.* (M.-A.Tabatabai, eds), Agronomy Monograph, ASA, CSSA and ISSA, Madison WI, 233–249.

Bolaños L., Martin M., El Hamdaovi A., Rivilla R., Bonilla I., 2006. Nitrogenase inhibition in nodules from pea plants grown under salt stress occurs at the physiological level and be alleviated by B and Ca. *Plant and Soil* 280, 135-142.

Boller B.C., Nösberger J., 1987. Symbiotically fixed nitrogen from field-grown white and red clover mixed with ryegrasses at low levels of ^{15}N-fertilization. *Plant and Soil* 104, 219-226.

Bradford M.M., 1976. A rapid method for the quantification of microgram quantities of protein dye binding. *Analytical Biochemistry* 72, 248-254.

Bradshaw A.D., 1965. Evolutionary significance of phenotypic plasticity in plants. *Advances in Genetics* 13, 115-155.

Briggs W.H., Goldman I.L., 2002. Variation in economically and ecologically important traits in onion plant organs during reproductive development. *Plant, Cell and Environment* 25, 1031-1037.

Bromfield A.R., 1972. Absorption of atmospheric sulphur by mustard (*Sinapis alba*) grown in a glasshouse. *Journal of agriculture Science* 78, 343-344.

Brunold C., Schmidt A., 1978. Regulation of sulphate assimilation in plants. Cysteine inactivation of adenosine 5'-phosphosulfate sulfotransferase in *Lemna minor* L.. *Plant Physiology* 61, 342-347.

Buchner P., Stuiver C.E.E., Westerman S., Wirtz M., Hell R., Hawkesford M.J., De Kok L.J., 2004. Regulation of sulfate uptake and expression of sulfate transporter genes in Brassica oleracea as affected by atmospheric H_2S and pedospheric sulphate nutrition. *Plant Physiology* 139, 3396-3408.

Buchner P., Takahashi H., Hawkesford M.J., 2004. Plant sulphate transporters: co-ordination of uptake, intracellular and longdistance transport. *Journal of Experimental Botany* 55, 1765-1773.

Buis R., 1991. On the generalization of the logistic law of growth. *Acta Biotheoretica* 39, 185-195.

Bullock J.M., Pywell R.F., Walker K.J., 2007. Long-term enhancement of agricultural production by restoration of biodiversity. *Journal of Applied Ecology* 44, 6-12.

Bunce J.A., 1997. Variation in growth stimulation by elevated carbon dioxide in seedling of some C3 crop and weed species. *Global Change Biology* 3, 61-66.

Burris R.H., 1974. Biological Nitrogen Fixation, 1924-1974. *Plant Physiology* 54, 443-449.

C

Cabot C., Garcia M.C., Sibole J.V., 2005. Relationship between xylem ion concentration and bean growth responses to short-term salinisation in spring and summer. *Journal of Plant Physiology* 162, 327-334.

Cahill JR J.F., 2003. Lack of relationship between below-ground competition and allocation to roots in 10 grassland species. *Journal of Ecology* 91, 532-540.

Caradus J.R, Hay M.J.M., Mackay A.D., Thomas V.J., Dunlop J., Lambert M.G., Hart A.L., Van den Bosch J., Wewala S., 1993. Variation within white clover (*Trifolium repens* L.) for phenotypic plasticity of morphological and yield related characters, induced by phosphorus supply. *New Phytologist* 123, 175-184.

Carlsson G., Huss-Danell K., 2003. Nitrogen fixation in perennial forage legume in the fields. *Plant and soil* 253, 353-372.

Ceccoti S.P., Messick D.L., 1997. A global review of crop requirements, supply and environmental impact on nutrient sulphur balance. *In: Sulphur Metabolism in Higher Plants,* (W.-J. Cram, L.-J. De Kok, I. Stulen, C. Brunold, H. Rennenberg, eds.), Blackhuys Publishers, Leiden, 155-163.

Ceccotti S.P., 1996a. A global review of the nutrient sulphur balance, fertilizers, and the environment. *Agro-Food-Industry Hi-Tech* Nov./Dec, 18-21.

Ceccotti S.P., 1996b. Plant nutrient sulphur, a review of nutrient balance, environmental impact and fertilizers. *Fertilizer Research* 43, 117-125.

Chapin F.S. III, Mcguire A.D., Randerson J., Pielke R., Baldocchi D., Hobbie S.E., Roulet N., Eugster W., Kasischke E., Rastetter E.B., Zimov S.A., Running S.W., 2000. Arctic and boreal ecosystems of western North America as components of the climate system. *Global Change Biology* 6, 211–23.

Chapin III F.S., Bloom A.J., Field C.B., Waring R.H., 1987. Plant responses to multiple environmental factors. *BioScience* 37, 49–57.

Chazen O., Neumann P.M., 1994. Hydraulic signals from the roots and rapid cell-wall hardening in growing maize (*zea mays* L.) leaves are primary responses to polyethylene glycol-induced water deficits. *Plant physiol* 104, 1385-1392.

Cheng S.H., Moore B.D., Jingrui W., Edwards G.E., Ku M.S.B., 1989. Photosynthetic Plasticity in Flaveria brownii : Growth Irradiance and the Expression of C_4 Photosynthesis. *Plant Physiology* 89, 1129-1135.

Choat B., Lahr E.C., Melcher P.j., Zwienicki M.A., Michele N., 2005. The spatial pattern of air seeding thresholds in mature sugar maple trees. *Plant, Cell and Environment* 28, 1082-1089.

Choi H.G., Nam K.W., 2001. Growth, tatrasporogenesis, and lifes history in culture of *Caulacanthus okamurae* (Gigartinales, Rhodophyta) from Korea. *Botanica Marina* 44, 315-320.

Chopra J., Kaur N., Gupta A.K., 1998. Carbohydrate status and sucrose metabolism in mung bean roots and nodules. Phytochemistry 49, 1891–1895.

Citepa., 2008. Air Emission in France, Mainland France, Substances causing acidification, eutrophication and photochemical pollution. (www.citepa.org).

Clarkson D.T., Saker L.R., Purves J.V., 1989. Depression of nitrate and ammonium transport in Barley plants with diminished sulphate status. Evidence of Co-regulation of nitrogen and sulphate intake. *Journal of Experimental Botany.* 40, 953-963.

Clarkson D.T., Saker L.R., 1989. Sulphate influx in wheat and barley roots becomes more sensitive to specific protein-binding reagents when plants are sulphate-deficient. *Planta* 178, 249-257.

Clarkson D.T., Smith F.W., Van Den Berg P.J., 1983. Regulation of sulphate transport in a tropical legume, *Macroptilium atropurpureum,* cv.Siratro. *Journal of Experimental Botany* 34, 1463-1483.

Clergue B., Amiaud B., Pervanchon F., Lasserre-Joulin F., Plantureux S., 2005. Biodiversity: function and assessment in agricultural areas. A review. *Agronomy for Sustainable Development* 25, 1-16.

Colebatch G., Desbrosses G., Ott T., Krusell L., Montanari O., Kloska S., Kopka J., Udvardi MK., 2004. Global changes in transcription orchestrate metabolic differentiation during symbiotic nitrogen fixation in *Lotus japonicus. The Plant Journal* 39, 487–512.

Coleman J.S., McConnaughay K.D.M., Ackerly D.D., 1994. Interpreting phenotypic variation in plants. *Trends in Ecology and Evolution* 9, 187–191.

Cornelissen T.G., Fernandes G.W., 2001. Defence, growth and nutrient allocation in the tropical shrub *Bauhinia brevipes* (Leguminosae). *Austral Ecology* 26, 246-253.

Cowling D.W., Jones L.H.P., Lockyer D.R., 1973. Increased yield through correction of sulphur deficiency in ryegrass exposed to sulphur dioxide. *Nature* 243, 479-480.

Cram W.J., 1983. Sulphate accumulation is regulated at the tonoplast. *Plant Science Letters* 31, 329-338.

Crick J.C., Grime J.P., 1987. Morphological plasticity and mineral nutrient capture in two herbaceous species of contrasted ecology. *New Phytologist* 107, 403-414.

Crockard M.A., Bjourson A.J., Dazzo F.B., Cooper J.E., 2002. A white clover nodulin gene, dd23b, encoding a cysteine cluster protein, is expressed in roots during the very early stages of interaction with Rhizobium leguminosarum biovar trifolii and after treatment with chitolipooligosaccharide Nod factors. *Journal of Plant Research* 115, 439–447.

Cumino C., Marcozzi C., Barreiro R., Salerno G.L., 2007. Carbon cycling in Anabaena sp. PCC 7120. Sucrose synthesis in the heterocysts and possible role in nitrogen fixation. *Plant Physiology* 143, 1385 - 1397

Curatti L., Ludden P.W., Rubio L.M., 2006. Nif B-dependent in vitro synthesis of the iron-molybdenum cofactor of nitrogenase. *Proceedings of the National Academy of Sciences of the United States of America* 104, 5207-5301.

Curtin D., Syers J.K., 1990. Extractability and adsorption of sulphate in soils. *Journal of Soil Science* 41, 305-312.

Cusset G., 1991. Les modèles sigmoïdes en biologie végétale. *Acta Biotheoretica* 39, 197-205.

D

Day D.A., Poole P.S., Tyerman S.D., Rosendahl L., 2001. Ammonia and amino acid transport across symbiotic membranes in nitrogen-fixing legume nodules. *Cellular and Lolecular Life Sciences* 58, 61–71.

Dazzo F., Hubbell D.H., 1975. Cross-Reactive antigens and lectin as determinants of symbiotic specificity in the Rhizobium-Clover association. *Applied Microbiology* 30(6), 1017-1033.

Dazzo F.B., Yanke W.E., Brill W.J., 1978. Trifoliin: a Rhizobium recognition protein from white clover. *Biochimica et Biophysica Acta* 539, 279-286.

de Jong G., 1990. Quantitative genetics of reaction norms. *Journal of Evolutionary Biology* 3, 447-468.

de Jong G., 2005. Evolution of phenotypic plasticity: patterns of plasticity and the emergence of ecotypes. *New Phytologist* 166 (1), 101-117.

De Kok L.J., Castro A., Durenkamp M., Koralewska A., Posthumus F.S., Elisabeth C., Stuiver E., Yang L., Stulen I., 2005. Pathway of plant sulfur uptake and metabolism-an overview. *Laudbauforschung Völkenrode* 283, 5-13.

De Kok L.J., Durenkamp M., Yang L., Stulen I., 2007. Atmospheric sulfur. *In: Sulfur in plants - an ecological perspective,* (M.-J. Hawkesford, L.-J. De Kok, eds.), Springer-Verlag, Dordrecht, 91-106.

De Kok L.J., Stulen I., Grill D., Tausz M., 2002. Special Issue: Responses of plant metabolism to air pollution and global change. *Phyton* 42, 272pp.

De Kok L.J., Westerman S., Stuiver C.E.E., Weidner W., Stulen I., Grill D., 2002. Interaction between atmospheric hydrogen sulfide deposition and pedospheric sulfate nutrition an *Brassica oleracea* L. *Phyton* 42, 35-44.

De Kok L.J., 1990. Sulfur metabolism in plants exposed to atmospheric sulfur. *In: Sulfur nutrition and sulfur assimilation in higher plants: fundamental, environmental, and agricultural aspects,* (H. Rennenberg, C. Brunold, L.-J. De Kok, I. Stulen, eds.), SPB Academic Publishing, The Hague, 111-130.

Dean D.R., Bolin J.T., Zheng L., 1993. Nitrogenase metallo-clusters: structures, organization, and synthesis. *Journal of Bacteriology* 175, 6737-6744.

DeBoer D.L., Duke S.H., 1982. Effects of sulphur nutrition on nitrogen and carbon metabolism in lucerne (*Medicago sativa* L.). *Physiologia Plantarum* 54, 343-350.

Debouche C., 1979. Présentation coordonnée de différents modèles de croissance. *Revue de statistique appliquée,* Tome 27, N°4, p.5-22.

Dedez A., Saadaoui D., Ramani B., Ouerghi Z., Koyro H.W., Huchzermeyer B., Abdelly C., 2005. Leaf H^+-ATPase activity and photosynthetic capacity of *Cakile maritima* under increasing salinity. *Environmental and Experimental Botany* xxx, xxx-xxx.

Dedourge O., Vong P.C., Lasserre-Joulin F., Benizri E., Guckert A., 2004. Effects of glucose and rhizodeposits (with or without cysteine-S) on immobilized-S-35, microbial biomass-S-35 and arylsulphatase activity in a calcareous and an acid brown soil. *European Journal of Soil Science* 55, 649–656.

Denison R.F., Kinraide T.B., 1995. Oxygen-Induced Membrane Depolarizations in legume Root Nodules. *Plant Physiol* 108, 235-240.

Derome J., Nieminen T., Saarsalmi A., 2004. Sulphur dioxide absorption in Scots pine canopies exposed to high ammonia emissions near a Cu-Ni smelter in SW Finland. *Environmental Pollution* 129, 79-88.

Devos S., Vissenberg K., Verbelen J.P., Prinsen E., 2005. Infection Chinese cabbage by *Plasmodiophora brassicae* leads to a stimulation of plant growth : impacts on cell wall metabolism and hormone balance. *New Phytologist* 166, 241-250.

DeWitt T.J., Sih A., Wilson D.S., 1998. Costs and limits to benefits as constraints on the evolution of phenotypic plasticity. *Trends in Ecology and Evolution* 13, 77–81.

DeWitt T.J., 1998. Costs and limits of phenotypic plasticity: tests with predator-induced morphology and life history in a freshwater snail. *Journal of Evolutionary Biology* 11, 465–480.

D'Haeze W., Holsters M., 2002. Nod factor structures, responses, and perception during initiation of nodule development. *Glycobiology* 12, 79R-105R.

Dijkshoorn W., Van Wijk A.L., 1967. The sulphur requirements of plants as evidenced by the sulphur-nitrogen ratio in the organic matter. A review of published data. *Plant and Soil* 26, 129-157.

Dixon R.O.D., Wheeler C.T., 1986. Nitrogen Fixation in Plants. Chapman and Hall, New York, 157pp.

Drennan P.M., Nobel P.S., 1998. Root growth dependence on soil temperature for Opuntia ficus-indica: influences of air temperature and a doubled CO_2 concentration. *Functional Ecology* 12, 959-964.

Droux M., 2004. Sulfur assimilation and the role of sulfur in plant metabolism: a survey. *Photosynthesis Research* 79, 331-348.

E

Elberse I.A.M., van Damme J.M.M., van Tienderen P.H., 2003. Plasticity of growth characteristics in wild barley (*Hordeum spontaneum*) in response to nutrient limitation. *Journal of Ecology* 91, 371-382.

F

Falkowski P.G., 1997. Evolution of the nitrogen cycle and its influence on the biological sequestration of CO_2 in the ocean. *Nature* 387, 272–275.

Faurie O., Soussana J.F., 1993. Oxygen-induced recovery from short-term nitrate inhibition of N_2 fixation in white clover plants from spaced and dense stands. *Physiologia Plantarum* 89, 467–475.

Filner P., Rennenberg H., Sekiya J., Bressan R.A., Wilson L.G., Le cureux L., Shimeri T., 1984. Biosynthesis and emission of hydrogen sulfide by higher

plants. *In: Gaseous air pollutants and plant metabolism,* (J. Kiziol, F.-R. Whatley, eds.), Butterworth, London, 291-312.
Fisher R.A., 1921. Some remarks on the methods formulated in a recent article on 'The quantitative analysis of plant growth'. *Annals of applied Biology* 7, 367-372.
Fismes J., Vong P.C., Guckert A., Frossard E., 2000. Influence of sulphur on apparent N-use efficiency, yield and quality of oilseed rape (*Brassica napus* L.) grown on a calcareous soil. *European Journal of Agronomy* 12, 127-141.
Forde B.G., Lorenzo H., 2001. The nutritional control of root development. *Plant and Soil* 232, 51–68.
Forde B.G., 2002a. Local and long-range signaling pathways regulating plant responses to nitrate. *Annual Review of Plant Biology.* 53, 203–224.
Forde B.G., 2002b. The role of long distance signalling in plant responses to nitrate and other nutrients. *Journal of Experimental Botany* 53, 39-43.
Fordyce J.A., 2006. The evolutionary consequences of ecological interactions medicated through phentypic plasticity. Review. *The Journal of Experimental Biology* 209, 2377-2383.
Frankow-Lindberg B.E., 1999. Effects of adaptation to winter stress on biomass production, growth and morphology of three contrasting white clover cultivars. *Physiologia Plantarum* 106, 196-202.
Friedrich J.W., Schrader L.E., 1978. Sulfur deprivation and nitrogen metabolism in maize seedlings. *Plant Physiology* 61, 900-903.
Friend J.P., 1973. The global sulphur cycle. *In: Chemistry of the lower atmosphere,* (S.-I. Rasool, ed.), Plenum Press, New York, 177-201.

G

Garland T. Jr, Kelly S.A., 2006. Phenotypic plasticity and experimental evolution. *The Journal of Experimental Biology* 209, 2344-2361.
Garnier E., 1992. Growth analysis of congeneric annual and perennial grass species. *Journal of Ecology* 80, 665-675.
Gastal F., Lemaire G., 2002. N uptake and distribution in crops: an agronomical and ecophysiological perspective. *Journal of experimental Botany* 53, 789-799.
Gautier H., Varlet-Grancher C., Membré J.M., 2001. Plasticity of petioles of white clover (*Trifolium repens*) to blue light. *Physiologia Plantarum* 112, 293–300.
Gedroc J.J., McConnaughay K.D.M., Coleman J.S., 1996. Plasticity in root/shoot partitioning: optimal, ontogenetic, or both? *Functional Ecology* 10, 44-50.
Gilbert M.A., Robson A.D., 1984. The effect of sulfur supply on the root characteristics of subterranean clover and annual ryegrass. *Plant and Soil* 77, 377-380.
Gilbert S.M., Clarkson D.T., Cambridge M., Lambers H., Hawkesford M.J., 1997. SO_4^{2-} deprivation has an early effect on the content of Ribulose-1,5-Bisphosphate Carboxylase/Oxygenase and photosynthesis in young leaves of wheat. *Plant Physiology* 115, 1231-1239.
Goggin D.E., Lipscombe R., Fedorova E., Millar H., Mann A.J., Atkins C.A., Smith P.M.C., 2003. Dual intracellular localization and targeting of aminoimidazole ribonucleotide synthetase in cowpea. *Plant Physiology* 131, 1033-1041.

Gordon A.J., Kessler W., Minchin F.R., 1990a. Defoliation-Induced Stress in Nodules of White Clover: I. Changes in physiological parameters and protein synthesis. *Journal of Experimental Botany* 41, 1245-1253.

Gordon A.J., Kessler W., 1990b. Defoliation-Induced Stress in Nodules of White Clover: II. Immunological and enzymic measurements of key proteins. *Journal of Experimental Botany* 41, 1255-1262.

Gordon A.J., Lea P.J., Rosenberg C., Trinchant J.C., 2001. Nodule formation and function. In: Lea PJ, Morot-Gaudry JF (eds.), Plant Nitrogen, Springer-Verlag/Institute National de la Recherche Agronimique, Berlin, 101-138.

Gordon A.J., Minchin F.R., James C.L., Komina O., 1999. Sucrose synthase in legume nodules is essential for nitrogen fixation. *Plant Physiology* 120, 867–877.

Goulas E., Le Dily F., Simon J.C., Ourry A., 2002. Morphological pattern of development affects the contribution of nitrogen reserves to regrowth of defoliated white clover (*Trifolium repens* L.). *Journal of Experimental Botany* 53, 1941-1948.

Goulas E., Le Dily F., Teissedre L., Corbel G., Robin C., Ourry A., 2001. Vegetative Storage Proteins in White Clover *(Trifolium repens* L.): Quantitative and Qualitative Features. *Annals of Botany* 88, 789-795.

Gray W.M., 2004. Hormonal regulation of plant growth and development. *Plos Biology* 2, 1270-1273.

Grime J.P., Crick J.C., Rincon J.E., 1986. The ecological significance of plasticity. *In: Plasticity in plants,* (D.-H. Jennings, A.-J. Trewavas, eds.), Company of Biologists, Cambridge, 5-30.

Grime J.P., Hodgson J.G., Hunt R., 1988. Comparative plant ecology: a functional approach to common British species. London: Unwin Hyman, pp742.

Grime J.P., Hunt R., 1975. Relative growth rate: Its range and adaptive significance in a local flora. *Journal of Ecology* 69, 393–422.

Grime J.P., Mackey J.M.L., 2002. The role of plasticity in resource capture by plants. *Evolutionary Ecology* 16, 299–307.

Grime J.P., 1979. Plant strategies and vegetation processes. Wiley, Chichester, 222pp.

Grime J.P., 2001. Plant strategies, vegetation processes, and ecosystem properties, (J. Wiley & sons, eds.), Chichester.

Groeneveld H.W., 1998. Measuring the RGR of individual grass plants. *Annals of Botany* 82, 803-808.

Grünhage L., Dammgen U., Haenel H.D., Jäger H.J., 1998. Response of a grassland ecosystem to air pollutants. VI. The chemical climate: concentrations and potential flux densities of relevant criteria pollutants. *Environmental Pollution* 101, 215-220.

Guckert A., Hay R.K.M., 2001. The Overwintering, Spring Growth, and Yield in Mixed Species Swards, of White Clover in Europe. *Annals of Botany* 88, 667-668.

Guntrip J, Sibly R.M., 1998. Phenotypic plasticity, genotype-by-environment interaction and the analysis of generalism and specialization in Callosobruchus maculatus. *Heredity* 81, 198-204.

Gurevitch J., Wilson P., Teese P., Stone J., Stoutenburgh R., 1990.Competition among old-field perennials: effects of available space and resource level. *Journal of Ecology* 78, 727-744.

Gylfadóttir T., Helgadóttir A., Høgh-Jensen H., 2007. Consequences of including adapted white clover in northern European grassland: transfer and deposition of nitrogen. *Plant and Soil* 297, 93–104.

H

Habtemichial K.H., Singh B.R., Aune J.B., 2007. Wheat response to N_2 fixed by faba bean (*Vicia faba* L.) as affected by sulfur fertilization and rhizobial inoculation in semi-arid Northern Ethiopia. *Journal of Plant Nutrition and Soil Science* 170, 412–418.

Halbleid C.M., Ludden P.W., 2000. Regulation of biological nitrogen fixation. *The Journal of Nutrition* 130, 1081-1084.

Haneklaus S., Bloem E., Schnug E., 2003. The global sulphur cycle and its links to plant environment. *In: Sulphur in plants,* (Y.-P. Abrol, A. Ahmad, eds), Kluwer Academic Publishers, Dordrecht, 1-28.

Hartwig U.A., Heim I., Lüscher A., Nösberger J., 1994. The nitrogen sink is involved in the regulation of nitrogenase activity in white clover after defoliation. *Physiologia Plantarum* 92, 375-382.

Hartwig U.A., 1998. The regulation of symbiotic N_2 fixation: a conceptual model of N feedback from the ecosystem to the gene expression level. *Perspectives in Plant Ecology, Evolution and Systematics* 1, 92–120.

Harutyunyan E.H., Safonova T.N., Kuranova I.P., Popov A.N., Teplyakov A.V., Obmolova G.V., Rusakov A.A., Vainshtein B.K., Dodson G.G., Wilson J.C., Perutz M.F., 1995. The Structure of Deoxy- and Oxy-leghaemoglobin from Lupin. *Journal of Molecular Biology* 251, 104–115.

Hawkesford M.J., Buchner P., Hopkins L., Howarth J.R., 2003. The plant sulfate transporter family: specialized functions and integration with whole plant nutrition. *In: Sulfur Transport and Assimilation in Plants: Regulation, Interaction, Signaling,* (J.-C. Davidian, D. Grill, L.-J. De Kok, I. Stulen, M.-J. Hawkesford, E. Schnug, H. Rennenberg, eds.), Backhuys Publishers, Leiden, 45-56.

Hawkesford M.J., Davidian J.C., Grignon C., 1993. Sulphate/proton cotransport in plasma-membrane vesicles isolated from roots of *Brassica napus* L.: increased transport in membranes isolated from sulphur-starved plants. *Planta* 190, 297-304.

Hawkesford M.J., De Kok L.J., 2006. Managing sulphur metabolism in plants. *Plant Cell and Environement* 29, 382-395.

Hawkesford M.J., 2003. Transporter gene families in plants: the sulfate transporter gene family – redundancy or specialization? *Physiologia Plantarum* 117, 155-163.

Haynes R.J., 1980. Competitive aspects of the grass-legume association. *Advances in Agronomy* 33, 227- 261.

Hedin L.O., Likens G.E., 1996. Atmospheric dust and acid rain. *Scientific American* 275, 88-92.

Hegazy A.K., Fahmy G.M., Ali M.I., Gomaa N.H., 2005. Growth and phenology of eight common weed species. *Journal of Arid Environments* 61, 171-183.

Heidstra R., Nilsen G., Martinez-Abarca F., van Kammen A., Bisseling T., 1997. Nod factor–induced expression of leghemoglobin to study the mechanism of

NH_4NO_3 inhibition on root hair deformation. *The American Phytopathological Society* 10, 215–220.

Heller M., 1984. Physiologie végétale. Tome II. Développement. Masson, Paris, pp20.

Hellsten A., Huss-Danell K., 2000. Interaction effects of nitrogen and phosphorus on nodulation in red clover (*Trifolium pratense* L.). *Acta Agriculturae Scandinavica, Section B, Soil and Plant Science* 50, 135–142.

Hendrickson L., Ball M.C., Wood J.T., Chow W.S., Furbank R.T., 2004. Low temperature effects on photosynthesis and growth of grapevine. *Plant, Cell and Environnement* 27, 795-809.

Hermanutz L.A., Weaver S.E., 1996. Agroecotypes or phenotypic plasticity? Comparison of agrestal and ruderal populations of the weed Solanum ptycanthum. *Oecologia* 105, 271-280.

Hesse H., Nikiforova V., Gakière B., Hoefgen R., 2004. Molecular analysis and control of cysteine biosynthesis: integration of nitrogen and sulphur metabolism. *Journal of Experimental Botany* 55(401), 1283-1292.

Hirai M.Y., Fujiwara T., Awazuhara M., Kimura T., Noji M., Saito K., 2003. Global expression profiling of sulfur starved Arabidopsis by DNA macroarray reveals the role of O-acetyl-L-serine as a general regulator of gene expression in response to sulfur nutrition. *The Plant Journal* 33, 651-653.

Hodge A. 2004. The plastic plant: root responses to heterogeneous supplies of nutrients. *New Physiologist* 162, 9-24.

Hoffmann C., Stockfisch N., Koch H., 2004. Influence of sulphur supply on yield and quality of sugar beet (*Beta vulgaris* L.)-Determination of a threshold value. *European Journal of agronomy* 21, 69-80.

Hoffmann W.A., Poorter H., 2002. Avoiding bias in calculations of relative growth rate. *Annals of Botany* 80, 37-42.

Høgh-Jensen H., Schjoerring J.K., Soussana J.F., 2002. The influence of phosphorus deficiency on growth and nitrogen fixation of white clover plants. *Annals of Botany* 90, 754-753.

Høgh-Jensen H., Schjoerring J.K., 2000. Below-ground nitrogen transfer between different grassland species: Direct quantification by ^{15}N leaf feeding compared with indirect dilution of soil ^{15}N. *Plant and Soil* 227, 171-183.

Høgh-Jensen H., Schjoerring J.K., 2001. Rhizodeposition of nitrogen by red clover, white clover and ryegrass leys. *Soil Biology and Biochemistry* 33, 439-448.

Høgh-Jensen H., 2003. The effect of potassium deficiency on growth and N_2-fixation in *Trifolium repens*. *Physiologia Plantarum* 119, 440-449.

Høgh-Jensen H., 2006. Commentary: The nitrogen transfer between plants: an important but difficult flux to quantify. *Plant and Soil* 282, 1-5.

Høgh-Jensen H.H., 2003. The effect of potassium deficiency on growth and N_2-fixation in *Trifolium repens*. *Physiologia Plantarum* 119, 440–449.

Hooper D.U., Chapin III F.S., Ewel J.J., Hector A., Inchausti P., Lavorel S., Lawton J.H., Lodge D.M., Loreau M., Naeem S., Schmid B., Setala H., Symstad A.J., Vandermeer J.,. Wardle D.A., 2005. Effects of biodiversity on ecosystem functioning: A consensus of current knowledge. *Ecological Monographs* 75, 3-35.

Hopkins L., Parmar S., Blaszczyk A., Hesse H., Hoefgen R., Hawkesford M.J., 2005. O-acetylserine and the regulation of expression of genes encoding

components for sulfate uptake and assimilation in Potato. *Plant Physiology* 138, 433-440.
Hopmans P., Chalk P.M., Douglas L.A., 1983. Symbiotic N_2 fixation by legumes growing in pots. I: Fixation of ^{15}N-labelled N_2 and C_2H_2 reduction by *Trifolium subterraneum* L. *Plant and Soil* 74, 325-332.
Hort R., xxxx. Growth kinetics and quantitative measurements of growth. *Xxxxx* xx, xxx-xxx
Howard J.B., Rees D.C., 2006. How many metals does it take to fix N_2? A mechanistic overview of biological nitrogen fixation. Proceedings of the National Academy of Sciences *of the United States of America* 103, 17088-17093.
Hu Z.Y., Zhao F.J., McGrath S.P., 2005. Sulphur fractionation in calcareous soils and bioavailability to plants. *Plant and Soil* 268, 103-109.
Hunt R., Causton D.R., Shipley B., Askew A., 2002. A modern tool for classical plant growth analysis. *Annals of Botany* 90, 485-488.
Hunt S., Layzell D.B., 1993. Gas exchange of legume nodules and the regulation of nitrogenase activity. *Annual Review of Plant Physiology and Plant Molecular Biology* 44, 483–511.
Hunt W.F., Loomis R.S., 1976. Carbohydrate-limited growth kinetics of Tobacco (*Nicotiana rustica* L.) Callus. *Plant Physiology* 57, 802-805.

I

Imsande J., 1998. Iron, Sulfur, and chlorophyll deficiencies: A need for an integrative approach in Plant Physiology. *Physiologia Plantarum* 103, 139-144.
Israel D.W., 1987. Investigation of the role of phosphorus in symbiotic dinitrogen fixation. *Plant Physiology* 84, 835-840.

J

Jacquemyn H., Brys R., Hermy M., 2003. Short-term effects of different management regimes on the response of calcareous grassland vegetation to increased nitrogen. *Biological Conservation* 111, 137-147.
Joggi D., Hofer U., Nösberger J., 1983. Leaf area index, canopy structure and photosynthesis of red clover (*Trifolium pratense* L.). *Plant, Cell and Environment* 6, 611-616.
Johnson H.A., Biondini M.E., 2001. Root morphological plasticity and nitrogen uptake of 59 plant species from the Great Plains grasslands, U.S.A. *Basic and Applied Ecology* 2, 127–143.
Jouven M., Baumont R., 2008. Simulating grassland utilization in beef sucker systems to investigate the trade-offs between production and floristic diversity. *Agricultural Systems* 96, 260-272.

K

Kalia V.C., Drevon J.J., 1985. Variation in nitrogenase activity (C_2H_2 reduction) during the in situ incubation of root nodules of *Glycine max* (L.) Merr. *Comptes Rendus Biologie* 301, 591–596.
Karmoker J.L., Clarkson D.T., Saker L.R., Rooney J.M., Purves J.V., 1991. Sulphate deprivation depresses the transport of nitrogen to the xylem and osmotic osmotic

hydraulic conductance of barley *(Hordeum vulgare* L.) roots. *Planta* 185, 269–278.

Kawashima K., Suganuma N., Tamaoki M., Kouchi H., 2001. Two types of pea leghemoglobin genes showing different O_2-binding affinities and distinct patterns of spatial expression in nodules. *Plant Physiology* 125, 641–651.

Kertesz M.A., Mirleau P., 2004. The role of soil microbes in plant sulphur nutrition. *Journal of Experimental Botany* 55, 1939-1945.

Kikham F.W., Tallowin J.R.B., Sanderson R.A., Bhogal A., Chambers B.J., Stevens D.P., 2008. The impact of organic and inorganic fertilizers and lime on the species-richness and plant functional characteristics of hay meadow communities. *Biological Conservation* 141, 1411-1427.

Kim H., Hirai M.Y., Hayashi H., Chino M., Naito S., Fujiwara T., 1999. Role of O-acetyl-L-serine in the coordinated regulation of the expression of a soybean seed storage-protein gene by sulphur and nitrogen nutrition. *Planta.* 209, 282-289.

Kirongo B.B., Mason E.G., 2003. Decline in relative growth rate of 3 juvenile radiata pine clones subjected to varying competition levels in Canterbury, New Zealand. *Annals of Forest Science* 60, 585-591.

Knop E., Kleijn D., Herzog F., Schmid B., 2006. Effectiveness of the Swiss agri-environment scheme in promoting biodiversity. *Journal of Applied Ecology* 43, 120-127.

Kopriva S., Koprivova A., 2004. Plant adenosine 5'-phosphosulphate reductase: the past, the present, and the future. *Journal of Experimental Botany* 55, 1775-1783.

Krusell L., Krause K., Ott T., Desbrosses G., Krämer U., Sato S., Nakamura Y., Tabata S., James EK., Sandal N., Stougaard J., Kawaguchi M., Miyamoto A., Suganuma N., Udvardi MK., 2005. The Sulfate Transporter SST1 is Crucial for Symbiotic Nitrogen Fixation in *Lotus japonicus* Root Nodules. *The Plant Cell* 17, 1625–1636.

Kurimoto K., Day D.A., Lambers H., Noguchi K., 2004. Effect of respiratory homeostasis on plant growth in cultivars of wheat and rice. *Plant, Cell and Environment* 27, 853-862.

Kurkdjian A., Guern J., 1989. Intracellular pH: measurement and importance in cell activity. *Annual Review of Plant Physiology and Plant Molecular Biology* 40, 271-303.

Kuzma M.M., Hunt S., Layzell D.B., 1993. Role of oxygen in the limitation and inhibition of nitrogenase activity and respiration rate in individual soybean nodules. *Plant Physiology* 101, 161–169.

L

Labarre M., 2006. Les hémoglobines tronquées de *Agrobacterium tumefaciens* C58. Thèse, Laval, Quebec, 139pp.

Laemmli U.K., 1970. Cleavage of structural proteins during the heat bacteriophage T4. *Nature* 227, 680-685.

Lange A., 1998. Einfluß der Schwefel-Versorgung auf die biologische Stickstoff-Fixierung von Leguminosen. Ph.D. thesis, University of Bonn, Germany.

Lappartient A.G., Touraine B., 1996. Demand-driven control of root ATP sulfurylase activity and SO_4^{2-} uptake in intact canola. *Plant Physiology* 111, 147-157.

Lappartient A.G., Vidmar J.J., Leustek T., Glass A.D.M., Touraine B., 1999. Inter-organ signaling in plants: regulation of ATP sulphurylase and sulphate transporter genes expression in roots mediated by phloem-translocated compound. *Plant Journal* 18, 89-95.
Larcher W., 1980. Physiological Plant Ecology. *Springer-Verlag, NY.*
Larcher W., 1995. Physiological Plant Ecology. Springer-Verlag, Berlin, 506pp.
Lavorel S., McIntyre S., Landsberg J., Forbes T.D.A., 1997. Plant functional classifications: from general groups to specific groups based on response to disturbance. *Tree* 12, 474-478.
Le Roux M.R., Khan S., Valentine A.J., 2008. Organic acid accumulation may inhibit N_2 fixation in phosphorus-stressed lupin nodules. *New Phytologist* 177, 956–964.
Ledgard S.F., Steele K.W., 1992. Biological nitrogen fixation in mixed legume/grass pastures. *Plant and Soil* 141, 137-153.
Lee S.C., Holm R.H., 2003. Speculative synthetic chemistry and the nitrogenase problem. *Proceedings of the National Academy of Science USA* 100, 3595-3600.
Lee T.D., Reich P.B., Bolstad P.V., 2005. Acclimation of leaf respiration to temperature is rapid and related to specific leaf area, soluble sugars and leaf nitrogen across three temperate deciduous tree species. *Functional Ecology* 19, 640-647.
Leopold A.C., Krieddemann P.E., 1975. Plant growth and development. *Mc Graw-hill, Inc., NY.*
Lessmann J.M., Brix H., Bauer V., Clevering O.A., Comin F.A., 2001. Effect of climatic gradients on the photosynthetic responses of four *Phragmites australis* populations. *Aquatic Botany* 69, 109-126.
Lesuffleur F., 2007. Rhizodéposition à court terme de l'azote et exsudation racinaire des acides aminés par le trèfle blanc (*Trifolium repens* L.). Doctorat de l'Université de Caen. 190pp.
Leustek T., Martin M.N., Bick J.A., Davies J.P., 2000. Pathways and regulation of sulphur metabolism revealed through molecular and genetic studies. *Annual Review of Plant Physiology and Plant Molecular Biology* 51, 141-165.
Leustek T., Saito K. 1999. Sulfate transport and assimilation in plants. *Plant Physiology* 120, 637-644.
Loren L., Menuelas J., Estiarte M., Bruna P., 2004. Contrasting growth changes in two dominant species of a mediterranean shurbland submitted to experimental drought and warming. *Annals of Botany* 94, 843-853.
Loveys B.R., Scheurwater I., Pons T.L., Fitter A.H., Atkin O.K., 2005. Growth temperature influences the underlying components of relative growth rate: an investigation using inherently fast- and slow-growing plant species. *Plant, Cell and Environment* 25, 975-987.
Lu Z., Neumann P.M., 1999. Water stress inhibits hydraulic conductance and leafgrowth in Rice seedling but not the transport of water via mercury-sensitive water channels in the root. *Plant Physiology* 120, 143-151.

M

Macduff J.H., Jackson S.B., 1992. Influx and Efflux of Nitrate and Ammonium in Italian Ryegrass and White Clover Roots: Comparisons between Effects of Darkness and Defoliation. *Journal of Experimental Botany* 43, 525-535.

Macduff J.H., Jarvis S.C., Davidson I.A., 1996. Inhibition of N_2 fixation by white clover (*Trifolium repens* L.) at low concentrations of NO_3^- in flowing solution culture. *Plant and Soil* 180, 287-295.

Madakadze I.C., Stewart K.A., Madakadze R.M., Smith D.L., 2003. Crop physiology & metabolism: Base temperatures for seedling growth and their correlation with Chilling sensitivity for Warm-Season Grasses. *Published in crop science* 43, 874-878.

Majernik O., Mansfield T., 1971. Effects of SO_2 pollution on stomatal movements in *Vicia Faba. Journal of Phytopathology* Z. 71, 123-128.

Makino A., Nakano H., Mae T., Shimada T., Yamamoto N., 2000. Photosynthesis, plant growth and N allocation in transgenic rice plants with decreased Rubisco under CO2 enrichment. *Journal of Experimental Botany* 51, 383-389.

Malcolm D.C., Garforth M.F., 1977. The sulphur: nitrogen ratio of conifer foliage in relation to atmospheric pollution with sulphur dioxide. *Plant and Soil* 47, 89-102.

Mann M.E., Bradley R.S., Malcolm K., Hughes M.K., 1998. Global-scale temperature patterns and climate forcing over the past six centuries. *Nature* 392, 779-787.

Marconi P.L., Benavides M.P., Caso O.H., 2001. Growth and physiological characterisation of regenerated potato (*Solanum tuberosum*) plants affected by NaCl stress. .*New Zealand Journal of Crop and Horticultural Science* 29, 45-50.

Marissink M., Hansson M., 2002. Floristic composition of Swedish semi-natural grassland during six years of elevated atmospheric CO_2. *Journal of Vegetation Science* 13, 733-742.

Martinez-Meier A., Sanchez L., Pastorino M., Gallo L., Rozenberg P., 2008. What is hot in tree rings? The wood density of surviving Douglas-firs to the 2003 drought and heat wave. *Forest Ecology and Management* 256, 837–843.

Maruyama-Nakashita A., Inoue E., Watanabe-Takahashi A., Yamaya T., Takahashi H., 2003. Transcriptome profiling of sulfur-responsive genes in Arabidopsis reveals global effect on sulfur nutrition on multiple metabolic pathways. *Plant Physiology* 132, 597–605.

Mathot M., Mertens J., Verlinden G., Lambert R., 2008. Positive effects of sulphur fertilisation on grasslands yields and quality in Belgium. *European Journal of Agronomy* 28, 655-658.

May M.K., Vernoux T., Leaver C., Van Montagu M., Inzé D., 1998. Glutathione homeostasis in plants: implications for environmental sensing and plant development. *Journal of Experimental Botany* 49, 649–667.

Mc Kenna M.F., Houle G., 1999. The effect of light on the growth and reproduction of *Floerkea proserpinacoides. New Phytologist* 141, 99-108.

Mc Neill A.M., Eriksen J., Bergström L., Smith K.A., Marstop H., Kirchmann H., Nilsson I., 2005. *Soil use and Management* 21, 82-93.

McConnaughay K.D.M., Coleman J.S., 1999. Biomass allocation in plants: ontogeny or optimality? A Test along three resource gradients. *Ecology* 80, 2581-2593.

Mechin V., Consoli L., Le Guilloux M., Damerval C., 2003. An efficient solubilization buffer for plant proteins focused in immobilized pH gradients. *Proteomics* 3, 1299-1302.

Mertz T., Matsumoto H., 1956. Further studies on the Amino Acids and Proteins of Sulfur-Deficient Alfalfa. *Archives of Biochemistry and Biophysics* 63, 50-63.

Meziane D., Shipley B., 1999. Interacting components of interspecific relative growth rate: constancy and change under differing conditions of light and nutrient supply. *Functional Ecology* 13, 611-622.

Michaelson-Yeates T.P.T., Macduff J.H., Abberton M.T., Raistrick N., 1998. Characterization of novel inbred lines of white clover (*Trifolium repens* L.). II. Variation in N_2 fixation, NO_3^- uptake and their interactions. *Euphytica* 103, 45-54.

Mingo D.M., Bacon M.A., Davies W.J., 2003. Non-hydraulic regulation of fruit growth in tomato plants (*Lycopersicon esculentum* cv. Solairo) growing in drying soil. *Journal of Experimental Botany* 54(385), 1205-1212.

Mizukami Y., Fischer R.L., 2000. Plant organ size control: *Aintegumenta* regulates growth and cell numbers during organogenesis. *Proceedings of the National Academy of Sciences* 97(2), 942-947.

Moran J.F., Iturbe-Ormaetxe I., Matamoros M.A., Rubio M.C., Clemente M.R., Brewin N.J., Becana M., 2000. Glutathione and homoglutathione synthetases of legume nodules: cloning, expression, and subcellular localization. *Plant Physiology* 124, 1381-1392.

Morin X., Viner D., Chuine I., 2008. Tree species range shifts at a continental scale: new predictive insights from a process-based model. *Journal of Ecology* 96, 784-794.

Moriuchi K.S., Winn A.A., 2005. Relationships among growth, development and plastic response to environment quality in a perennial plant. *New Phytologist* 166, 149-158.

Morris R.J., 2007. Sulphur in Agriculture: Global Overview. Fertilizer Focus. Sulphur in Agriculture. (January/February): 12-16.

Mortensen J., Eriksen J., 1994. Effect of sulphur deficiency on amino acid composition. *Norwegian Journal of Agricultural Sciences* 15, 135–142.

Morton J.D., Smith L.C., Metherell A.K., 1999. Pasture yield response to phosphorus, sulphur and potassium applications on North Otago soils, New Zealand. *New Zealand Journal of Agricultural Research* 42, 133-146.

Morvan-Bertrand A., Boucaud J., Le Saos J., Prud'Homme M.P., 2001. Roles of Fructans from leaf sheaths and from the elongating leaf bases in the regrowth following defoliation in *Lolium perenne* L. *Planta* 213, 109-120.

Mosquera-Losada M.R., Fernandez-Nunez E., Rigueiro-Rodriguez A., 2004a. Shrub and tree potential as animal food in Galicia, NWSpain. *In: Towards the Sustainable Use of Europe's Forests—Forests Ecosystem and Landscape Research: Scientific Challenges and Opportunities,* (F. Anderson, Y. Birot, R. Päivinen, eds.), European Forest Institute, Joensu, 285– 294.

Mosquera-Losada M.R., Gonzalez-Rodriguez A., Rodriguez A.R., 2004b. Fertilization with nitrogen and potassium on pastures in temperate areas. *Journal of Range Management* 57, 280-290.

Mountford J.O., Lakhani K.H., Holland R.J., 1996. Reversion of grassland vegetation following the cessation of fertilizer application. *Journal of vegetation Science* 7, 219-228.

Mulder L., Hogg B., Bersoult A., Cullimore J.V., 2005. Integration of signalling pathways in the establishment of the legume-rhizobia symbiosis. *Physiologia Plantarum* 123, 207-218.

Murphy M.D., Boggan J.M., 1988. Sulphur deficiency in herbage in Ireland. *Irish Journal of Agricultural and Food Research* 27, 83-90.

Murphy M.D., Quirke W.A., 1997. The effect of sulphur/nitrogen/selenium interactions on herbage yield and quality. *Irish Journal of Agricultural and Food Research* 36, 31-38.
Murphy M.D., 2002. Beneficial Effects of Sulphur fertilization on Agricultural Crops and some Implications for Livestock Nutrition. *Sulphur Fertilization* 3, 47-57.
Murray F., 1985. Some responses of Ladino Clover (*Trifolium repens* L. regal) to low concentration of sulphur dioxide. *New Phytologist* 100, 57-62.

N

Navas M.L., Garnier E., 2002. Plasticity of whole plant and leaf traits in *Rubia peregrina* in response to light, nutrient and water availability. *Acta Oecologica* 23, 375-383.
Naya L., Ladrera R., Ramos J., Gonzalez E.M., Arrese-Igor C., Minchin F.R., Becana M., 2007. The Response of Carbon Metabolism and Antioxidant Defences of Alfalfa Nodules to Drought Stress and to the Subsequent Recovery of Plants. *Plant Physiology* 144, 1104–1114.
Neo H.H., Layzell D.B., 1997. Phloem glutamine and the regulation of O_2 diffusion in legume nodules. *Plant Physiology* 113, 259-267.
Noble I.R., Slatyer R.O., 1980. The use of vital attributes to predict successional changes in plant communities subject to recurrent disturbances. *Vegetatio* 43, 5-21.
Noquet C., Avice J.C., Rossato L., Beauclair P., Henry M.P., Ourry A., 2004. Effects of altered source-sink relationships on N allocation and vegetative storage protein accumulation in Brassica napus L. *Plant Science* 166, 1007-1018.
Novoplansky A., 2002. Developmental plasticity in plants: implications of noncognitive behavior. *Evolutionary Ecology* 16, 177–188.

O

Okano K., Machida T., Totsuka T., 1988. Absorption of atmospheric NO_2 by several herbaceous species: estimation by the ^{15}N dilution method. *New Phytologist* 109, 203-210.
Olivera M., Tejera N., Iribarne C., Ocana A., Lluch C., 2004. Growth, nitrogen fixation and ammonium assimilation in common bean (*Phaseolus vulgaris*): effect of phosphorus. *Physiologia Plantarum* 121, 498-505.
Omar S., Lalonde M., Marcotte M., Cook M., Proulx J., Goel K., Durst T., Philogène B.J.R., Arnason J.T., 2000. Insect growth-reducing and antifeedant activity in Eastern North America hardwood species and bioassay-guided isolation of active principles from *Prunus serotina*. *Agricultural and Forest Entomology* 12, 253-257.

P

Pacyna S., Schulz M., Scherer H.W., 2006. Influence of sulphur supply on glucose and ATP concentrations of inoculated broad beans (*Vicia faba minor* L.). *Biology and Fertility of Soils* 42, 324-329.

Pardos M., Puértolas J., Aranda I., Pardos J.A., 2006. Can CO_2 enrichment modify the effect of water and high light stress on biomass allocation and relative growth rate of cork oak seedlings? *Trees* 20, 713–724.
Parsons R., Stanforth A., Raven J.A., Sprent J.I., 1993. Nodule growth and activity may be regulated by feedback mechanism involving phloem nitrogen. *Plant, Cell and Environment* 16, 125-136.
Pasricha N.S., Abrol Y.P., 2001. Food production and plant nutrient sulphur. *In: Sulphur in plants,* (Y.-P. Abrol, A. Ahmad, eds.), Kluwer Academic Publishers, London, 29-44.
Pasricha N.S., Fox R.L., 1993. Plant nutrient sulphur in the tropics and sub-tropics. *Advences in Agronomy* 50, 209-269.
Patriarca E.J., Tatè R., Iaccarino M., 2002. Key role of bacterial NH_4^+ metabolism in Rhizobium-Plant Symbiosis. *Microbiology and Molecular Biology Reviews* 66, 203–222.
Paynel F., Murray P.J., Cliquet J.B., 2001. Root exudates: a pathway for short-term N transfer from clover and Ryegrass. *Plant and Soil* 229, 235–243.
Peiser G., Yang S.F., 1985. Biochemical and physiological effects of SO_2 on non photosynthetic processes in plants. *In: Sulfur dioxide and vegetation,* (W.-E. Winner, H.-A. Mooney, R.-A. Golstein, eds), Stanford University Press, Stanford California, 148- 161.
Peiser G.D., Yang S.F., 1977. Chlorophyll Destruction by the Bisulfite-Oxygen System. *Plant Physiology* 60, 277-281.
Peltonen – Sainio P., Rajala A., Caspers R., Stuthman D., 2003. Plant growth regulator and daylength effects on preanthesis main shoot and tiller growth in convertional and Dwarf Oat. *Crop Science* 43, 227-233.
Pfanz H., Martinoia E., Lange O.L., Heber U., 1987. Flux of SO_2 into leaf cells and cellular acidification by SO2. *Plant Physiology* 85, 928-933.
Philip-Hollingsworth S., Hollingsworth R.I., Dazzo F.B., Djordjevic M.A., Rolfe B.G., 1989. The effect of interspecies transfer of Rhizobium host-specific nodulation genes on acidic polysaccharide structure and in situ binding by host lectin. *Journal of Biological Chemistry* 264, 5710-5714.
Pigliucci M., Murren C.J., Schlichting C.D., 2006. Phenotypic plasticity and evolution by genetic assimilation. *The Journal of Experimental Biology* 209, 2362-2367.
Pigliucci M., 1997. Ontogenetic phenotypic plasticity during the reproductive phase in *Arabidopsis thaliana (Brassicaceae). American Journal of Botany* 84, 887-895.
Pigliucci M., 1997. Ontogenetic phenotypic plasticity during the reproductive phase in *Arabidopsis thaliana (Brassicaceae). American Journal of Botany* 84, 887-895.
Pigliucci M., 2005. Evolution of phenotypic plasticity: where are we going now? *Trends in Ecology and Evolution* 20, 481-486.
Pigliucci M., 2006a. Evolutionary biology: Puzzle solving or paradigm shifting? *The quarterly Review of Biology* 81, 377-379.
Pigliucci M., 2006b. Genetic variance-covariance matrices: a critique of the evolutionary quantitative genetics research program. *Biology and Philosophy* 21, 1-23.

Piper J.K., 1995. Composition of prairie plant-communities on productive versus unproductive sites in wet and dry years. *Canadian Journal of Botany* 73, 1635-1644.

Poorter H., Farquhar G.D., 1994. Transpiration, Intercellulaire carbon dioxide concentration and carbon-isotope discrimination of 24 wild species differing in relative growth rate. *Australian Journal of Plant Physiology* 21, 507-516.

Poorter H., Remkes C., Lambers H., 1990. Carbon and Nitrogen economy of 24 wild species differing in relative growth rate. *Plant Physiology* 94, 621-627.

Poorter H., Remkes C., 1990. Leaf area ratio and net assimilation rate of 24 wild species differing in relative growth rate. *Oecologia* 83, 553-559.

Poorter H., Van de Vijver C.A.D.M., Boot R.G.A., Lambers H., 1995. Growth and Carbon economy of a fast-growing and a slow-growing grass species as dependent on nitrate supply. *Plant and Soil* 171, 217-227.

Poorter H., Van Der Werf A., Atkin O.K., Lambers H., 1991. Respiratory energy requirements of roots vary with the potential growth rate of a plant species. *Physiologia Plantarum* 83, 469-475.

Poorter H., Van Der Werf A., 1998. Is inherent variation in RGR determined by LAR at low irradiance and by NAR at high irradiance? A review of herbaceous species. Inherent variation in plant growth. *In: Physiological mechanisms and ecological consequences.* (H. Lambers, H. Poorter & M.-M.I. Van Vuuren, eds) Backhuys Publishers, Leiden, The Netherlands, 309-336.

Poorter H., 1989a. Interspecific variation in relative growth rate: on ecological causes and physiological consequences. *In: Causes and consequences of variation in growth rate and productivity in higher plants,* (H. Lambers, M-L. Cambridge, H. Konings, T.-L. Pons, eds.), SPB Academic Publishing, The Hague, 49–68.

Poorter H., 1989b. Plant growth. *Physiologia Plantarum* 75, 237-244.

Portsmuth A., Niinemets Ü., 2007. Structural and physiological plasticity in response to light and nutrients in five temperate deciduous woody species of contrasting shade tolerance. *Functional Ecology* 21, 61-77.

Potvin C., Tousignant D., 1996. Evolutionary consequences of simulated global change: genetic adaptation or adaptive phenotypic plasticity. *Oecologia* 108, 683-693.

Power M.E., Tilman D., Estes J.A., Menge B.A., Bond W.J., Mills L.S., Daily G., Castilla J.C., Lubchenco J., Paine R.T., 1996. Challenges in the quest for keystones. *BioScience* 46, 609-620.

Prosser I.M., Purves J.V., Saker L.R., Clarkson D.T., 2001. Rapid disruption of nitrogen metabolism and nitrate transport in spinach plants deprived of sulphate. *Journal of Experimental Botany* 52, 113-121.

Puppo A., Monny C., Davies M.J., 1993. Glutathione-dependent conversion of ferryl leghaemoglobin into the ferric form: a potential protective process in soybean (*Glycine max*) root nodules. *Biochemistry Journal* 289, 435-438.

Purcell L.C., Sinclair T.R., 1994. An osmotic hypothesis for the regulation of oxygen permeability in soybean nodules. *Plant, Cell and Environment* 17, 837-843.

Pywell R.F., Bullock J.M., Tallowin J.B., Walker K.J., Warman E.A., Masters G., 2007. Enhancing diversity of species-poor grasslands: an experimental assessment of multiple constraints. *Journal of Applied Ecology* 44, 81-94.

R

Rai V., Sharma N.K., Rai A.K., 2005. Growth and cellular ion content of a salt-sensitive symbiotic system *Azolla pinnata - Anabaena azollae* under NaCl stress. *Journal of Plant Physiology* xxx, xxx-xxx

Rajaniemi T.K., Allison V.J., Goldberg D.E., 2003. Root competition can cause a decline in diversity with increased productivity. *Journal of Ecology* 91, 407-416.

Ramade F., 1993. Dictionnaire encyclopédique de l'écologie et des sciences de l'environnement. Ediscience international, Paris, 822pp.

Ranieri A., Pieruccetti F., Panicucci A., Castagna A., Lorenzini G., Soldatini G.F., 1999. SO_2-induced decrease in photosynthetic activity in two barley cultivars. Evidence against specific damage at the protein-pigment complex level. *Plant Physiology and Biochemistry* 37, 919-929.

Rausch T., Wachter A., 2005. Sulfur metabolism: a versatile platform for launching defence operations. *Trends in Plant Science* 10, 503–509.

Rehfeldt G., Wykoff W.R., Ying C.C., 2001. Physiologic plasticity, evolution, and impacts of a changing climate on *Pinus contorta. Climatic Change* 50, 355–376.

Reich P.B., Tilman D., Vraine J., Ellsworth D., Tjoelker M.G.T., Knops J., Wedin D., Naoem S., Bahauddin D., Goth J., Bengtson W., Lee T.D., 2001. Do species and functional groups differ in acquisition and use of C, N and water under varying atmospheric CO_2 and N availability regimes? A field test with 16 grassland species. *New Phytologist* 150, 435–448.

Rennenberg H., Polle A., 1994. Metabolic consequences of atmospheric sulphur influx into plants. *In: Plant responses to the gaseous environment,* (R.-G. Alscher, A.-R. Wellburn, eds), Chapman& Hall, London, 165-180.

Rennenberg H., Schmitz K., Bergmann L., 1979. Long distance transport of sulphur in *Nicotiana tabacum. Planta* 147, 57-62.

Reuveny Z., Dougall D.K., Trinity P.M., 1980. Regulatory coupling of nitrate and sulfate assimilation pathways in cultured tabacco cells. *Proceedings of the National Academy of Science USA* 77, 6670-6672.

Richard C.L., Bossdorf O., Muth N.Z., Gurevitch J., Pigliucci M., 2006. Jack of all trades, master of some? On the role of phenotypic plasticity in plant invasions. *Ecology Letters* 9, 981-993.

Roland J.C., Roland F., 1997. Biologie végétale. Tome II. Organisation des plantes à fleurs. Paris: Masson.

Roland J.C., Vian B., 1997. Biologie végétale. Tome I. Organisation des plantes sans fleurs. Paris: Masson.

S

Saito K., 2000. Regulation of sulfate transport and synthesis of sulphur-containing amino acids. *Current Opinion in Plant Biology* 3, 188-195.

Saito K., 2004. Sulfur assimilatory metabolism. The long and smelling read. *Plant Physiology* 136, 2443-2450.

Saito, K., De Kok L.J., Stulen I., Hawkesford M.J., Schnug E., Sirko A., Rennenberg H., 2005. Sulfur Transport and Assimilation in Plants in the Post Genomic Era. Backhuys Publishers, Leiden, 365pp.

Sangakkara U.R., Hartwig U.A., Nösberger J., 1996. Soil moisture and potassium affect the performance of symbiotic nitrogen fixation in faba bean and common bean. *Plant and Soil* 184, 123-130.

Santana M.A., Pihakaski-Maunsbach K., Sandal N., Marker K.A., Smith A.G., 1998. Evidence that the plant host synthesizes the heme moiety of leghemoglobin in root nodules. *Plant Physiology* 116, 1259-1269.

Scheiner S.M., 1993. Evolution of phenotypic plasticity. *Annual Review of Ecology and Systematics* 24, 35-68.

Scherer H.W, Lange A., 1996. N_2 fixation and growth of legumes as affected by sulphur fertilization. *Biology and Fertility of Soils* 23, 449–453.

Scherer H.W., Pacyna S., Manthey N., Schulz M., 2006. Sulphur supply to peas (*Pisum sativum* L.) influences symbiotic N_2 fixation. *Plant and Soil Environment* 52, 72-77.

Scherer H.W., Pacyna S., Spoth K.R., Schulz M., 2008. Low levels of ferredoxin, ATP and leghemoglobin contribute to limited N_2 fixation of peas (*Pisum sativum* L.) and alfalfa (*Medicago sativa* L.) under S deficiency conditions. *Biology and Fertility of Soils* 44, 909-916.

Scherer H.W., 2001. Sulphur in crop production-Invited paper. *European Journal of Agronomy* 14, 81-111.

Schilchting C.D., 2002. Phenotypic plasticity in plants. *Plant Species Biology* 17, 85-88.

Schlichting C.D., 1986. The evolution of phenotypic plasticity in plants. *Annual Review of Ecological Systems* 17, 667-693.

Schnug E., Ernst W.H.O., Kratz S., Knolle F., Haneklaus S., 2004. Aspect of ecotoxicology of sulphur in the Harz region – a guided excursion. *Landbauforschung Völkenrode* 3, 129-143.

Schnug E., Evans E.J., 1992. Monitoring of the sulphur supply of agricultural crops in Northern Europe. *Phyton* 32, 119-122.

Schnug E., 1998. Sulfur in Agroecosystems. Kluwer Academic Publishers, Dordrecht, 221 pp.

Schubert S., 1995. Nitrogen assimilation by legumes-processes and ecological limitations. *Fertilizer Research* 42, 99-107.

Schultze M., Kondorosi A., 1998. Regulation of symbiotic root nodule development. *Annual Review of Genetics* 32, 33-57.

Schulze J., Drevon J.J., 2005. P-deficiency increases the O_2 uptake per N_2 reduced in alfalfa. *Journal of Experimental Botany* 56, 1779–1784.

Schwedock J.S., Long S.R., 1992. *Rhizobium meliloti* Genes Involved in Sulfate Activation: The Two Copies of *nodPQ* and a New Locus, *saa. Genetics* 132, 899-909.

Sekiya J., Schmidt A., Wilson L.G., Filner P., 1982a. Emission of Hydrogen Sulfide by Leaf Tissue in Response to L-Cysteine. *Plant Physiology* 70, 430-436.

Sekiya J., Wilson L.G., Filner P., 1982b. Resistance to Injury by Sulfur Dioxide: Correlation with Its Reduction to, and Emission of, Hydrogen Sulfide in *Cucurbitaceae*. *Plant Physiology* 70, 437-441.

Serraj R., Sinclair T.R., Rurcell L.C., 1999. Symbiotic N_2 fixation response to drought. *Journal of Experimental Botany* 50, 143-155.

Sexton J.P., Mc Kay J.K., Sala A., 2002. Plasticity and genetic diversity may allow saltcedar to invade cold climates in north America. *Ecological Application* 12, 1652-1660.

Shen H., Tang Y., Washitani I., 2006. Morphological plasticity of *Primula nutans* to hummock-and hollow microsites in an alpine wetland. *Journal of Plant Research* 119, 257–264.

Shipley B., Hunt R., 1996. Regression smoothers for estimating parameters of growth analyses. *Annals of Botany* 78, 569-576.
Shipley B., Meziane D., 2002. The balanced-growth hypothesis and the allometry of leaf and root biomass allocation. *Functional Ecology* 16, 326-331.
Shipley B., 2000. Plasticity in relative growth rate and its components following a change in irradiance. *Plant, Cell and Environment* 23, 1207-1216.
Shipley B., 2006. Net assimilation rate, specific leaf area and leaf mass ratio: which is most closely correlated with relative growth rate? A meta -analysis. *Functional Ecology* 20, 565-574.
Simon J.C., Decau M.L., Jacquet A., 2005. Fonctionnement des couverts prairiaux : les effets morphologiques majeurs liés à la coupe. *Le guide de l'herbe* fiche 8.
Simon J.C., Leconte D., Vertès F., Le Meur D., 1997. Maîtrise de la pérennité du trèfle blanc dans les associations. *Fourrages* 152, 483-498.
Simpson F.B., 1987. The hydrogen reactions of nitrogenase. *Physiologia Plantarum* 69, 187-190.
Smith F.W., Hawkesford M.J., Ealing P.M., Clarkson D.T., Vanden Berg P.J., Belcher A.R., Warrilow A.G.S., 1997. Regulation of expression of a cDNA from barley roots encoding a high affinity sulphate transporter. *Plant Journal* 12, 875-884.
Smith S.E., 1988. Physiological interactions between symbionts in vesicular-arbuscular mycorrhizal plants. *Plant Physiol. Plant Mol. Biol.* 39, 221-244.
Smolders E., Merckx R., Schoovaerts F., Vlassak K., 1991. Continuous shoot growth monitoring in hydroponics. *Physiologia Plantarum* 83, 83-92.
Sokal R.R., Rohlf F.J., 2003. Biometry, 3thd edn. (W.-H. Freeman and Compagny, eds), New York, 887pp.
Soussana J.F., Hartwig U.A., 1995. The effects of elevated CO_2 on symbiotic N_2 fixation: a link between the carbon and nitrogen cycles in grassland ecosystems. *Plant and Soil* 187, 321–332.
Soussana J.F., Minchin F.R., Macduff J.F., Raistrick N., Abberton M.T., Michaelson-Yeates T.P.T., 2002. A simple model of feedback regulation for nitrate uptake and N_2 fixation in contrasting phenotypes of white clover. *Annals of Botany* 90, 139-147.
Sprent J.I., Sprent P., 1990. Nitrogen fixing organism. Pure and Applied Aspects, Chapman and Hall, London, 256pp.
Stearns S.C., 1989. The evolutionary significance of phenotypic plasticity. *Bioscience.* 39, 436-445.
Stewart B.A., Porter L.K., 1969. Nitrogen-sulfur relationships in wheat *(Triticum aestivum* L.), corn *(Zea mays),* and beans *(Phaseolus vulgaris). Agronomy Journal* 61, 267-271.
Strigul N.S., Kravchenko L.V., 2006. Mathematical modeling of PGPR inoculation into the rhizosphere. *Environmental Modelling & Software* 21, 1158-1171.
Sultan S.E., 2000. Phenotypic plasticity for plant development, function and life history. *Trends in plant science* 5, 537-542.
Sultan S.E., 2004. Promising directions in plant phenotypic plasticity. *Perspectives in Plant Ecology, Evolution and Systematics* 6, 227–233.
Sultan S.E., 2005. An emerging focus on plant ecological development. *New Phytologist* 166, 1–8.

Summers J.E., Jackson M.B., 1996. Anaerobic promotion of stem extension in *Potamogeton pectinatus* roles for carbon dioxide, acidification and hormones. *Physiologia plantarum* 96, 615-622.

Svenning M.M., Junttila O., Macduff J.H., 1996. Differential rates of inhibition of N_2 fixation by sustained low concentrations of NH_4^+ and NO_3^- in northern ecotypes of white clover (*Trifolium repens* L). *Journal of Experimental Botany* 47, 729–738.

Syrtsova L.A., Tukhvatulin I.A., Goryachev N.S., Shkondina N.I., 2006. The role of P-Cluster in the nitrogenase ATPase reaction. *Russian Chemical Bulletin, International* 55, 755-761.

T

Tabe L., Hagan N., Higgins T.J.V., 2002. Plasticity of seed protein composition in response to nitrogen and sulfur availability. *Current Opinion in Plant Biology* 5, 212-217.

Takahashi H., Watanabe-Takahashi A., Smith F.W., Blacke-Kalff M.M.A., Hawkesford M.J., Saito K., 2000. The roles of three functional sulphate transporters involved in uptake and translocation of sulphate in *Arabidopsis thaliana. The Plant Journal* 23, 171-182.

Tallec T., Diquélou S., Lemauviel S., Cliquet J.B., Lesuffleur F., Ourry A., 2008. Nitrogen:Sulfur ratio alters competition between *Trifolium repens* and *Lolium perenne* under cutting : Production and competitive abilities. *European Journal of Agronomy* 29, 94-101.

Tallec T., 2008. Effets d'un double gradient azote/soufre sur la structure des communautés végétales des prairies Bas-Normande : Dynamique de l'acquisition des ressources minérales et des interactions compétitives. Thèse de l'université de Caen. 165pp.

Taub D.R., xxxx. A meta-analysis of studies on plant growth rate and allocation to roots vs. shoots. Biology Department, Southwestern University.

Taylor G.E. Jr, Tingey D.T., 1983. Sulphur dioxide flux into leaves of *Geranium carolinianum* L. Evidence for a nonstomatal or residual resistance. *Plant Physiology* 11, 237-244.

Thompson K., Askew A.P., Grime J.P., Dunnet N.P., Willis A.J., 2005. Biodiversity, ecosystem function and plant traits in mature and immature plant communities. *Functional Ecology* 19, 355-358.

Thumfort P.P., Layzell D.B., Atkins C.A., 1999. Diffusion and reaction of oxygen in the central tissue of ureide-producing legume nodules. *Plant and Cell Environment* 22, 1351–1363.

Tilman D., 1990. Mechanisms of plant competition for nutrients: the elements of predictive theory of competition. *Perspectives on Plant competition*, 117-141.

Tilman D., Knops J., Wedin D., Reich P., Ritchie M., Siemann E., 1997. The Influence of Functional Diversity and Composition on Ecosystem Processes. *Science* 277, 1300-1302.

Tilman D., 2004. Niche tradeoffs, neutrality, and community structure: A stochastic theory of resource competition, invasion, and community assembly. *Proceedings of the National Academy of Sciences of the United States of America* 101(30), 10854-10861.

Timsina J., Garrity D.P., Pandey R.K., 1994. Plant water relations and growth of cowpea cultivars subjected to varying degrees of waterlogging. *Field Crops Research* 39, 49-57.

U

Useche A., Shipley B., 2010. Plasticity in relative Growth rate after a reduction in nitrogen availability is related to root morphological and physiological responses. *Annals of Botany* 106, 617-625.

V

Vadez V., Sinclair T.R., Serraj R., 2000. Asparagine and ureide accumulation in nodules and shoots as feedback inhibitors of N_2 fixation in soybean. *Physiologia Plantarum* 110, 215–223.

Valladares F., Gianolis E., Gomez JM., 2007. Ecological limits to plant phenotypic plasticity. *New Phytologist* 176, 749-763.

Valladares F., Sanchez-Gomez D., Zavala M., 2006. Quantitative estimation of phenotypic plasticity: bridging the gap between the evolutionary concept and its ecological applications. *Journal of Ecology* 94, 1103-1116.

Van Der Kooij T.A.W., De Kok L.J., Haneklaus S., Schnug E., 1997. Uptake and metabolism of sulphur dioxide by *Arabidopsis thaliana. New Phytologist* 135, 101-107.

Van der Krift K., Berendse F., 2001. The effect of plant species on soil nitrogen mineralisation. *Journal of Ecology* 89(4), 555-561.

Van der Krift K., Kuikman P.J., Berendse F., 2002. The effect of living plants on root decomposition of four grass species, *Oikos* 96, 36-45.

Van der Krift T.A.J., Berendse F., 2002. Root life spans of four grass species from habitats differing in nutrient availability. *Functional Ecology* 16(2), 198-203.

Van der Krift T.A.J., Kuikman P.J., Moller F., Berendse F., 2001. Plant species and nutritionalmediated control over rhizodeposition and root decomposition. *Plant and Soil* 228(2), 191-200.

Van Iersel M., Seymour L., 2003. Temperature effects on photosynthesis, growth respiration, and maintenance respiration of Marigold. *Acta Horticulture* 624, 549-554.

van Kleunen M., Fischer M., 2005. Constraints on the evolution of adaptative phenotypic plasticity in plants. *New Phytologist* 166, 49-60.

Van Rhijn P., Vanderleyden J., 1995. The Rhizobium symbiosis. *Microbiological Reviews* 59, 124-142.

Vance C.P., Heichel G.H., 1991. Carbon in N_2 Fixation: Limitation or Exquisite Adaptation. *Annual Review of Plant Physiology and Plant Molecular Biology* 42, 373-392.

VandenBosch K.A., Rodgers L.R., Sherrier D.J., Kishinevsky B.D., 1994. A Peanut nodule lectin in infected cells and in vacuoles and the extracellular matrix of nodule parenchyma. *Plant Physiology* 104, 327-337.

Varin S., Lemauviel-Lavenant S., Cliquet J.B., Diquélou S., Michaelson-Yeates T.P.T., 2009. Functional plasticity of *Trifolium repens* L. in response to sulphur and nitrogen availability. *Plant and Soil* 317, 189-200.

Via S., Gomulkiewicz R., De Jong G., Scheiner S.M., Schlichting C.D., Van Tienderen P.H., 1995. Adaptive Phenotypic Plasticity: Consensus and Controversy. *Trends in Ecology and Evolution* 10, 212–217.

Via S., 1994. The Evolution of Phenotypic Plasticity: What Do We Really Know? *In: Ecological Genetics,* (L.-A. Real, ed.), Princeton University Press, Princeton, 35–57.

Vinit-Dunand F., Epron D., Alaoui-Sossé B., Badot P.M., 2002. Effects of cooper on growth and photosynthesis of mature and expanding leaves in cucumber plants. *Plant Science* 163, 53-58.

Violle C., Navas M.L., Vile D., Kazakou E., Fortunel C., Hummel I., Garnier E., 2007. Let the concept of trait be functional! *Oikos* 116, 882-892.

Voisin A.S., Salon C., Munier-Jolain N.G., Ney B., 2002. Effect of mineral nitrogen on nitrogen nutrition and biomass partitioning between the shoot and roots of pea (*Pisum sativum* L.). *Plant and Soil* 242, 251–262.

Volis S., Mendlinger S., Ward D., 2002. Differentiation in populations of *Hordeum spontaneum* Koch along a gradient of environmental productivity and predictability: plasticity in response to water and nutrient stress. *Biological Journal of the Linnean Society* 75, 301-312.

Vong P.C., Piutti S., Benizri E., Slezack-Deschaumes S., Robin C., Gukert A., 2007. Water-soluble carbon in roots of rape and barley: impacts on labile soil organic carbon, arylsulphatase activity and sulphur mineralization. *Plant and Soil* 294, 19-29.

W

Walker T.W., Adams A.F.R., Orchiston H.D., 1956a. The effect of levels of calcium sulphate on the yield and composition of a grass and clover pasture. *Plant and Soil* 7, 290-300.

Walker T.W., Adams A.F.R., Orchiston H.D., 1956b. The fate of labelled nitrate and ammonium nitrogen when applied to grass and clover grown separately and together. *Soil Science* 2, 339-351.

Walker T.W., Adams A.F.R., 1958. Competition for sulphur in a grass-clover association. *Plant and Soil* 9, 353–366.

Walker T.W., Adams A.F.R., 1958. Residual effects of calcium sulphate on the yield and composition of a grass-clover association. *Plant and Soil* 10, 176-182.

Walsh K.B., 1995. Physiology of the legume nodule and its response to stress. *Soil Biology and Biochemistry* 27, 367-655.

Wang S., Wang Y., Haneklaus S., Xing X., Hu Z., Fan X., Chan Z., Schnug E., 2005. Influence of nitrogen and elemental-sulfur fertilization on sulfur oxidation and mineralization in relation to soil moisture on a calcareous soil of the inner Mongolia stepe of China. *Journal of Plant Nutrition and Soil Science* 168, 228-232.

Wang W., Scali M., Vignani R., Spadafora A., Sensi E., Mazzuca S., Cresto M., 2003. Protein extraction for two-dimensional electrophoresis from olive leaf, a plant tissue containing high levels of interfering compounds. *Electrophoresis* 24, 2369-2375.

Wareing P.F., Philips I.D.J., 1981. Growth and differentiation in plants. *Pergamon Press, NY.*

Waters J.K., Hughes B.L., Purcell L.C., Gerhardt K.O., Mawhinney T.P., Emerich D.W., 1998. Alanine, not ammonia, is excreted from N_2-fixing soybean nodule bacteroids. *Proceedings of the National Academy of Sciences of the United States of America* 95, 12038-12042.

Watling J.R., Press M.C., 1997. How is the relations ship between the C4 cereal Sorghum bicolour and the C3 root hemi-parasites *Striga hermonthica* and *Striga asiatica* affected by Elevated CO2? *Plant, Cell and Environment* 20, 1292-1300.

Weiher E., Keddy P.A., 1999. Relative abundance and evenness patterns along diversity and productivity gradients in herbaceous wetlands. *Oikos* 87, 355-361.

Weiher E., van der Werf A., Thompson K., Roderick M., Garnier E., Eriksson O., 1999. Challenging Theophrastus: A common core list of plant traits for functional ecology. *Journal of Vegetation Science* 10, 609-618.

Welham C.V.J., Turkington R., Sayre C., 2002. Morphological plasticity of white clover (*Trifolium repens* L.) in response to spatial and temporal resource heterogeneity. *Oecologia* 130, 231–238.

Wellburn A.R., Higginson C., Robinson D., Walmsley C., 1981. Biochemical explanation of more than additive inhibitory effects of low atmospheric levels of sulphur dioxide plus nitrogen dioxide upon plants. *New Phytologist* 88, 223-237.

Westerman S., De Kok L.J., Stuiver E.E., Stulen I., 2000. Interaction between metabolism of atmospheric H_2S in the shoot and sulphate uptake by roots of curly kale (*Brassica oleracea*). *Physiologia plantarum* 109, 443-449.

Westerman S., Stulen I., Suter M., Brunold C., De Kok L.J., 2001. Atmospheric H_2S as sulphur source for *Brassica oleracea*: Consequences for the activity of the enzymes of the assimilatory sulphate reduction pathway. *Plant Physiology and Biochemistry* 39, 425-432.

Wheeler G.S., Center T.D., Van T.K., 1998. Influence of *Pistia stratiotes* plant quality on the growth and development of the biological contrtol agent *Spodoptera pectinicornis. US Army Corps of Engineers, Technical Report* A-98-3.

White J., Prell J., James E.K., Poole P., 2007. Nutrient sharing between symbionts. *Plant Physiology* 144, 604–614.

Wichern M., Gehring T., Fischer K., Andrade O., Manfred L., Koch K., Gronauer A., Hern H., 2008. Monofermentation of grass silage under mesophilic conditions: Measurements and mathematical modeling with ADM1. *Bioresource Technology* 100, 1675-1681.

Williams W.M., 1987. Adaptive variation. *In: White Clover,* (M.-J. Baker, W.-M. Williams, eds.), CAB International, Wallingford, 299-321.

Wilson P.J., Thompson K., Hodgson J.G., 1999. Specific leaf area and leaf dry matter content as alternative predictors of plant strategies. *New Phytologist* 143(1), 155-162.

Wirtz M., Droux M., Hell R., 2004. O-acetylserine (thiol) lyase: an enigmatic enzyme of plant cysteine biosynthesis revisited in Arabidopsis thaliana. *Journal of Experimental Botany* 55, 1785–1798.

Witty J.F., Skøt L., Revsbech N.P., 1987. Direct evidence for changes in the resistance of legume root nodules to O_2 diffusion. *Journal of Experimental Botany* 38, 1129–1140.

Wright S.D., McConnaughay K.D.M., 2002. Interpreting phenotypic plasticity: the importance of ontogeny. *Plant Species Biology* 17, 119-131.

Wu R., Grissom J.E., Mc Keand S.E., OMalley D.M., 2004. Phenotypic plasticity of fine root growth increases plant productivity in pine seedlings. *Bio Med Central Ecology* 4, 14.

Wyss H.R., Brunold C., 2006. Regulation of adenosine 5'-phosphosulfate sulfotransferase by sulfur dioxide in primary leaves of beans (*Phaseolus vulgaris*). *Physiologia Plantarum* 50, 161-165.

Y

Yakumin A.F., Hallenbeck P.C., 1998. Short-Term Regulation of Nitrogenase Activity by NH4 in *Rhodobacter capsulatus*: Multiple In Vivo Nitrogenase Responses to NH_4 Addition. *Journal of Bacteriology* 180, 6392-6395.

Yoch D.C., Carithers R.P., 1979. Bacterial Iron-Sulfur proteins. *Microbiological Reviews* 43, 384-421.

Yokoya S., West J.A., Luchi A.E., 2004. Effects of plant growth regulatiors on cellus formation, growth and regeneration in axenic tissue culture of *Gracilaria tenuistipitata* and *Gracilaria perplexa* (*Gracilariales*, *Rhodophyta*). *Physiological Research* 52, 244-254.

Z

Zanetti S., Hartwig U.A., Nosberger J., 1998. Elevated atmospheric CO_2 does not affect *per se* the perference for symbiotic nitrogen as opposed to mineral nitrogen of *Trifolium repens* L. *Plant, Cell and Environment* 21, 623-630.

Zhao F.J., Evans E.J., Bilsborrow P.E., Syers J.K., 1993. Influence of sulphur and nitrogen on seed yield and quality of low glucosinolate oilseed rape (*Brassica napus* L.). *Journal of the science of food and agriculture* 63, 29-37.

Zhao F.J., Hawkesford M.J., McGrath S.P., 1999a. Sulphur assimilation and effects on yield and quality of wheat. *Journal of Cereal Science* 30, 1-17.

Zhao F.J., Knights J.S., Hu Z.Y., Mc Grath S.P., 2003. Stable sulfur isotope ratio indicates long-term changes in sulfur deposition in the Bradbaclk Experiment since 1845. *Journal of Environmental Quality* 32, 33-39.

Zhao F.J., McGrath S.P., Hawkesford M.J., 2001. Sulphur nutrition and the sulphur cycle. *Institute of Arable Crops Research Report 2000-2001*, 36-39.

Zhao F.J., Salmon S.E., Withers P.J.A., Monaghan J.M., Evans P.R., Shewry P.R., McGrath S.P., 1999b. Variation in the Breadmaking Quality and Rheological Properties of Wheat in Relation to Sulphur Nutrition under Field Conditions. *Journal of Cereal Science* 30, 19-31.

Zhao F.J., Wood A.P., McGrath S.P., 1999c Effects of sulphur nutrition on growth and nitrogen fixation of pea (*Pisum sativum* L.). *Plant and Soil* 212, 209-219.

Zhu L.H., Welander M., Hellgren O., 1999. Growth rates and biomass production of micropropagated apple plants of M26 and Gravenstein on their own roots and in different micrografted combinations under non-limiting and limiting nutrient conditions. *Journal of Experimental Botany* 50(336), 1189-1198.

Ziska L.H., Bunce J.A., 1998. The inflence of increasing growth temperature and CO_2 concentration on the ratio of respiration to photosynthesis in soybean seedling. *Global Change Biology* 4, 637-643.

CHAPITRE 3

Plasticité racinaire & rôle de l'instabilité développementale dans le façonnage du système racinaire

« In my opinion, the greatest error which I have committed, has not been allowing sufficient weight to the direct action of environment, i.e. food, climate, etc. independently of natural selection. » Charles Darwin à Moritz Wagner

Résumé

L'architecture des racines joue un rôle majeur dans la détermination de la capacité d'un système racinaire à fonctionner efficacement, à jouer son rôle d'ancrage, à avoir une bonne capture des ressources du sol et efficience d'utilisation des nutriments. Les caractéristiques du développement des racines sont classiquement considérées comme les principaux déterminants de l'architecture des racines. Nous pouvons citer le taux, l'angle et la durée de la croissance des racines et le modèle de développement de la racine avec ou sans ramification ou embranchement. Cette synthèse fait le point sur un trait supplémentaire largement ignoré. Ce trait a une influence importante sur l'architecture des racines. Il s'agit du degré de stochasticité ou « instabilité de développement » qui fait partie intégrante de la plasticité. Cette instabilité développementale affecte le processus de développement. Bien que la variabilité intrinsèque dans le développement et la croissance des racines latérales est reconnu depuis quelque temps dans presque toutes les études sur le développement racinaire. Cette facette remarquable de la racine et de comportement tend à être cachée sous le voile de la moyenne statistique. Les progrès dans de nombreux domaines apportent des éclaircissements dans le phénomène d'instabilité du développement.

Nous pouvons nous poser plusieurs questions qui restent en suspens : i) De quelle nature est constituée cette instabilité ou « ce bruit de fond » ?; ii) Comment est-elle générée à l'échelle moléculaire et cellulaire ? Est-ce uniquement un mécanisme physiologique, phénologique ou développemental ?; iii) En d'autre terme, s'agit-il de plasticité ontogénétique ou plasticité phénotypique « pure »comme le propose Forde (2009)?; iv) Quel sont-les mécanismes génétiques par lesquels il est tamponné ?

Cette étude bibliographique tiendra compte de la plasticité racinaire et de l'existence d'une instabilité de développement dans les racines, de ses causes sous-jacentes, ses effets sur l'architecture des racines et des preuves qu'elle est sous contrôle génétique. Nous avançons l'hypothèse que l'instabilité développementale dans les racines est un trait adaptatif. L'intérêt potentiel de ce trait pour la fonction racine sera discuté à la fois d'un point de vue écologique et dans un contexte agronomique.

Mots clefs : *Canalisation, épigénétique, bruit d'expression génique, racines latérales, utilisation des éléments nutritifs d'efficacité, architecture des racines, variation stochastique.*

Abstract

The root architecture plays a major role in determining the ability of a root system to function effectively in its role as an anchor, to get a good capture of soil resources and efficiency of nutrient utilization. The characteristics of root development are classically considered the main determinants of root architecture. We can quote the rates, terms and duration of root growth and development model of the root with or without branching connection. This summary presents and reports on an additional feature largely ignored. This feature has an important influence on root architecture. It is the degree of randomness or "instability development". This developmental instability affects the development process. It is an integral part of Plasticity. Although the intrinsic variability in the development and growth of lateral roots has been recognized for some time in almost all studies on root development. This remarkable facet of root and behavior tends to be hidden under the veil of statistical averaging. Progress in many areas shed light on the phenomenon of instability development.

We can ask several questions remain: i) What kind of instability is made or "the noise"?; ii) How is generated at the molecular and cellular levels?; iii) Is it just a physiological or phenological developmental mechanism?; iv) In other words is it of ontogenetic plasticity or phenotypic plasticity "pure" as proposed by Forde (2009)? What are genetic in which it is buffered mechanisms?

This literature review will consider the root plasticity and the existence of instability development in roots, its underlying causes, its effects on root architecture, and evidence that it is under genetic control. We hypothesize that the instability development in roots is an adaptive trait. The potential usefulness of this feature for the root function will be discussed both from an ecological point of view and in an agricultural context.

Key words: *Canalization, epigenetics, gene expression noise, lateral roots, nutrient-use efficiency, root architecture, stochastic variation.*

Liste des abréviations

ADN : Acide Désoxyribonucléique
ARN : Acide Ribonucléique
ARNm : Acide Ribonucléique messager
AUX/IAA
CV : coefficient de variation
Fe : fer
H_2O : eau
K : potasium
LR : Lateral Root-racine latérale
N : azote
NH_4^+: Ion ammonium
NO_3^-: Ion nitrate
P : phosphate
pdr : A phosphate deficiency response
PEG : Poly Ethylène Glycol
Pi : phosphate inorganique
QTLs : Quantitative trait loci
RGR : Relative Growth Rate-taux de croissance relatif
S : soufre
SO_4^{2-} : sulfate
VE : variation d'origine environnementale
VG : variation d'origine génétique

CHAPITRE 3

Plasticité racinaire & rôle de l'instabilité développementale dans le façonnage du système racinaire

Introduction

La capacité d'un système racinaire est de s'acquitter de ses fonctions et rôles clefs tel la capture de l'eau, des nutriments du sol et la fourniture d'un ancrage pour les parties aériennes du végétale. Cette capacité est fortement dépendante des types d'architecture racinaires, c'est-à-dire sa répartition spatiale dans le sol.

Au cours du XXIème siècle, l'agriculture devient de plus en plus difficile. Elle est limitée par la disponibilité des surfaces agricoles de plus en plus restreintes ; et le coût de l'eau, des nutriments est plus importants (Tilman *et al.,* 2002 ; Lal, 2007 ; Pretty, 2008), des changements globaux (Varin *et al.,* 2009) et diminution en disponibilité nutritionnelle comme l'azote (N),phosphate (P), soufre (S). Or, la production de végétaux riches en éléments nutritifs est l'un des objectifs majeurs de la biotechnologie. Dans le monde, l'affection humaine nutritionnelle la plus courante est la carence en fer même si d'autres problèmes nutritionnels sont existants avec des éléments comme l'N, P, potassium (K), S et l'eau (H_2O).

Ainsi, l'amélioration de l'efficacité avec laquelle le système racinaire capture ces ressources essentielles est une urgence croissante. Globalement, seulement 30-50% de l'engrais azoté appliqué et 45% des engrais phosphatés sont absorbés par les cultures (Tilman *et al.,* 2002). Si, nous les associons aux pertes par émissions de gaz à effet de serre et la pollution des écosystèmes aquatiques, cela représente un énorme gaspillage économique. Malheureusement, les caractéristiques des racines sont difficiles à sélectionner lors des programmes de sélection variétale ou génétique. L'amélioration de l'architecture racinaire des cultures végétales par le biais de nouvelles approches de sélections est d'un intérêt considérable (de Dorlodot *et al.*, 2007 ; Hirel *et al.*, 2007 ; Lynch, 2007). Toutefois, nous devons commencer par la compréhension complète de la complexité du processus de construction d'un système de racines pour que cet objectif soit réalisable.

Le degré de développement des racines est sensible à un large éventail de facteurs environnementaux comme l'eau et la disponibilité des nutriments comme l'étude de Hodge (Figure. 1) (Hodge, 2004 ; Varin, 2009). Son étude est considérée comme un excellent exemple du phénomène de la plasticité phénotypique (Bradshaw, 1965 ; Forde & Lorenzo, 2001 ; Malamy, 2005).

Figure 1. Plasticité de la prolifération racinaire de l'Orge (*Hordeum vulagre*). Des plantes cultivées sont en solution nutritive avec une portion de racines exposée à une concentration en phosphate, nitrate, ammonium et potassium 100 fois supérieure à la concentration du reste du substrat. Ensuite, elles sont comparées à un plant témoin pour lequel les nutriments sont concentrés dans tout le profil racinaire. LHL (Low High Low) et HHH (High High High) font référence aux concentrations en nutriments dans les trois portions du substrat. (D'après Drew (1975) dans Hodge, 2004).

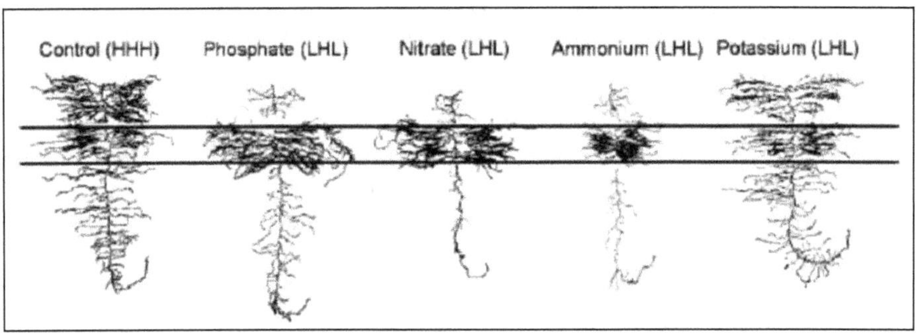

La plasticité phénotypique est définie comme la variation qui est due aux effets de l'environnement (Varin *et al.*, 2009). Elle est classiquement considérée comme le seul élément non-génétique de la variation phénotypique (Pigliucci, 2001 ; Richards *et al.*, 2006). Toutefois, ces dernières années, une reconnaissance croissante envers une source supplémentaire de variation est montrée. Cette variation découle de processus intrinsèquement stochastique perturbant le développement. Ce type de variation est généralement appelé « l'instabilité développementale ». Elle peut être considérée comme une troisième source indépendante de variations phénotypiques aux côtés du génotype et de l'environnement qui génèrent également une variation (Lajus *et al.*, 2003 ; Forde, 2009) (Figure. 2a). La figure 2b montre les premières études réalisées dans les années 1988 (Pigliucci, 2001 ; Bagchi & Iyama, 1983).

Figure 2. a. Contribution de l'instabilité développementale au sein de la variabilité phénotypique. Classiquement, les facteurs générant des variations phénotypiques sont le génotype et l'environnement, avec la composante environnementale de variation qui est connue comme la plasticité phénotypique. D'après certains auteurs, la Plasticité phénotypique a aussi une composante génétique, car la réactivité d'un individu à l'environnement dépend du génotype (Pigliucci, 2005). Cependant, il y a un supplément de facteurs non-génétiques contribuant à la variation phénotypique, à savoir d'instabilité développementale. L'instabilité développementale causes des écarts aléatoires lors de la mise en place du phénotype cible telle que spécifiée par la combinaison particulière de génotype et de l'environnement (Lajus *et al.*, 2003). Ainsi, le phénotype est affecté directement. Les instabilités lors du développement peuvent avoir un effet indirect en créant des variations aléatoires de la plasticité phénotypique. Il y a de bonnes preuves que l'instabilité développementale à un potentiel générateur de variations stochastiques dans la réactivité des cellules, tissus, organes et des individus face à des facteurs environnementaux. En outre, il existe des preuves que les deux le génotype et l'environnement peut moduler le degré d'instabilité de développement dans un caractère particulier. Les flèches pleines indiquent les interactions directes avec le phénotype, les flèches en pointillé indiquent les interactions indirectes. La section du diagramme en rouge représente les interactions qui ne sont pas classiquement compris lorsque l'on considère les sources de variation phénotypique (Forde, 2009); **b**. Absence de corrélation chez *Arabidospsis thaliana* (Hauteur et Période de floraison) (Bagchi & Iyama, 1983 ; Pigliucci, 2001).

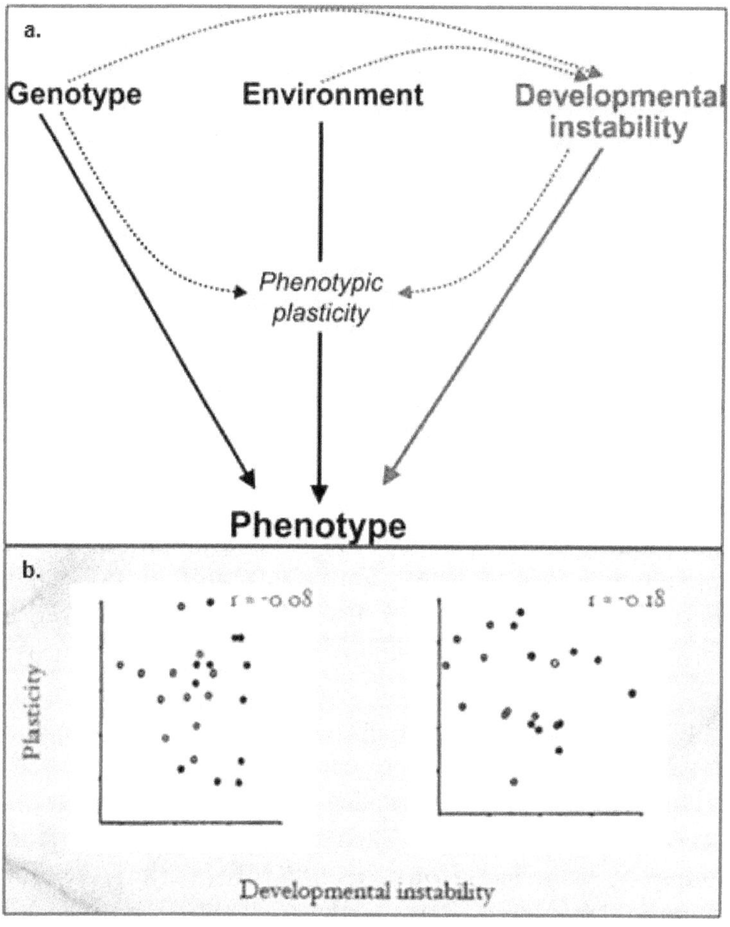

Le but de cette étude bibliographique est d'examiner les preuves que : i) l'instabilité développementale est une caractéristique racinaire ; ii) qu'il s'agit d'une part de la plasticité phénotypique ou variation plastique à prendre en compte également chez d'autres organismes ; iii) qu'elle apporte une contribution significative à la variation de l'architecture des racines. Bien que l'instabilité de développement peut être considérée comme un attribut négatif même si ce trait est potentiellement bénéfique pour les racines et le développement de la plante. Il pourrait être soumis à une sélection positive à la fois durant l'évolution et le programme de sélection comme nous l'avons vu dans la partie bibliographique sur la plasticité.

I. Importance de la plasticité morphologique racinaire dans l'acquisition des ressources

I.1. Plasticité face à l'hétérogénéité nutritionnelle du sol

La croissance des plantes exige une nutrition minérale, de l'eau et de la lumière. Ces ressources essentielles doivent être présentes dans des quantités spécifiques pour que les plantes présentent des croissances et des développements optimaux. La plupart des plantes peuvent ajuster leurs capacités d'absorptions en ressources minérales et de prospections souterraines par des ajustements plastiques comme l'attribution de biomasse aux racines et aux parties aériennes (Bloom *et al.*, 1985 ; Garnier, 1992 ; Schlichting, 1986 ; Gedroc *et al.*, 1996). Les sols sont uniques du fait de leur structure complexe. Ils sont constitués d'une partie solide, gazeuse et liquide. Ils sont en phase avec l'environnement. Cette complexité provoque un environnement hétérogène qui affecte les plantes au niveau racinaire. Les systèmes racinaires sont modulables et cette modulation peut s'expliquer par la plasticité (Hodge, 2004 ; Varin, 2009) et la variation dite stochasticité developpementale (Forde, 2009 ; Varin, 2009) (cf. chap Plasticité). De nombreuses études ont montré que cette complexité permet au système racinaire d'être extrêmement plastique, de faire face à l'hétérogène nature du sol et la distribution inégale des éléments nutritifs présents dans le sol (Hodge, 2004). Nous savons que dans un environnement normal la plupart des racines sont généralement en associations symbiotiques avec des mycètes (mycorhize) (Smith, 1988) et/ou des bactéries par exemple fixatrices d'N_2 de manière symbiotique ou bactérie diazotrophe et PGPR (Varin *et al.,* 2009). Ce qui affecte de manière déterminante le taux de croissance relatif

(RGR) des plantes puisque la plante gagne des aliments nécessaires à sa survie. Ainsi, la contribution possible de groupes fonctionnels de bactéries du sol, de symbiotes ou PGPR à la capture de ressources et l'impact sur la réponse racinaire de la plante devrait également être considérée (Hodge, 2004).

Une abondante littérature existe pour soutenir la conclusion que les racines sont physiologiquement et morphologiquement plastiques aux variations nutritionnelles des sols (Jackson *et al.,* 1990 ; Hutchings & De Kroon, 1994 ; Hodge, 2004). Par exemple, Hodge (2004) a mis en évidence des modulations de la prolifération racinaire de *Hordeum vulgare* confrontée à des conditions nutritionnelles en phosphate, nitrate, ammonium et potassium variables (Figure. 1). Forde & Lorenzo (2001) présentent un modèle à la suite d'une observation de la plasticité racinaire d'*Arabidopsis* face à l'acquisition de l'azote sous forme de gln, N, glc (Figure. 3). Lopez *et al.* (2003) présentent une synthèse des réponses d'*Arabidopsis* face aux nutriments P, N, S (Figure. 4). Par ailleurs, des auteurs ont démontré, lorsque des plantes se sont développées en condition de compétition interspécifique pour des pools de ressources communs (patchs nutritionnels), que la correction de l'enracinement est complexe et la prolifération racinaire prend une orientation et un sens. Ils ont montré que les espèces, qui ont proliféré le plus et développé le plus de plasticité, capturaient la plupart de l'N mis à disposition (Hodge *et al.,* 1999, 2000 ; Robinson *et al.,* 1999 ; Hodge, 2004). L'avantage de la prolifération racinaire a pu être démontré dans ces conditions. Grace à l'utilisation des patchs nutritionnels, les auteurs ont mis en évidence que la réponse plastique des racines est dépendante des espèces végétales. Ainsi, ces espèces répondent différemment à l'ombrage, aux interactions compétitives et la disponibilité nutritionnelles qui varient spatio-temporellement (Mou *et al.,* 1997 ; Huante *et al.,* 1998 ; Hodge, 2004).

Figure 3. a. Voies alternatives pour le contrôle nutritionnel lors du développement de la plante ; **b.** Modèle de la voie de signalisation de la régulation du NO_3^- lors de la croissance des racines latérales. Le point d'interrogation se rapporte à la partie encore non caractérisé de la voie de signalisation responsable de l'induction de l'expression des gènes NO_3^- dépendant. Schéma modifié à partir de Zhang *et al.* (1999).; **c.** Modèles généralisées des voies de signalisation impliquées dans (A) la localisation et (B) les réponses systémiques lors d'un apport de nutriments. L'existence de gènes de régulation maître qui modulent les processus de développement pertinents est proposé ici. Ceux-ci seraient également soumis à la modulation par d'autres signaux environnementaux auxquels les processus de développement sont sensibles. Donc, ils serviraient à intégrer les réponses à multiples entrées de la plante (Forde & Lorenzo, 2001).

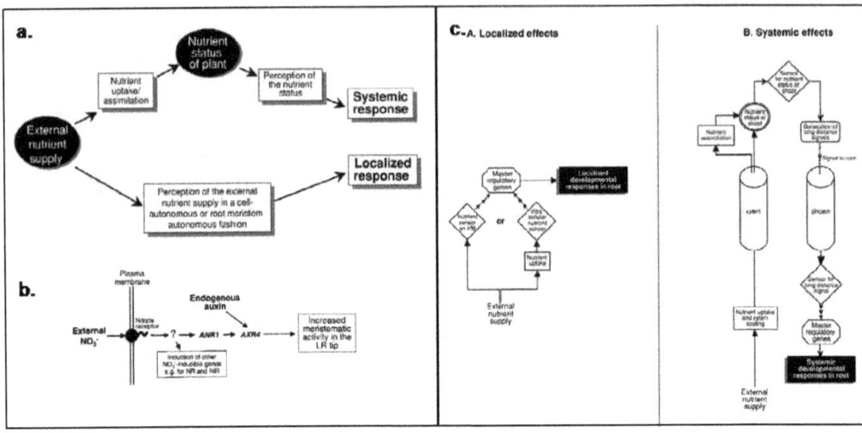

Figure 4. Les réponses des systèmes racinaires d'*Arabidopsis* à différentes sources d'approvisionnement en éléments nutritifs. Les systèmes racinaires ont été cultivées dans des milieux riches en nutriments, avec ou sans une forte concentration de P, N et S. Le P et la carence en S peut modifier considérablement la croissance des racines primaires et latérales, en modifiant l'architecture des racines globale. Un contraste de structure de l'architecture racinaire est montré en fonction des disponibilités en nutriments. La disponibilité de l'azote peut altérer l'élongation des racines latérales (Lopez *et al.*, 2003).

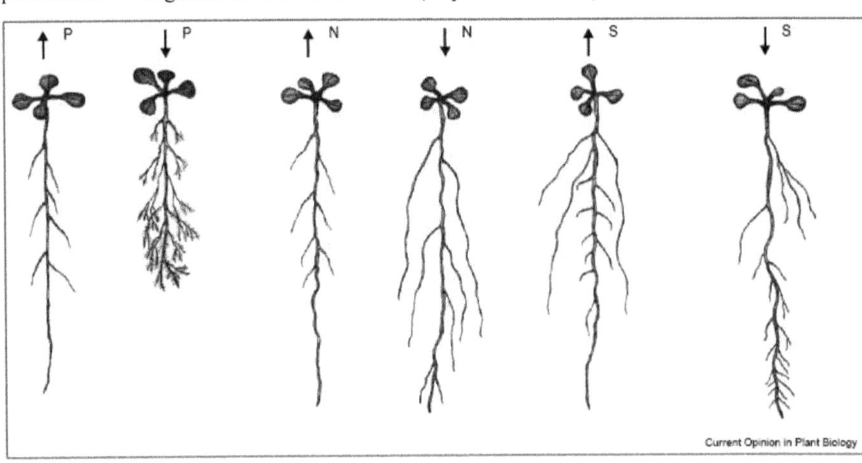

Les plantes stolonifères et rhizomateuses produisent les parties aériennes horizontales qui s'enracinent au niveau des entre-nœuds et permettent une multiplication végétative avec production de clone. Les individus génétiques identiques peuvent être nombreux et sont potentiellement indépendants bien qu'ils demeurent physiquement reliés ensemble par les stolons ou rhizomes. De tels réseaux de clones peuvent atteindre une ampleur spatiale considérable dans des conditions environnementales normales. Ces plantes peuvent prélever des nutriments à des endroits multiples de leur environnement souterrain (d'après Pitelka & Ashmun, 1985 ; Marshall, 1990 ; Marshall & Price, 1997). Des études expérimentales ont prouvé que l'hétérogénéité spatiale dans la disponibilité de ressource peut être limitée par une redistribution interne des ressources absorbées à partir les stolons (Hartnett & Bazzaz, 1983 ; Evans, 1991 ; Shumway, 1995).

Les individus issus de plantes non clonales se spécialisent typiquement dans l'absorption de ressource minérale plus rare pour éviter la limitation de leur croissance. Par exemple, les plantes exposées à une faible disponibilité en eau et à un approvisionnement élevé en lumière développent de grands systèmes racinaires pour pouvoir augmenter le prélèvement en eau dont dépend la croissance des parties aériennes. En revanche, les ramettes de stolons peuvent se spécialiser dans la prise abondante de ressource et redistribuer l'excédent d'ose ou hydrates de carbone, d'eau et de nutriments, selon les principes de sources et de puits.

Les racines sont remarquables par leurs capacités à réaliser des ajustements physiologiques et morphologiques lorsqu'elles sont confrontées aux ressources hétérogènes. Les racines fines peuvent être rapidement déployées pour exploiter les ressources. Ces racines fines tendent également à être de courte durée comparées à des racines plus brutes, bien que les espèces puissent être différentes dans leur réponse plastique (Campbell *et al,* 1991 ; Wijesinghe *et al.,* 2001).

I.2. Etat de la question au niveau moléculaire et physiologique de la fonction d'acquisition de l'azote

La plante s'adapte constamment aux changements de la disponibilité des ressources (Marschner, 1995). Le développement racinaire manifeste ainsi une grande plasticité, vis-à-vis de la concentration en éléments minéraux du sol (López-Bucio et *al.*, 2003 ; Hermans *et al.,* 2006). Un des systèmes les mieux caractérisés est la plasticité liée au nitrate dans la plante modèle *Arabidopsis thaliana*

(Zhang *et al.,* 2007). Une concentration faible en nitrate dans le milieu de croissance favorise les ramifications latérales, alors qu'une concentration élevée uniforme réprime le développement de racines latérales, à un stade qui précède immédiatement l'activation des méristèmes latéraux (Zhang *et al.,* 2007). Néanmoins, peu d'informations existent sur les mécanismes physiologiques et moléculaires impliqués dans ces réponses. La perception de la disponibilité en nitrate serait effectuée en partie par les transporteurs de nitrate *AtNRT2.1* (Little *et al.,* 2005 ; Miller *et al.,* 2007) et *AtNRT1.1* (Remans *et al.,* 2006), en association avec le facteur de transcription MADS-box *nitrate-regulated1 ANR1* (Zhang & Forde, 1998 ; Zhang *et al.,* 1999 ; Zhang & Forde 2000) et un signal systémique, probablement la glutamine (Tranbarger *et al.,* 2003).

II. Modulation de l'architecture du système racinaire par des facteurs nutritionnels en lien avec les signaux hormonaux

II.1. Effet du statut nutritionnel en eau & stress hydrique

Dans des études utilisant le PEG (Poly Ethylène Glycol) pour simuler le stress hydrique, Van der Weele *et al.* (2000) ont constaté qu'un stress hydrique sévère réduit le nombre de racines latérales grâce à une réduction de l'initiation des racines latérales. Cette réponse réduit de manière importante la surface racinaire en contact avec le sol et évite le dessèchement de la plante. Ils ont constaté que les effets du nitrate dans les milieux nutritifs peuvent être reproduits avec l'ajout de mannitol. L'addition de ce composé dans les solutions nutritives augmente les concentrations en osmoticum. Ces osmolytes s'accumulent dans les vacuoles et contrecarre l'action du stress hydrique. Les mutants déficients-ABA noté a*ba2* et *aba3* sont moins sensibles à la répression du mannitol. Cela indique un rôle central de l'ABA dans ce processus. Dans des conditions de limitation en eau, le primordium du système racinaire se développe lentement. Cet effet peut être dû à l'augmentation en ABA associés à de nombreuses réponses osmotiques. Les primordiums réprimés peuvent être rapidement activés lorsque l'eau devient disponible pour l'absorption (Malamy, 2005). Chez le mutant *dig3*, la sécheresse inhibe la croissance des racines latérales. Des auteurs pensent que la réponse de l'ABA et le stress hydrique impliquent la présence de facteurs généralement nécessaires pour la croissance (Nibau *et al.,* 2008 ; Xiong *et al.,* 2006).

II.2. Effet du statut nutritionnel en azote

L'azote (N) est l'un des éléments les plus importants pour la vie de la plante. Il est un des éléments les plus abondants sur la terre. Cependant, cet élément est le plus limitant pour la croissance des plantes en raison de sa faible disponibilité dans le sol. Le nitrate est connu pour être très soluble dans la solution du sol. Il peut être facilement perdu par lessivage ou par dénitrification bactérienne. Il est fortement utilisé dans les engrais azotés (Vance, 2001). A ce jour, chez *Arabidopsis,* les mécanismes physiologiques, métaboliques et l'assimilation de l'N sont bien connus. La figure 5 présente une petite synthèse de ces mécanismes (Touchette & Burkholder, 2000).

Figure 5. Réactions impliquées dans l'absorption et l'assimilation du nitrate (NO_3^-) dans les cellules végétales. L'absorption et l'assimilation du nitrate d'ammonium ainsi qu'ils se produisent principalement dans le cytosol et les plastes (chloroplastes, mitochondries). Les ions nitrates pénètrent dans la cellule. Ils peuvent être stockés dans une vacuole (non illustré) ou réduits dans le cytosol par l'enzyme nitrate réductase (NR). Le produit formé est le nitrite. Il pénètre dans les plastes (généralement les chloroplastes) où il est encore réduit en ammonium par la nitrite réductase enzyme (NIR). L'ammonium pénètre ensuite dans le cycle GS/GOGAT, où le glutamate est aminé par l'enzyme glutamine synthétase (GS) pour synthétiser la glutamine. L'ajout de squelettes carbonés (un alpha-cétoglutarate) permet la transamination par la glutamate synthase (GOGAT) pour produire deux molécules de glutamate. Un de ceux-ci peuvent être recyclé par la voie GS/GOGAT, tandis que l'autre peut être utilisé pour une forme plus complexe d'acides aminés (d'après Ferrario-Méry *et al.*, 1997 ; Touchette & Burkholder, 2000).

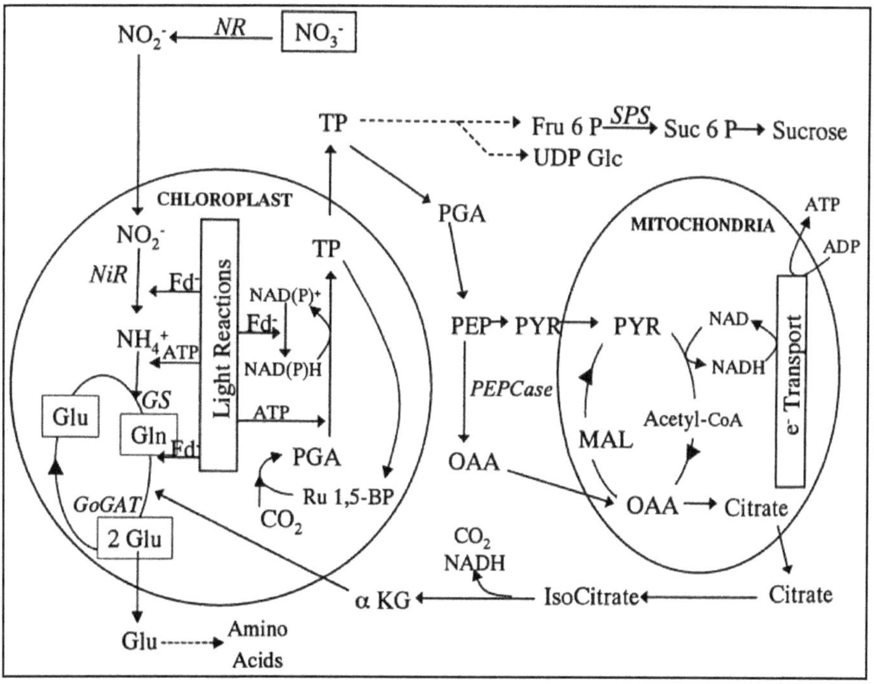

II.2.1. NO_3^-/NH_4^+

Chez les plantes cultivées dans une faible concentration en nitrate de 10 µM, l'exposition d'une section de racines primaires à une solution de forte teneur en nitrate induit une stimulation locale de l'élongation des racines latérales. Inversement, l'exposition à une forte concentration en nitrate de 10 mM réduit l'élongation des racines latérales dans tout le système racinaire (Zhang *et al.,* 1999). L'effet global d'inhibition par le nitrate semble être une réponse à un état de suffisance nutritionnelle au nitrate. L'allongement des racines latérales dans ces conditions est inhibé, même dans les zones de plus faibles concentrations en nitrates du système racinaire. L'effet de signalisation du nitrate cause ces modifications plutôt qu'un effet métabolisme (Zhang *et al.,* 1998).

Certaines espèces, notamment l'orge et le cèdre, mais pas *Arabidopsis*, sont en mesure de répondre à une offre d'ammonium localisée sous forme de patch nutritionnel (Drew, 1975 ; Nibau *et al.,* 2008 ; Zhang *et al.,* 1999). Des applications locales d'ions nitrates (NO_3^-) et ammoniums (NH_4^+) à un niveau faible ou une forte concentration ont des effets locaux sur l'allongement et la ramification du système racinaire. Des effets contrastés de l'ammonium et du nitrate sont observés sur le diamètre apical des racines pivotantes et leurs racines latérales (Boukcim *et al.,* 2006). La carnitine est un cation organique azoté. Il induit la formation de racines latérales (LR). Toutefois, chez *Arabidopsis*, la perturbation et la rupture de la membrane plasmique permet de localisée des transporteurs de carnitine AtPCT1. Ces transporteurs ont conduit à une augmentation accrue des ramifications racinaires. La concentration locale de carnitine dans la racine affecte le ratio C:N et par conséquent le développement des racines latérales (Lelandais-Brière *et al.,* 2007).

Un mutant de réponse à l'auxine noté Axr4 ne peut pas répondre à l'apport en nitrate localisé. Il développe un chevauchement entre les réponses de l'auxine et les réponses au nitrate (Zhang *et al.,* 1999). Chez *Arabidopsis,* il avait été constaté que les plantes cultivées sur des rapports élevés en saccharose et en azote initient des racines latérales presque complètement inhibées. Cette inhibition serait due à une accumulation d'auxine dans l'hypocotyle. Cette investigation a été réalisée grâce à l'activité du promoteur DR5. Par conséquent dans ces conditions, il est tentant de spéculer que le déclenchement du développement des racines latérales est bloqué. Cette inhibition serait due à un blocage du mouvement de l'auxine dans les parties aériennes et racinaires de la plante (Malamy & Ryan, 2001).

Ainsi, le signal NO_3^- peut avoir deux effets sur les racines latérales. 1) Un effet stimulant localisé. Il est initié par deux médiateurs. *anr1* est le premier des gènes d'*Arabidopsis* localement inductible par le NO_3^-. Il permet une réponse locales au nitrate. Il encode un facteur de régulation du nitrate noté Nitrate Regulated-1 MADS-box. La boîte MADS (MADS-box) est l'un des gènes homéotiques les plus connus. 2) Un effet systémique inhibiteur du statut interne N élevé. L'auxine pourrait servir de médiateur des réponses localisées à l'N. L'ABA initierait des réponses systémiques (Osmont *et al.*, 2007a). Sept autres gènes « MADS box » ont un profil d'expression semblable à *anr1* dans des conditions de concentrations différentes de nitrates (Gan *et al.*, 2005). Chez *Arabidopsis*, ces mécanismes métaboliques ne sont pas impliqués dans le contrôle du système racinaire au nitrate. Le nitrate est perçu comme une molécule de signalisation.

II.2.2. N_2– fixation

L'ABA joue un rôle central dans la signalisation de l'effet inhibiteur de NO_3^- et sur l'allongement des racines latérales (Signora *et al.*, 2001). Chez le *Lotus japonicus*, l'homologue de CLAVATA1 est noté HAR1 (*Hyper nodulation Aberrante Root1*). Il est nécessaire pour contrôler la régulation de la croissance des parties aériennes et la sensibilité au nitrate du développement symbiotique des parties souterraines (racines et nodules). Le *locus* HAR1 présente un phénotype hypernodulé en présence de Rhizobium. En l'absence de cette bactérie symbiotique, il augmente la formation des racines latérales. C'est un mécanisme de signalisation encore inconnu qui intègre les parties souterraines comme les racines et nodules et les parties aériennes. Il n'a toujours pas été démontré chez *Arabidopsis* (Krusell *et al.*, 2002 ; Nishimura *et al.*, 2002).

II.3. Effet du statut nutritionnel en phosphate

Le phosphate est un facteur commun limitant la fertilité de nombreux sols. Le phosphate (P) est le deuxième facteur limitant la productivité des végétaux. Le P assimilé par les plantes est sous forme anionique : PO_4^{2-}. Or, il est extrêmement insoluble dans la solution du sol (Lopez-Bucio *et al.*, 2002).

Dans les sols à faible disponibilité en P, les légumineuses comme le lupin blanc (*Lupinus albus* L.) sont bien établies. Dans ces conditions d'insuffisance en P, le lupin blanc forme des racines protéoïdes. Le système racinaire de ces plantes forme des groupes denses de courtes radicelles latérales très proches. Ces amas de racines latérales courtes découlent du péricycle et sont spécialisés dans l'absorption du P (Johnson *et al.,* 1996). Ils sécrètent des acides organiques et des phosphatases dans l'environnement périphérique pour solubiliser le phosphate et améliore son absorption (Nibau *et al.,* 2008 ; Schulze *et al.,* 2006). Dans de telles conditions, l'architecture racinaire d'*Arabidopsis* ressemble à celle des racines protéoïdes de lupins (Lopez *et al.,* 2003). Un modèle de développement des racines latérale confronté aux variations nutritionnelles en Fe et P est établi par Lopez *et al.* (2003) (Figure. 6).

Figure 6. a. Modifications dans la différenciation des cellules épidermiques, en réponse à P et le stress Fe chez *Arabidopsis*. Le déficit de chacun de ces nutriments induit la formation et l'élongation des poils racinaires. La différenciation épidermique qui est induite par des concentrations faibles en Fe nécessite de l'éthylène. Cette réponse est inhibée dans des mutants qui sont déficients dans la signalisation de l'éthylène et des mutants d'*Arabidopsis* résistants à l'auxine *AUX1*, *axr1* et *axr2.* Cela suggère une diaphonie possible entre l'éthylène et les voies de l'auxine. Les changements épidermiques qui sont induites par des concentrations faibles en P ne sont pas affectés par l'éthylène et chez les mutants auxines. Ce constat implique que cette réponse est contrôlée par une voie indépendante. La voie de réponse au P peut directement altérer l'expression des gènes de régulation qui contrôlent la formation des racines et de la chevelure racinaire, tels que *GLABRA2* (*GL2*), *ROOT HAIR DEFECTIVE6* (*RHD6*) et *WEREWOLF* (*REH*). (Lopez *et al.,* 2003). **b.** Racines proteoïdes de Lupin (*Leuospermum cordifolium*).

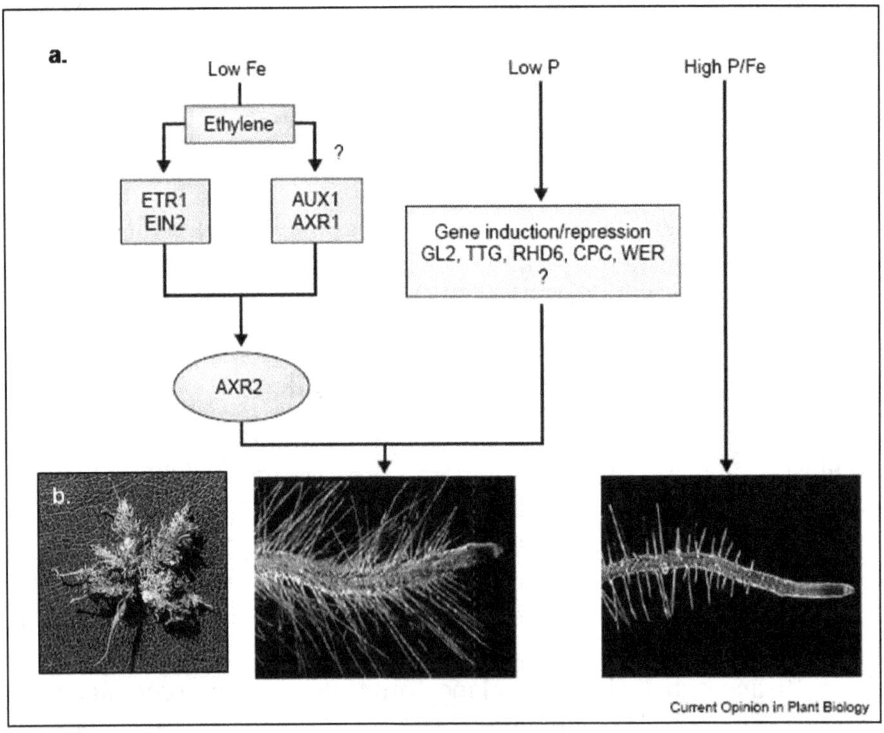

L'ion P agit comme une molécule de signalisation. Il stimule localement l'élongation des LR lors de faible disponibilité en phosphate. Inversement, lors de fortes concentrations en P, il induit un effet inhibiteur de l'élongation de ces racines. Des études suggèrent que cette réponse au P est commune dans le règne végétal (Williamson *et al.,* 2001). En conditions limitantes en P, des chercheurs montrent que les racines matures développées manquent d'apex normaux. Ces racines augmentent l'expression de gènes de transporteur du P. En revanche, dans des conditions de fortes concentrations en P, la racine présente une teneur élevée en auxine dans ses méristèmes et des cellules à activité mitotique élevée. Ces phénomènes sont en corrélation étroite avec l'expression réduite des gènes qui codent les transporteurs à forte affinité du P (Lopez *et al.,* 2003). Fait intéressant, les réponses à la carence en phosphate répriment généralement l'enracinement grâce au signal cytokinine (franco-Zorrilla *et al.,* 2005). En outre, la déficience en Pi affecte également la signalisation en gibbérellines dans les racines. Dans ce cadre environnemental, la gibbérelline peut atténuer la réponse issue de faibles teneurs en Pi du milieu (Jiang *et al.,* 2007 ; Nibau *et al.,* 2008). Une condition limitante de 1 µM en Pi rend plus sensible le lupins et *Arabidopsis* aux auxines en termes d'élongation de la racine primaire. Elle augmente la densité des racines latérales. Elle augmente également la sensibilité aux cytokinines en inhibant l'initiation des racines latérales. (Lopez-Bucio *et al.,* 2002). Les cytokinines répriment l'expression de gènes de régulation en condition de carence en Pi. Ces résultats suggèrent que ces hormones contrôlent non seulement l'architecture, mais également la nature de la réponse lors de faible niveau nutritionnel en Pi (Lopez *et al.,* 2003).

Les changements dans la disponibilité de nitrate et en phosphate ont des effets contrastés sur la formation de racines latérales et leurs élongations (Zhang *et al.,* 1998). La disponibilité et l'approvisionnement localisé de ces éléments ont différents effets sur le système racinaire. Chez *Arabidopsis* et d'autres espèces végétales, la disponibilité croissante en nitrate réduit l'allongement des racines primaires. L'augmentation en P permet l'allongement des racines primaires et diminue la densité de racines latérales. Cette augmentation en P croisée avec une gamme croissante de traitement en nitrate n'a presque aucun effet sur ces deux paramètres. Dans ces conditions de forts amendements en phosphate (P) et azote (N), l'élongation des racines latérales est supprimée (Drew & Saker, 1975 ; Lopez *et al.,* 2003).

Le mutant déficient dans la réponse aux carences en phosphate noté *pdr* (« *A phosphate deficiency response* ») est hypersensible aux faibles teneurs en Pi (Ticconi *et al.*, 2004). Le phénotype développé par le mutant suggère la présence d'un processus actif essentiel pour protéger les méristèmes racinaires de la plante aux conditions limitantes en Pi. Cet effet protecteur est spécifique aux méristèmes des racines latérales.

II.4. Effet du statut nutritionnel en soufre

Lors de conditions limitantes en sulfate (SO_4^{2-}), *Arabidopsis* développe un système racinaire très ramifié. Des racines latérales sont formées près de l'extrémité des racines. Elles présentent une densité accrue dans cette zone de la racine. Le gène *nit3* (Nitrilase 3) code pour une enzyme capable de convertir l'indole-3-acétonitrile en acide indole-3-acétique. Il est lié aux conditions limitantes en SO_4^{2-}. Les résultats obtenus grâce à ce mutant suggèrent un rôle direct de cet enzyme codé par *nit3* dans la synthèse des auxines et la production de racines latérales (Kutz *et al.*, 2002).

Un certain nombre de gènes *AUX/IAA* sont impliqués dans la régulation nutritionnelle du soufre. Lors des carences en S, d'autres hormones comme l'ABA et cytokinine jouent un rôle important. L'afflux d'auxine, comme le suggère les résultats sur l'IAA28, peut moduler la réponse aux faibles teneurs en sulfate du milieu (Maruyama-Nakashita *et al.*, 2004 ; Nibau *et al.*, 2008 ; Nikiforova *et al.*, 2005).

Lors de carence sévère en soufre, le profil transcriptomique est similaire au cas de carence en potassium et présente des résultats qui ne sont pas observés lors de carence en nitrate ou en phosphate. Ils démontrent des changements dans la signalisation au jasmonate permettant une défense systémique chez les végétaux (Armengaud *et al.*, 2004). Le facteur de transcription MYB77 est un fait intéressant. Il fournit un lien direct entre les réponses aux carences potassiques et la signalisation de l'auxine (Shin *et al.*, 2007).

II.5. Effet du statut nutritionnel en fer et oligo-éléments

Dans les plantes, le fer (Fe) est un oligo-élément important et également en lien avec le soufre. Il est un cofacteur essentiel pour deux importants processus biologiques : i) la photosynthèse et i) la fixation de l'azote. La disponibilité du fer influe grandement sur la physiologie et la morphologie des plantes (Hong-Qing Ling *et al.*, 2002). De nouvelles études ont montré que l'apparition de poils absorbants en réponse à une carence en fer est associée à des cellules spécifiques acculant des transcrits impliqués dans l'acquisition du fer (Santi *et al.*, 2008).

II.6. Conclusion

Il sera intéressant de comprendre : comment ces voies d'assimilation des nutriments fonctionnent en rapport étroit avec les mécanismes hormonaux ? Nous pourrons ainsi préparer ou acclimater des plantes pour des sols carencés et mettre au point des fertilisants dont les balances minérales sont équilibrées, optimisées et adaptées au milieu de culture. Ho *et al.* (2003) soulignent que les cultivars de haricots présentant un système racinaire peu profond ont un mécanisme d'acquisition du phosphore mieux adapté à ces conditions. Ce système racinaire est situé près de la surface du sol. *A contrario*, il est très peu adapté à l'acquisition de l'eau qui nécessite une augmentation des racines et une exploration en profondeur du sol (Ho *et al.*, 2004).

III. Instabilité développementale des racines ou sous classe de plasticité phénotypique où la cause environnementale est inconnue

L'instabilité développementale est faiblement commentée. Elle a été reconnue un certain temps comme une composante majeure du comportement des racines et une composante particulière des racines latérales. Elle est non génétique et elle n'est pas induite par les variables environnementales. La nature imprévisible de la croissance des racines latérales devient plus évidente lorsque son comportement individuel est analysé grâce à l'utilisation des plantes ayant une diversité génétique de diverses espèces végétales (May *et al.*, 1967 ; Page`s *et al.*, 1993 ; Page`s & Pellerin, 1994 ; Page`s, 1995 ; Zhang *et al.*, 1999 ; Lecompte *et al.*, 2001 ; Freixes *et al.*, 2002 ; Lecompte & Page`s, 2007). L'étude du taux de croissance individuel de la racine latérale a démontré une variation de 5 à 10 fois (Page`s, 1995 ; Freixes *et al.*, 2002). Pour mettre en avant l'ampleur de cette variation, des études chez *Arabidopsis thaliana* L. exploitent l'un des signaux environnementaux les plus forts pouvant stimuler la croissance des racines latérales. Ce signal est celui du nitrate. Ce signal provoque une augmentation de 2 fois la vitesse moyenne d'élongation de ce type de racines (Zhang *et al.*, 1999). Ainsi, il devient difficile d'affirmer que les facteurs environnementaux pourraient être entièrement ou principalement responsables de la variation observée dans les taux de croissances de la racine latérale évalués dans ces conditions environnementales contrôlées.

Pour illustrer plus clairement la variabilité de la croissance de la racine latérale, la figure 7 montre les résultats d'une expérience dans laquelle des plantes d'*Arabidopsis* ont été cultivées sur géloses verticales éclairées en continue sur deux sources d'N différentes : le nitrate ou la glutamine (Forde, 2009). Les longueurs individuelles de chaque racine latérale pour chaque série de semis sont confrontées à l'âge de la racine primaire dont elles sont issues. Chez *Arabidopsis*, l'initiation de la racine latérale intervient dans une séquence strictement acropète (Dubrovsky *et al.*, 2006). Ces données permettent une comparaison directe entre les premiers ordres de racines latérales de même âge. Cela permet une correction des variations entre la croissance des racines primaires et la germination des plantes. Au sein de chaque groupe d'âge et sous deux conditions d'N, on peut constater la présence d'une large gamme de longueurs de racines latérales. Les plus anciennes de 7 à 8 jours ont des longueurs différentes avec une variation de près de 10 fois par rapport au témoin. Par ailleurs, une grande part de cette variation au sein des plantes individuelles indique qu'elle n'est pas due à la seule responsabilité des effets environnementaux. La croissance et le développement des racines latérales est un processus complexe.

Figure 7. Variation des longueurs de la racine latérale (LR) le long de l'axe racine primaire de plantules issu de semis de graines *d'Arabidopsis thaliana* L. (Col-0). Les graines ont germé et grandi sur géloses verticales contenant soit 1 mM KNO_3 ou 0,5 mM de glutamine à 24°C comme décrit par Zhang & Forde (1998). Après quatre jours, les jeunes plants ont été transférés à partir des plaques de germination sur des plaques fraîches contenant les mêmes sources d'N. Les auteurs ont mis trois plantes par plaque de 10 cm carrés (répétitions métriques) et trois boites de géloses par traitement (répétions biologiques). Les longueurs des racines ont été mesurées après une nouvelle croissance de 7 jours. Pour corriger les différences de taux de croissance des racines primaires entre les plantes, les longueurs LR ont été compilées en fonction de leur âge plutôt que la distance à la base de l'hypocotyle. Par la suite, leur âge est estimé grâce à une étude de croissance de la racine primaire sur un intervalle de 24 h et par le calcul de l'heure à laquelle l'extrémité des racines primaires dépasse le point d'initiation où les LR sont ensuite apparues. D'après Dubrovsky *et al.* (2001) & forde (2009), il faut noter qu'il s'agit toujours d'une surestimation de l'âge réel de la LR par 8 h, car, il a été observé que les premières divisions mitotiques précédentes la formation d'un PRL se produisent autour de 3 mm derrière la pointe d'initiation de la racine chez *Arabidopsis* et permet la mise en place d'un taux moyen de croissance de la racine primaire dans cette expérience de $0{,}4 mm.h^{-1}$. La ligne verticale passant par le centre de l'axe des x représente la racine principale. Les données pour les plants cultivés sur nitrate ont été tracées sur la gauche et celles pour les plants cultivés sur glutamine sur la droite. Différents symboles représentent les données des plants séparés. Les lignes continues rouges indiquent les longueurs moyennes des LR long le long de l'axe de la racine primaire pour chaque traitement. Pour les obtenir, les longueurs des intervalles de 12 LR ont été regroupées pour chacun des incréments de 10h. Leurs moyens calculés et une courbe sont tracées manuellement par les points qui en résulte (non représentée). Les lignes en pointillés noirs indiquent la longueur maximale réalisable par une LR apparente d'une donnée d'âge spécifique dans les conditions de croissance. Il faut noter qu'en raison de la courbure gravitropique de la LR, les limites extérieures du volume de sol exploré par le système racinaire seront inférieures à ceux impliqués théoriquement. (Forde, 2009).

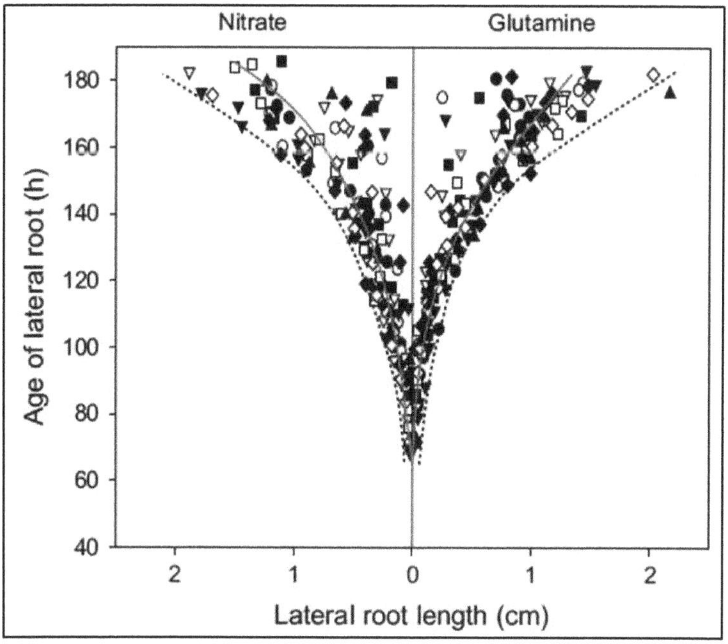

Ainsi, les processus stochastiques peuvent intervenir sur plusieurs étapes créant une variation de longueur des racines latérales. Chez *Arabidopsis*, les étapes démontrant la stochasticité sont la durée entre l'initiation et l'émergence de la racine latérale (Dubrovsky *et al.,* 2006), le temps de croissance (Al-Ghazi *et al.,* 2003) et le taux de croissance (Freixes *et al.,* 2002). Dans le cas de l'expérience présentée dans la figure 7, le dernier de ces trois facteurs semble être le principal contributeur à la variation de longueurs des racines latérales (Forde, 2009). Par exemple, lorsque le taux de croissance des racines latérales est comparé le 4ème jour après l'émergence de ces racines au sein d'individus issus des plantules cultivées sur glutamine. Nous obtenons une différence de trois fois en comparant les moyennes entre les racines latérales à croissance les plus rapides et les plus lentes. De plus, il y avait des différences marquées entre les cinétiques de croissance des racines latérales. Une proportion de ces racines montre des taux de croissance plafonnant ou diminuant après le 4ème jour (Forde, 2009). D'autres études montrent des variations similaires dans la trajectoire du taux de croissance pendant la durée de vie des racines latérales de différentes espèces (Page`s, 1995 ; Lecompte *et al.,* 2001 ; Freixes *et al.,* 2002, Forde, 2009). Un certain nombre d'autres aspects du développement des racines présentent des signes d'instabilité développementale. Les variations de densité des poils racinaires signalées entre des plantes génétiquement identiques d'*Arabidopsis* poussant sous des conditions contrôlées sont un bon exemple (He *et al.,* 2004). Nous pouvons également noter que ce phénomène s'accentue lors de carences en S, N ou K (He *et al.*, 2004).

Une étude de l'espacement entre les racines latérales présent sur la racine primaire d'*Arabidopsis* montre une moyenne de ces distances qui semble génétiquement déterminée quel que soit l'écotype. Dans des études sur les distances individuelles des cellules du péricycle, une différence de 25 fois entre le maximum et le minimum de ces distances inter-racines latérales est quantifiée (Dubrovsky *et al.*, 2006). Par ailleurs, il semble n'y avoir aucune corrélation significative entre le taux de croissance des racines latérales et la distance des cellules latérales adjacentes (Draye, 2002 ; Doubrovski *et al.*, 2006). Cela indique que la variation de l'espacement n'est pas due à la variabilité de la croissance des racines latérales. Il est nécessaire de considérer que la mesure de l'instabilité développementale au niveau physiologique peut influencer indirectement l'architecture racinaire en créant des variations non génétiques au sein de la plasticité phénotypique. Par exemple, à la suite d'une gravi-stimulation, une grande variation individuelle des trajectoires entre les racines est rapportée (Trewavas, 2003).

Cette variabilité de la réactivité s'étend à d'autres stimuli environnementaux. Cela ajoute une autre dimension à la complexité de la variation non génétique dont fait partie la plasticité phénotypique. A l'intérieur et entre les individus, un composant supplémentaire de variation non-génétique dans l'architecture racinaire résulte de l'interaction entre la variation de l'environnement et de la variation non génétiques au sein de la plasticité phénotypique racinaire. Ceci est principalement causé par des effets d'instabilité développementale (Forde, 2009). Peu d'attention est accordée à ce phénomène présent dans les racines. Un nouvel axe de recherche est pris par de nombreux chercheurs pour explorer ce vaste *corpus* de connaissances concernant cette variation phénotypique présent dans d'autres systèmes biologiques. Forde (2009) a réalisé un début de synthèse regroupant des preuves concernant : i) son existence, ii) les contrôles génétiques impliqués et iii) son intérêt potentiel en tant que trait évolutif pertinent. Cette synthèse retrace un bilan de ces différents points.

IV. Historique de l'instabilité du développement

IV.1. Historique et définition

Dans « L'Origine des espèces », Darwin a indiqué que toute variation non héréditaire est sans importance pour nous « *Any variation which is not inherited is unimportant for us* » (Darwin, 1859). Depuis, il y a eu une longue et remarquable enquête sur la variation phénotypique sans cause génétique ou environnementale apparente. Dans la première étude de ce genre, Pearson *et al.* (1901) ont analysés 22 structures différentes chez les plantes et les champignons, y compris les systèmes de transport de la sève, les épines des feuilles, les indices de la feuille et des gousses. Pearson *et al.* ont notés qu'un certain degré de variations est combinée avec un certain degré de ressemblance « *A certain degree of variation combined with a certain degree of likeness* » (Forde, 2009). Plus tard Astauroff a étudié une série de caractères dans les différentes espèces animales. Il a trouvé des preuves de variations développementales qui ne pouvaient pas être expliquées par des effets de natures environnementales ou génotypiques (Astauroff, 1930). Dans les années 1950, ce phénomène a attiré l'intérêt des biologistes évolutionnaires (Mather, 1953 ; Sakai & Shimamoto, 1965). C'est alors que ce phénomène a été désigné pour la première fois « instabilité développementale ».

La majorité des études sur l'instabilité développementale est principalement accès sur les animaux plutôt que les plantes. Chez les plantes, les individus génétiquement identiques peuvent facilement se propager. Un modèle de développement « *modular pattern* » de la plante permet également la comparaison des structures répétées d'un seul individu. Dans une étude botanique particulièrement remarquable, Roy a fait des centaines de milliers d'observations sur le nombre de pétales ainsi que des milliers d'observations sur le nombre de dents sur les feuilles de *Nyctanthes arbortristis* (Roy, 1962). Son analyse minutieuse, menée pendant plusieurs mois et sur différentes saisons, a révélé un haut degré de variabilité dans les deux traits, à la fois au sein et entre les arbres individuels. Dans le cas du nombre de pétales ses données sont plus complètes. Il se sentait en mesure de conclure que les effets environnementaux ne permettaient pas d'expliquer cette variabilité (Forde, 2009).

Les premières données sur l'instabilité développementale des plantes et des animaux contrôlés génétiquement ou soumis à la sélection naturelle, sont issues d'études de l'asymétrie du nombre de soies sternopleurales chez la Drosophila melanogaster (Mather, 1953) et la variabilité morphologique florale et foliaire de *Nicotiana rustica* (Paxman, 1956). Paxman a observé chez la plante une instabilité de deux traits floraux (la longueur du pistil et des étamines) et un trait végétatif (la forme des feuilles). Il a constaté que le degré d'instabilité diffère entre les différents génotypes *N. rustica*. Des études ultérieures avec les autres espèces végétales ont confirmé que les différents génotypes présentent généralement différents niveaux de variabilité dans des traits de développement (Williams, 1960 ; Roy, 1962 ; Sakai & Shimamoto, 1965). Deux études récentes utilisant des lignées recombinantes d'*Arabidopsis thaliana L.* Col-0 ont cartographié de manières spécifiques leurs génomes par QTL (« *Quantitative Trait Loci* » : QTL), c'est-à-dire, un locus à effets quantitatifs. Il s'agit de loci où les variations alléliques sont associées aux variations de caractères quantitatifs. La présence de QTL est déduite de la cartographie génétique, où la variation totale est divisée sur des parties liées à un nombre de régions chromosomiques distinctes. Ces QTLs affectent l'instabilité de développement des traits morphologiques des parties aériennes du végétale (Hall *et al.*, 2007 ; Sangster *et al*, 2008).

Les mêmes études ont également révélé que le degré d'instabilité n'est pas un phénomène global pour l'organisme entier. Il peut varier de manière indépendante dans différentes unités de développement (Forde, 2009). Par exemple, chez deux espèces de *Nicotiana*, on constate une instabilité développementale florale héritée de façon indépendante de l'instabilité foliaires (Paxman, 1956 ; Sakai & Shimamoto, 1965). Il semblait y avoir une instabilité issue d'un mécanisme de contrôle commun dans les fleurs et les feuilles, mais dont leurs stabilités semblent indépendantes. Une méta-analyse des ensembles de données sur 11 espèces d'invertébrés montre que la base génétique de l'instabilité du développement est un caractère spécifique (Clarke, 1998). Il semble que l'instabilité de développement peut fonctionner différemment dans les différents processus de développement au sein d'un organisme unique.

Ainsi, on peut voir qu'il y a des preuves de l'existence d'une source de variation phénotypique chez les plantes. Elle est indépendante des effets génétiques et environnementaux (Forde, 2009). Par ailleurs, la mesure d'un caractère particulier affichant une instabilité développementale est démontrée sous contrôle génétique. Dans les paragraphes suivants, les progrès importants réalisés dans la compréhension des processus sont présentés. L'instabilité développementale et les mécanismes acteurs du développement comme tampon contre ces processus stochastiques et la base génétique de ces forces opposées seront considérés dans cette étude bibliographique.

IV.2. Origine de l'instabilité développementale ou du bruit développemental

Il est important d'être clair sur la terminologie employée dans la discussion suivante. Il faut noter que différents usages sont en circulation. Forde (2009) a fait un point sur la terminologie à employer. Je vais le prendre comme référence. Nous allons utiliser le terme « bruit développemental » qui se réfère aux processus stochastiques. C'est la cause permettant de dévier la trajectoire prévue par le développement du trait dans des conditions génotypiques et environnementales données (Van Dongen & Lens, 2002). La stabilité du développement ou développementale est définie par Forde (2009) comme la capacité tampon qui contrecarre les effets phénotypiques du bruit et de l'instabilité développementale. C'est le résidu non génétique de variation résistante à la mémoire tampon (Figure. 8) : « *Developmental stability is the buffering capacity that counteracts the phenotypic effects of developmental noise and developmental instability is the residual non-genetic variation that is resistant to buffering* » (Forde, 2009). Les effets du microenvironnement sont ceux provenant des variations de l'environnement interne et externe à la plante. Ils surviennent lorsque le macro environnement est contrôlé.

Figure 8. Interaction entre les processus qui génèrent l'instabilité développementale et ceux qui permettent un effet tampon (Forde, 2009)

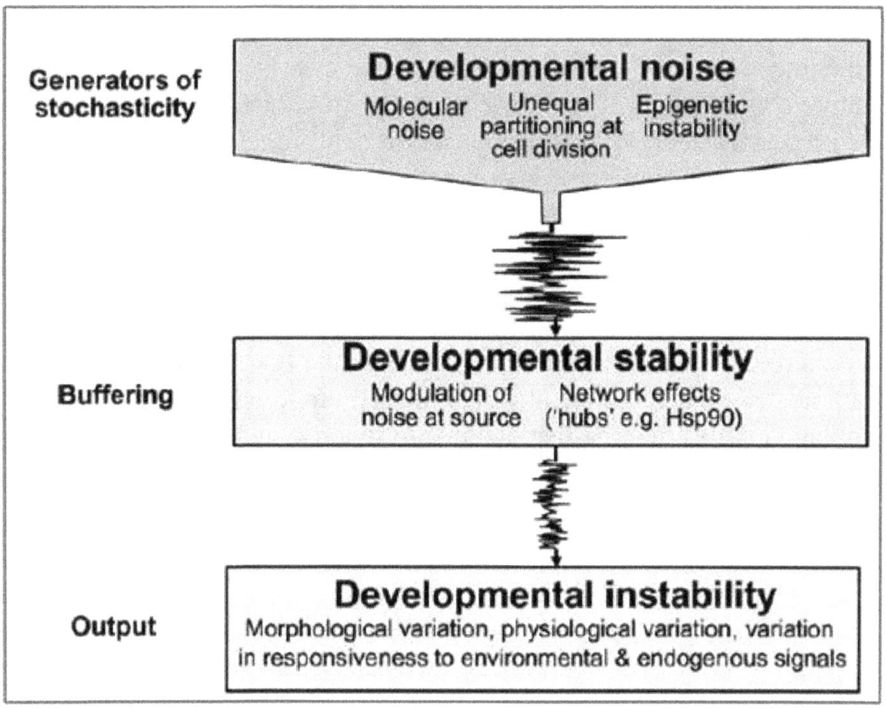

D'après Forde (2009) et Simons & Johnston (2006), dans les études sur les organismes multicellulaires, il sera difficile de discerner la frontière entre la variation phénotypique résultant de processus stochastiques intrinsèques et les effets d'origines inconnues dus aux « microenvironnements ». Les Facteurs micro-environnementaux comprennent des éléments tels que des variations mineures d'intensité lumineuse ou de température survenant dans une chambre de croissance, auto ombrage différentiel des feuilles supérieures et inférieures sur la plante entière, ou de l'hétérogénéité environnementale interne de l'organisme. Lorsque les gradients environnementaux se produisent sur une petite échelle, ils ne sont pas facilement quantifiables. Leur contribution au comportement stochastique ou aléatoire lors du développement peut être difficile à évaluer. Cependant, des moyens existent pour obtenir des indications sur le degré de variation d'un trait. Ils sont dus à l'exploitation des informations obtenues concernant le bruit de développement ou les effets micro-environnementaux. Par exemple, on pourrait comparer le coefficient de variation (CV) pour un trait entre les groupes de plantes cultivées dans des conditions où les effets du micro-environnement sont minimisés. Nous pouvons citer des expérimentations en boîte de Pétri identique. Nous pouvons également comparer des groupes de plantes cultivées sous contrôle, mais dans des conditions moins uniformes. Nous pouvons mentionner des expérimentations de croissance dans différentes parties de chambre de culture conditionnée. L'attente de telles expérimentations serait que là où les processus stochastiques mis en avant sont largement en action. Les coefficients de variation (CV) seraient semblables dans des conditions environnementales homogènes, alors que si les effets du micro-environnement prédominent le CV serait significativement plus élevé dans le second cas d'expérimentation. Lorsque les effets micro environnementaux sont insuffisants. Une autre indication peut être démontrée. L'expérimentation rend compte que la variation d'un trait où l'ampleur de la variation observée dans l'environnement contrôlé est similaire ou supérieure à l'ampleur de la réponse induite par des facteurs macro environnementaux. Cela a été noté ci-dessus dans le cas des taux de croissance des racines latérales. Par ailleurs, une étude sur les longueurs des rhizomes de *Carex spp* a démontré que les facteurs micro-environnementaux sont la cause prédominante de variation de trait chez ces plantes (de Kroon *et al.,* 1994). Dans ce cas, la variation de la longueur des rhizomes s'expliquerait par la variation de l'intensité de la lumière provoquée par l'orientation variable des bourgeons latéraux par rapport à la surface du sol (Forde, 2009). À certains égards, il n'est pas toujours important de savoir si la variation d'un trait particulier est due aux variations micro-environnementales ou au bruit développemental.

Les résultats en termes d'effet sur l'aptitude de l'individu ou la population est indiscernables (Forde, 2009). Par ailleurs, on verra que les processus qui agissent pour atténuer les deux sources de variations non génétiques peuvent être liés aux arguments présentés dans le Chap Plasticité.

Si l'on considère les événements au niveau moléculaire, il n'est pas difficile d'identifier l'une des plus importantes causes sous-jacentes de bruit développemental. Les réactions biochimiques sont intrinsèquement stochastiques parce qu'ils dépendent des collisions intermoléculaires aléatoires, d'auto catalyse ou de catalyse enzymatique (Shahrezaei & Swain, 2008). En général, lorsque le nombre de molécules impliquées est faible. Cette stochasticité est plus élevée. Dans ce cas, le caractère aléatoire des événements réactionnels individuels conduit à d'importantes fluctuations statistiques du nombre de molécules et des taux de réactions biochimiques. Des expériences utilisant des dosages cellulaires ont permis d'observer des changements dynamiques dans l'expression des gènes dans des cellules individuelles bactériennes (Elowitz *et al.,* 2002 ; Swain *et al.,* 2002). Ces études confirment cette attente. L'expression du point de vue d'un gène unique est extrêmement stochastique. Elle permet de démontrer qu'il y a deux composantes au bruit : une composante intrinsèque et extrinsèque. Pour un gène spécifique, le bruit intrinsèque est dû à des événements stochastiques issus du processus de sa propre expression. Le bruit extrinsèque est quant à lui le composant imposé sur le gène à la suite des fluctuations abondantes des autres composants cellulaires qui ont un effet global sur l'expression génique dans la cellule. Il s'agit de l'environnement interne à la cellule et constitue l'environnement physiologique d'expression du gène. Le bruit extrinsèque peut avoir ses origines dans l'hétérogénéité de toute une variété de facteurs qui influent l'expression génique. Cette variété de facteurs comprend également l'hétérogénéité au niveau cellulaire par exemple la taille des cellules, hétérogénéité lors de l'étape du cycle cellulaire ou lors de la transduction du signal réalisé en amont (Raser & O'Shea, 2005). Nous pouvons citer d'autres exemples comme la stochasticité (ou réactions aléatoires) présente lors de l'expression d'un facteur de transcription ou la régulation moléculaire des ARN (Forde, 2009). Ces réactions aléatoires au niveau des facteurs de transcription peuvent se propager et générer une stochasticité aux niveaux de l'expression des gènes qu'il régule. Un effet d'amplification ou de cascade linéaire des facteurs de transcription peut-être généré (Hooshangi *et al.,* 2005). D'autres processus biochimiques influencés par le bruit inclut l'initiation de l'expression de canaux ioniques, une certaine dynamique du cytosquelette et la translocation de protéines à travers les membranes (Rao *et al.,* 2002). Nous pouvons encore ajouter d'autres sources de bruit de développement par exemple les processus qui génèrent des différences stochastiques entre une cellule mère et ses cellules filles dérivées de la mitose. C'est-à-dire que la division cellulaire se produit. Dans ce cas, la plupart des composants cytoplasmiques sont partitionnés de manière aléatoire entre les deux cellules filles. Les molécules et les organites sont présents en petit nombre dans la cellule et créent un potentiel considérable pour la divergence aléatoire entre les cellules filles (McAdams & Arkin, 1999). De plus, il y a également un potentiel de bruit développemental à des modifications épigénétiques spontanées au sein des tissus somatiques (Blewitt *et al.,* 2004). Cela implique des modifications localisées dans la structure de la chromatine ou du taux de méthylation d'ADN qui affecte potentiellement l'expression des gènes. Bien que l'état épigénétique soit considéré comme mitotiquement héréditaire (Forde, 2009). Des études utilisant des cultures de cellules de mammifères indiquent que l'état de méthylation de l'ADN à un locus individuel peut être héréditaire et ceci avec un rendement aussi faible que 94% (Wigler *et al.,* 1981).

Conformément à ces informations, dans un même tissu de mammifère, il y a des différences dans l'état épigénétique des allèles de cellule à cellule. Dans certains cas, cela se reflète au niveau de l'expression génique (Blewitt *et al.,* 2004). Par ailleurs, les proportions dans laquelle cette instabilité existe au sein des plantes sont moins claires. Des études génétiques révèlent un certain nombre d'exemples d'épiallèles métastables chez de nombreuses espèces. Ces épiallèles métastables génèrent des mosaïques somatiques ou des plantes chimériques (Cubas *et al.,* 1999 ; Miura *et al.,* 2009 ; Sekhon &Chopra, 2009). Ces faits indiquent la possibilité d'épimutations spontanées contribuant à la génération de bruit développemental également présent chez les plantes. Une fois que l'expression génétique et les autres processus cellulaires stochastiques sont évalués. Nous pouvons comprendre comment ce phénoméne peut être présent chez les individus d'une population de cellules génétiquement homogène ou des organismes uniques. Ce phénomène est dénommé « individualité non génétique ou *non genetic individuality* ». Il a été découvert dans les années 1970 par des études sur la variabilité de réponse chimiotactique des cellules d'une population bactérienne clonale (Spudich & Koshland, 1976). Dans le contexte végétal à l'égard des différences non génétiques, l'individualité unique est discutée. Ils ont été observés chez des cellules et tissus ayant une sensibilité aux hormones différentes telles que l'auxine, l'éthylène, et gibbérelline (Trewavas, 1999 ; Gilroy & Trewavas, 2001). Ces différences de sensibilité sont exactement ce que l'on prédirait comme une conséquence de la stochasticité au niveau moléculaire. Ce qui pourrait facilement générer des variations de concentrations des principales molécules régulatrices aux niveaux cellulaires ou de l'organisme. De plus, cette stochasticité compléterait la plasticité phénotypique clonale par exemple démontré par Varin *et al.* (2009) sur des clones de trèfle blanc.

L'individualité du comportement des cellules pendant le développement de l'organisme multicellulaire peut produire des variations significatives à grande échelle dans les organes et dans l'organisme entier. Par exemple, chez les plantes, les variations de sensibilités hormonales de cellule à cellule peuvent avoir un effet majeur sur un organe ou un tissu naissant composé d'un nombre relativement restreint de cellules et leurs réponses aux signaux de développements. Au début du processus développemental ou ontogénétique, de petites différences entre les cellules peuvent être transmises aux cellules filles et complétées dans un temps par d'autres événements stochastiques. Ce cumul de bruits développementaux peut conduire à des divergences significatives de phénotypes entre individus génétiquement identiques ou unités génétiquement identiques au sein d'un individu (Forde, 2009). Ces sources de bruits de développements sont généralement combinées avec d'autres effets du micro-environnement. Cette variation développementale, caractérisant le bruit de fond de développement, semble fournir une explication adéquate de la variation non génétique de traits floraux et foliaires qui a fait l'objet d'analyses minutieuses dans les années 1950 et 1960 (Went, 1953 ; Paxman, 1956 ; Roy, 1962 ; Sakai & Shimamoto, 1965). Cette variation développementale et une autre source de variation du phénotype final de l'organisme. Elle est souvent additionnée à la plasticité principalement phénotypique comme le défini les différents chercheurs comme Bradshaw (1965), Schlichting (1998), Wright & McConnaughay (2002) (Cf. partie plasticité).

IV.3. Garder un bruit de fond bas

Au vu de la stochasticité intrinsèque et des processus qui sont à la base du développement, nous pouvons nous poser la question : Pourquoi le développement n'est pas plus instable ? Ces dernières années, des progrès considérables ont été accomplis dans la compréhension des mécanismes qui existent pour protéger ou tamponner le développement contre des perturbations de toutes sortes. Le progrès est venu du travail de deux sujets connexes : i) le concept de stabilité développementale ou processus de stochasticité tampon « ou amortissant » et ii) le concept de « canalisation » (Waddington, 1942). Il s'agit des processus qui tamponnent ou protègent le développement contre les perturbations induites par les facteurs génétiques et environnementaux. La relation et les proportions précises entre la stabilité développementale et la canalisation sont controversées (Debat & David, 2002). Or, des données récentes suggèrent l'existence d'un certain chevauchement entre les deux systèmes stabilisateurs ou tampons (Salathia & Queitsch, 2007) (Figure 22- partie bibliographique Ia). Ces dernières décennies, pour ceux qui travaillent sur la canalisation, l'intérêt s'est focalisé sur le chaperon moléculaire Hsp90. Ce chaperon agirait comme condensateur phénotypique chez *D. melanogaster* (Rutherford & Lindquist, 1998). La perturbation ou l'annulation de la fonction de Hsp90 montre des changements dans une grande variété de phénotypes morphologiques à la fois chez *Arabidopsis thaliana* L. et *D. melanogaster*. Ces changements de morphotypes s'apparentent à l'exposition de variations génétiques énigmatiques (Rutherford & Lindquist, 1998 ; Queitsch *et al.,* 2002 ; Sangster *et al.,* 2007, 2008). La fonction de canalisation d'Hsp90 serait un sous-produit ou effet collatérale de son rôle central dans la stabilisation de la conformation des protéines métastables et des divers régulateurs & réglementateurs de la croissance et du développement (Queitsch *et al.,* 2002).

Il est prouvé que la protéine Hsp90 tamponne également le bruit développemental. Des études chez *Arabidopsis* (Sangster *et al.,* 2007) et *D. melanogaster* (Queitsch *et al.,* 2002 ; Milton *et al.,* 2006) montrent que l'interférant avec la fonction d'Hsp90 conduit à une augmentation de la variabilité phénotypique en l'absence de variations génétiques. Cependant, chez *D.melanogaster* tous les traits ne sont pas soumis à l'influence de l'effet tampon induite par l'Hsp90. Ces effets rapportés par de nombreux auteurs semblent en grande partie accès sur des traits quantitatifs normalement invariants nommés « *threshold* » traits ou des traits « seuil » (Milton *et al.,* 2006). Hsp90 est simplement une composante d'un grand groupe de chaperons moléculaires qui remplissent de nombreuses fonctions dans des conditions normales et de stress (Nollen & Morimoto, 2002).

Chacune de ces chaperonnes présentent généralement une faible affinité, des interactions dynamiques (*« weak links » ou « maillons faibles »*) avec de nombreuses autres protéines. Elles se comportent comme des « hubs » au sein de réseaux cellulaires (Soti *et al.,* 2005).Il faut savoir qu'un « *hub* » se définit comme un concentrateur servant à regrouper plusieurs liaisons d'un même type en une seule. La modélisation de simulation a montré que les réseaux mesurer-libres « *scale-free networks* », comme les Cellules ou Internet, sont intrinsèquement robustes, même à des taux élevés d'échecs aux niveaux des nœuds individuels. Mais, ils sont vulnérables à une attaque ou perturbation aux niveaux des nœuds du réseau (Albert *et al.,* 2000). Cette prédiction est confirmée par une analyse de suppression à grande échelle chez la levure. Elle a montré que plus de 60% des protéines avait plus de 15 liaisons réseaux essentielles et 10% de protéines de moins de cinq liens réseaux (Jeong *et al.,* 2000). Cette vue d'un modèle en réseau correspond à l'idée que la canalisation est une conséquence inévitable de l'évolution des réseaux complexes de régulation (Siegal & Bergman, 2002). Ces nouvelles données, nous aident à comprendre les raisons de l'importance de Hsp90 comme un condensateur-tampon phénotypique. Elles conduisent à prédire que d'autres protéines hautement connectées peuvent avoir un rôle similaire à un tampon développemental lors des perturbations génétiques, environnementales et stochastiques (Sangster *et al.,* 2004). Chez *Caenorhabditis elegans*, une étude détaillée confirme la présence d'interactions génétiques. Cette étude a identifié une classe de « *hub* » gènes. Ces « *hub* » gènes codent pour des régulateurs de la chromatine et ont conservé un rôle de « condensateurs-tampons » phénotypiques à travers le règne animal (Lehner *et al.,* 2006). Des travaux similaires, réalisés chez la levure, révèlent un ensemble de 300 gènes soit 5% du génome. Ces gènes remplissent le rôle de « condensateurs-tampon » phénotypiques (Levy & Siegal, 2008). Les mécanismes en action qui contrôlent la quantité de stochasticité dans l'expression des gènes n'agissent pas exclusivement par tamponnage du bruit de fond génétique après la production de celui-ci. La preuve que le bruit de l'expression génique peut être contrôlé à sa source, provient d'études montrant que les gènes essentiels sont généralement à des niveaux de « bruits de fonds » plus faibles que les gènes indispensables pour l'organisme (Kaufmann & van Oudenaarden, 2007). La seule voie de contrôle est exercé par contrôle de l'équilibre des taux relatifs de la transcription et de la traduction (Thattai & van Oudenaarden, 2001 ; Ozbudak *et al.,* 2002). D'autres travaux montrent comment des séquences promotrices différentes peuvent générer une même abondance moyenne d'ARNm, mais avec des caractéristiques de « bruits de fonds génétiques et développementaux » très différents (Raser & O'Shea, 2004). A ce jour, il y a une liste croissante de facteurs génétiques identifiés comme contribuant à la génération de bruits d'expressions géniques (Ansel *et al.,* 2008).

IV.4. Lorsque le bruit est une chose positive

Il semble naturel de penser que l'instabilité développementale est un trait indésirable de manière générale. Il indique un échec du processus de développement sous forme de bruits de fonds tampon. Il entraîne un départ du phénotype idéal qui n'aboutit pas. Ainsi, l'instabilité développementale peut être illustrée par une rupture de la symétrie bilatérale. Cette instabilité est souvent considérée comme un indicateur de stress environnementaux ou génétiques (Parsons, 1992). Néanmoins, il y a une quantité importante de données théoriques et expérimentales concernant cette idée. Dans certaines circonstances, il peut y avoir un avantage sélectif en faveur de la variabilité phénotypique accrue issue de l'instabilité développementale ou de l'augmentation du bruit développemental (Forde, 2009).

Pour des populations microbiennes, il est déjà bien établi que des processus stochastiques jouent un rôle fondamental dans la génération de la diversité phénotypique telle que le bruit d'expression génique des microorganismes. Ces processus sont capables de conférer un avantage adaptatif à l'ensemble de la population (Fraser & Kaern, 2009). Le phénomène de persistance bactérienne est une illustration de ce concept. Par exemple, un petit sous-ensemble de cellules entre spontanément dans un état de dormance dans lequel elles peuvent survivre à des conditions défavorables et réensemencer un milieu pour générer une nouvelle population lorsque les conditions s'améliorent (Lewis, 2007). Il s'agit d'une stratégie évolutionnaire appelée stratégie de minimisation des risques (ou « *Bet hedging* ») diversifiées. Le terme « *Bet hedging* » décrit la manière dont les organismes assurent la survie de leur espèce dans des environnements qui évoluent rapidement en donnant naissance à des progénitures pouvant s'adapter à diverses conditions de vie. Cette stratégie est une application commune de la stochasticité chez les micro-organismes (Fraser & Kaern, 2009). Le « *Bet hedging* » diversifié est le point où les risques associés à la vie développée dans un environnement sont variables. Au sein d'un seul génotype, ces risques sont répartis par le biais de la variance phénotypique. Cette idée est résumée par l'adage suivant : « il ne faut pas mettre tous vos oeufs dans le même panier ».

L'archétype de ce concept est la germination des graines (Cohen, 1966). Dans un environnement directement favorable, les allèles déterminant la germination d'une plante sont immédiatement sélectionnés. Dans un environnement imprévisible et aux conditions moins favorables à la germination, les allèles permettant cette germination sont activés de manière étalée sur une longue période de temps. (Evans & Dennehy, 2005). Cette « Stochasticité » intervenant dans le calendrier de la germination assure qu'une fraction minimum de la descendance survivra pour se reproduire. D'autres exemples où l'instabilité développementale chez les plantes peut être sélectionnée dans le cadre d'une stratégie de « *Bet hedging* » sont : i) le temps de floraison, ii) l'asynchronisme favorisant la pollinisation croisée, iii) le prolongement de la période de floraison (Normand *et al.,* 2002) et la variation des phases de dormance des bourgeons prévue pour être bénéfique dans le cas de risque variable d'herbivorie (Nilsson *et al.,* 1996).

IV.5. Sources d'instabilité dans le développement des racines latérales (LR : lateral root)

Maintenant, si nous retournons à notre système modèle les racines. Que pouvons-nous dire sur les raisons probables de variabilité développementale présente chez les racines latérales? Il semble fortement probable qu'une grande partie de la variation observée puisse être enclin à favoriser le destin cellulaire vers la formation de racines latérales. Les événements stochastiques au niveau moléculaire et cellulaire des premières étapes de la formation de la racine latérale auraient une influence durable sur les processus ultérieurs de développement. D'après nos connaissances (cf. Tome 2), les racines latérales proviennent des cellules post-embryonnaires du péricycle. Elles sont connues sous le nom de cellules fondatrices proches du méristème apical de la racine principale (Malamy & Benfey, 1997 ; De Smet *et al.,* 2006). La formation des racines latérales commence lorsque les cellules fondatrices subissent une série de divisions anticlinales asymétries. Ces divisions sont immédiatement suivies par des divisions périclinales pour former un dôme de cellules en division nommé *primordium* de racines latérales.

De manière générale, il semble n'y avoir aucun point commun entre le nombre de cellules fondatrices permettant l'initiation des racines latérales et la variabilité développementale chez de nombreuses espèces. Chez *Arabidopsis*, l'estimation du nombre moyen de cellules est d'environ 11 (Laskowski *et al.,* 1995). Il a été noté que de nombreuses variations existent dans les dimensions longitudinales et radiales permettant l'ébauche d'un début de racines latérales. Ceci indique des écarts importants par ce dénombrement cellulaire. Une étude plus récente chez *Arabidopsis thaliana* L. indique qu'il y a deux types distincts d'initiation morphogénétique des racines latérales. Elle estime que le nombre minimum de cellules fondatrices permettant la production « d'éléments unicellulaires de types longitudinaux » est de trois en dehors des cellules supplémentaires qui peuvent être recrutées (Dubrovsky *et al.,* 2001). Dans le cas du deuxième type la production d'éléments « bicellulaires longitudinaux », le nombre minimum estimé est de deux fois ce chiffre soit 6 (Forde, 2009).

Les données disponibles indiquent qu'il peut y avoir une imprévisibilité même dans les événements fondamentaux de l'histoire de vie ou déterminisme de la racine latérale comme le nombre de cellules fondatrices établissant l'émergence de ces racines latérales. La signalétique hormonale est connue pour être importante lors de l'initiation des racines latérales. L'auxine joue un rôle prépondérant lors de la production de ces organes (De Smet *et al.,* 2006). Ainsi, des différences stochastiques existent entre les cellules du péricycle c'est-à-dire des différences individuelles « non génétiques » dans leur sensibilité aux signaux hormonaux. Ces différences pourraient être un facteur influençant le nombre de cellules fondatrices produites. Des preuves expérimentales indiquant une distribution stochastique de la sensibilité à l'auxine au sein de la population cellulaire du péricycle (Gilroy & Trewavas, 2001). Ainsi, un élément de stochasticité supplémentaire a lieu lors des étapes cruciales du développement des racines latérales. Il viendrait potentiellement durant la division cellulaire au moment du partitionnement inégale des composants cytoplasmiques entre les cellules filles issues de la mitose (McAdams & Arkin, 1999).

Les preuves cytologiques de l'instabilité développementale pendant le développement précoce des racines latérales viennent du constat que le nombre de cellules corticales et endodermiques présentes dans la racine latérale mature est variable soit respectivement 7-11 et 7-10. Or, dans la racine primaire ce nombre est fixé à 8 pour chaque types cellulaires (Dolan *et al.,* 1993). Chez un certain nombre d'espèces végétales, il est également observé que le diamètre apical des racines secondaires et racines d'un ordre supérieur est très variable au sein de chaque ordre. Les classes de diamètres de ces racines sont corrélées avec le taux de croissance (Drew *et al.,* 1973 ; Cahn *et al.,* 1989 ; Lecompte & Page`s, 2007). La relation existante entre le diamètre apical, le nombre de cellules corticales et épidermiques, la variabilité de ces paramètres et la variabilité du taux de croissance LR reste encore très obscure. Cependant, une corrélation fortement significative est observée entre le taux de croissance précoce et la longueur finale des racines latérales. Cette corrélation suggère que le potentiel de croissance d'une racine latérale est déterminé très tôt lors du développement de la plante (Page`s, 1995). Ainsi, il sera intéressant d'établir les événements cytologiques présents lors de la formation du méristème des racines latérales. Ces événements établissent à la fois la morphologie et le potentiel de proliférations racinaires futures. Forde (2009) a présenté des preuves de la variabilité dans les événements et processus qui pourraient contribuer à l'instabilité développementale associé à la racine latérale. Il présente ce résumé sous forme d'un tableau (Tableau. 1).

Tableau 1. Sources de l'instabilité de développement ou développementale touchant l'architecture des racines notamment latérale (LR : *Lateral Root* pour racine latérale). (Forde, 2009).

	Evidence of stochasticity	Effects on root architecture
Cellular	Auxin sensitivity of pericycle cells[1]	*Via* effect on inter-LR spacing and no. of founder cells?
Cytological	No. of LR founder cells[2,3] No. of cortical and endodermal cell files in LRs[4]	Possibly related to apical diameter of LRs and meristem size
Developmental	Apical diameter of LRs (correlated with growth rate)[5–7]	Variation in specific root length
	Time to LR emergence[8] LR growth rate/kinetics[9–11] Duration of LR growth[12]	Variation in LR length
	Inter-LR spacing[8]	Variation in LR density
	Root hair density[13]	Variation in root hair density
Physiological	Gravitropic response[14]	Variation in growth angle

[Références : 1. Gilroy & Trewavas (2001); 2. Laskowski *et al.* (1995); 3. Dubrovsky *et al.* (2001); 4. Dolan *et al.* (1993 ; 5. Drew *et al.* (1973); 6. Cahn *et al.* (1989); 7. Lecompte *et al.* (2007) ; 8. Dubrovsky *et al.* (2006); 9. Pagès (1995); 10. Lecompte *et al.* (2001); 11. Freixes *et al.* (2002); 12. Al-Ghazi *et al.* (2003); 13. He *et al.* (2004); 14. Trewavas (2003)].

IV.6. L'instabilité développementale dans les racines est-elle sous contrôle génétique ?

Si l'on tient compte du potentiel d'influence des processus stochastiques lors du développement précoce des racines latérales. Nous pouvons discuter de l'origine des variations développementales de ces racines. Cette origine est une conséquence inévitable de la nature post-embryonnaire du processus de production des racines latérales. Un contre-argument existe concernant ce point de vue. Il provient de l'examen du développement de faisceaux ou protéoïdes racinaires. Ils sont produits chez certaines espèces végétales comme une adaptation à sols pauvres en nutriments (Watt & Evans, 1999a) comme le phosphate chez les fabacées (Lopez *et al.*, 2003). L'initiation des racines latérales ou « radicelles » est faite à haute densité sur la racine mère. Leur développement, élongation et croissance sont très synchrones (Watt & Evans, 1999b). Ce mécanisme aboutissant à une exsudative massive simultanée d'enzymes et d'acides organiques chez des centaines de radicelles au sein d'un faisceau racinaire. La nature fortement orchestrée de ce processus suggère que la stochasticité développementale racinaire est inadaptée pour tamponner de façon extrêmement efficace l'adaptation. Le contraste entre la prévisibilité du comportement des faisceaux racines ou protéoïdes et le comportement stochastique de la plupart des racines latérales est une indication sur la régulation génétiquement de l'instabilité développementale des racines latérales. Dans ce cas, « l'instabilité developpementale » ou « plasticité phénotypique à cause environnementale inconnue » correspond bien à un trait. Un trait fonctionnel ou d'histoire de vie comme déjà discuté et mis également en avant par Forde (2009). A ce jour, il y a déjà de bonnes preuves basées sur des études non-génétiques de la variation de traits foliaires. Ces études montrent que l'instabilité développementale chez les plantes est sous contrôle génétique, ce qui rend probable la présence de ces mécanismes dans les parties souterraines.

Cependant, il est rare de trouver des données sur l'instabilité développementale des racines. Cela signifie que les preuves de la variation naturelle de ces traits sont moins faciles à mettre en évidence. L'examen des données publiées chez différentes accessions d'écotypes ou cultivars concernant les traits racinaires comme l'espacement inter-racines latérales (Draye, 2002), la croissance des racines primaires (Beemster *et al.,* 2002) et la longueur totale des racines (Armengaud *et al.,* 2009) suggère l'existence de différentes variations génotypiques pour ces traits. Chez *Arabidopsis*, l'analyse de la variance du taux de croissance des racines latérales révélait l'existence de différences entre les différentes accessions d'écotypes (Forde, 2009). D'autres preuves proviennent de l'étude de l'effet de la dépréciation chimique de l'activité protéique d'Hsp90 chez trois populations différentes de lignées recombinantes d'*Arabidopsis thaliana* L.(Sangster *et al.,* 2008). Le traitement a eu pour conséquence une variabilité accrue des longueurs des hypocotyles et racines primaires. Les auteurs ont conclu que la stabilité développementale de ces paramètres est un trait phénotypique affecté par les variations naturelles.

La disponibilité de nombreuses collections d'accessions d'écotypes, de lignées recombinantes et de lignées quasi-isogéniques chez certaines plantes modèles comme *Arabidopsis* ou *Brachypodium*, devrait permettre d'identifier des cartes de QTL d''instabilités développementales dans le développement racinaire et d'identifier les gènes impliqués dans ces instabilités. En parallèle, l'approche QTL révélera si l'instabilité développementale est contrôlée séparément aux différentes étapes de développement ou stades ontogénétiques des racines. À court terme, il sera intéressant de savoir si le rôle de la protéine Hsp90 comme un

« condensateur-tampon » phénotypique s'étend à une ou plusieurs étapes de la croissance et stade de développement des racines latérales. D'autres questions peuvent se poser. L'intervention de ces protéines et ensemble de « *Hubs* » ne correspond pas simplement à de la transcriptomique, métabolomique et protéomique, mais à un niveau d'orchestration biologique et fonctionnel des systèmes bien supérieur. Et dans le cadre de la plasticité : quelle est la proportion de variation stochastique présente dans la plasticité phénotypique ou plasticité comme définit par Bradshaw (1965), Schlichting (1998), Wright & McConnaughay (2002) et présenté dans la partie synthèse plasticité et la thèse Varin (2009) ? De plus, quelle est la force et le degré d'implication de ces protéines chaperonnes comme Hsp90 dans la partie génétique de la plasticité et non génétique ? Des expérimentations utilisant des mutants et une estimation de la plasticité comme l'a défini Valadares est nécessaire (partie synthèse plasticité-Tome I ; Varin (2009)).

V. Rôle évolutif de la « Stochasticité »

V.1. L'instabilité développementale pourrait être bénéfique pour l'architecture racinaire ?

Pour que l'instabilité développementale soit appropriée pour permettre une orientation dans un sens évolutif. Il faut démontrer l'héritabilité des différences de degré de variation naturelle des traits chez les individus considérés. Nous devons également démontrer les effets sur la « fitness » et les aptitudes individuelles et au sein de la population. Depuis les bactéries jusqu'aux plantes, nous avons vu qu'il existe des exemples clairs démontrant la possibilité que l'instabilité développementale des traits soit un avantage pour les individus.

Ainsi, nous pouvons émettre une question : quels pourraient être les avantages de l'instabilité développementale dans les racines? Ci-dessous, quatre possibilités de spéculation sont avancées. Les cas 2 et 4 sont liés aux effets de l'instabilité développementale sur l'architecture du système racinaire individuel et les cas 1 et 3 s'appliquent à des situations où il y a des variations significatives non génétiques au sein de l'architecture racinaire des plantes. Bien que l'article de Forde (2009) se soit porté sur la variation entre les unités répétées au sein d'une plante unique, l'instabilité de développement responsable de cette variation génère inévitablement des variations entre les plantes. Par exemple, dans l'expérience décrite par Forde (2009) présentée dans la figure 7 et dans d'autres expériences similaires. Nous observons que le coefficient de variation (CV) au sein des traitements est systématiquement plus élevé pour la longueur totale des racines latérales et le nombre de racines latérales par plant en comparaison avec la longueur des racines primaires. Cela reflète apparemment une plus grande instabilité développementale associée aux racines latérales par rapport aux racines primaires. A ce stade, nous pouvons nous demander : Est-il raisonnable de considérer les implications écologiques de la variation non-génétiques survenant dans et entre les plantes ? Notez que les quatre possibilités décrites ici ne sont pas mutuellement exclusives, mais il est envisagé que leurs avantages adaptatifs s'appliqueraient différemment en fonction de l'écologie et l'histoire de vie de l'espèce considèree.

V.2. Stratégie de couverture mise en place par la plante

Lorsque l'instabilité développementale présente dans d'autres systèmes est exploitée comme force motrice d'une stratégie « *Bet-hedging* ». Elle est considérée comme une adaptation face à l'inhérente imprévisibilité des milieux naturels (Simons, 2009). Dans le cas des racines, il est clair que l'environnement dans lequel elles sont appelées à évoluer, croitre, se développer et explorer présente des conditions exceptionnellement stochastiques au sein desquels l'aspect aléatoire de l'hétérogénéité spatiale et temporelle de l'eau et des nutriments sont la norme admise au quotidien pour les plantes. Bien que la plasticité phénotypique est un mécanisme important pour l'adaptation à ces types d'hétérogénéités (Magyar *et al.,* 2007 ; Hodge 2004, Varin *et al.,* 2009). Ce trait souffre d'un inconvénient inévitable. Il est incapable de prédire des événements stochastiques à venir. Certaines stochasticités dans le processus développemental racinaire seraient un moyen de conférer une architecture racine chez certains individus. Ces végétaux étaient par hasard parfaitement adaptés aux conditions environnementales du sol dont ils ont été sujet par la suite lors d'expérimentations concernant ces contraintes ou perturbations.

Il s'agirait d'une stratégie d'adaptation analogue par laquelle une plante individuelle produit une population hétérogène de graines assez différentes dans leurs potentiels de dispersions et leurs temps de germinations. Ces différences sont un moyen d'adaptation à la variabilité spatio-temporelle présente dans l'habitat (Matilla *et al.,* 2005). Dans ce scénario, parmi la descendance d'un individu, les allèles soutenant la diversité de l'architecture racinaire seraient favorisés contrairement à la promotion et l'initiation des allèles générant l'uniformité du système souterrain.

V.3. Dans le cadre d'une stratégie de « butinage nutritionnelle » ou « exploitation de patchs nutritionnels »

Un problème identique existe dans la façon dont les plantes font face à un environnement aléatoire. Il peut également être considéré au niveau individuel. Lorsqu'un système racinaire rencontre des patchs nutritionnels riches en ressources, il n'y aucun moyen de « savoir » où ce patch est situé et où les ajustements fonctionnels vont être effectués (Forde, 2009). Un élément aléatoire de l'expansion du système racinaire serait le moyen le plus efficace que la plante puisse avoir pour échantillonner l'environnement souterrain et localiser la présence de patchs (Forde, 2009).

Une fois le patch nutritionnel détecté par une partie du système racinaire, la réponse appropriée peut être déclenchée. Cette réponse augmente la prolifération des racines dans le patch (Hodge, 2006). Cela pourrait être considéré comme un analogue à la stratégie de « marche aléatoire *ou random walk* » utilisée par les animaux. Cette stratégie permet aux animaux de trouver des ressources abondantes sous forme de patchs (ou proies). A priori, ils n'ont aucune connaissance de la localisation de leur cible (Bartumeus *et al.,* 2005). Ceci fait référence à l'utilisation du théorème de « valeur marginale » du comportement alimentaire des animaux exploité dans l'étude de la compréhension du comportement de butinage et exploitation du sol lors du développement des racines (Charnov, 1976 ; McNickle & Cahill, 2009).

Toutefois, ces modèles classiques supposent que l'animal a une connaissance complète de la répartition aléatoire spatio-temporelle des ressources (Stephens & Krebs, 1986). Or, ce concept est très difficile à appliquer aux végétaux (Forde, 2009). Par conséquent, ce théorème peut être approprié pour réaliser des facteurs de correction lors de la modélisation du comportement racinaire dans des situations d'exploitations de patchs nutritionnels (McNickle & Cahill, 2009). D'autres approches sont nécessaires si l'on considère que le système racinaire optimise ses chances de trouver lors d'une première croissance aléatoire un patch nutritionnel. Les complications lors de l'application d'un tel modèle d'alimentation animale chez les végétaux sont discutées par Hutchings & de Kroon (1994). Une approche de modélisation informatique pourrait fournir un excellent moyen d'évaluer l'hypothèse suivante. Celle qui prétendrait qu'un certain degré de stochasticité est mis en place par la plante lors du développement racinaire. Il optimiserait une correction du développement racinaire et permettrait de localiser des ressources riches en nutriments dans un environnement aléatoire où de nombreux patchs nutritionnels sont générés par des groupes fonctionnels de bactéries telluriques présentes dans la rhizosphère comme les PGPR, bactéries fixatrices ou nitrifiantes. Ces corrections impliquent en complément ou non des mécanismes senseurs de composés et de dialogues moléculaires permettant des prises d'informations indirectes sur l'état de l'environnement présent en cours d'évolution dans le temps et l'espace.

V.4. Réduire la compétition entre voisins génétiquement liés

La variation interspécifique présente dans l'architecture des racines est identifiée comme une stratégie réduisant les chevauchements de niches écologiques (Forde, 2009). Il permet ainsi de réduire la concurrence et les compétitions entre les espèces (Parrish & Bazzaz, 1976). Pour les plantes étroitement liées à la proximité d'individus de mêmes espèces en croissance, c'est-à-dire de la compétition intra-spécifique. Les plantes génèrent des différences stochastiques individuelles au sein de leur architecture racinaire. Ces différences sont un moyen pour atteindre le même résultat final ou phénotype final. Par ailleurs, si cette variation est le seul moteur de l'instabilité développementale au sein des racines, cet argument conduirait à prédire que la variation non génétique de l'architecture racinaire entre les individus serait très répandue chez les espèces où les individus sont génétiquement identiques, très proches génétiquement et souvent en concurrence comme les individus issus de reproduction végétative ou clonage, intra-spécifique ; et où la variation génétique dans l'architecture des racines est minime.

V.5. Accroître l'efficacité de l'exploitation du sol au niveau de la plante entière

L'idée d'accroître l'efficacité d'exploration et d'exploitation du sol au niveau de la plante entière a déjà été avancée par de nombreux chercheurs (Page`s *et al.,* 1993). Cette idée met en avant que la variabilité non génétique de la croissance des racines latérales permet à un système racinaire d'explorer un plus grand volume de sol. Ce choix de réponse adaptative est plus efficace contrairement au cas où la longueur totale d'un même système racinaire serait produit de façon déterministe (Page`s *et al.,* 1993). Forde (2009) illustre ce déterminisme dans la Figure 7. L'illustration présente les données composites de plusieurs plantes. Elle trace les bases d'un modèle de systèmes racinaires généralisé et unique (Forde, 2009). On peut voir que le volume de sol potentiellement exploitable par un système illustré grâce à un modèle de croissance stochastique (pointillés noirs) est beaucoup plus grand que le volume de sol exploré s'il s'agissait d'un modèle de croissance déterminée. Dans ce dernier modèle, toutes les racines latérales ont la longueur moyenne (lignes rouges continues) (Forde, 2009). Dans ce scénario, en condition nutritionnelle limitante, la capacité à accentuer la stochasticité de la croissance des racines latérales aurait un effet similaire à l'augmentation de la longueur spécifique des racines. Ce dernier est un exemple bien connu de plasticité racinaire. Il permet de minimiser les coûts de construction du système racinaire tout en conservant la possibilité d'explorer le sol de manière très efficace (Forde & Lorenzo, 2001). Une autre propriété potentiellement bénéfique d'un tel système racinaire est la mise en place d'une distribution aléatoire des racines dans le sol. Ainsi, la localisation de région apicale racinaire est un point important lors de l'exploitation des ressources nutritionnelles de faibles mobilités comme le fer ou le phosphate. Car, les zones présentes derrière l'apex racines ont été très exploitées d'un point de vue des ressources nutritionnelles. De plus, l'extrémité des racines est l'emplacement et la zone névralgique ou point chaud « *Hot-spot* » au sein de la chevelure racinaire. Elle permet de mobiliser les nutriments grâce aux mécanismes d'exsudations de composés racinaires comme les enzymes, chélateurs (Vance *et al.,* 2003) ou composés qui permettant de mobiliser des bactéries de la rhizosphères.

Par conséquent, d'après Forde (2009) le déploiement optimal des racines dans le sol : i) minimisait la concurrence entre les deux extrémités racinaires pour les ressources du sol, ii) et maximiserait l'efficacité d'exploration du volume de sol par la chevelure racinaire. Ces traits peuvent être améliorés par un élément de stochasticité développementale au sein des racines latérales. Les systèmes racinaires ont également un rôle important dans la collecte d'informations périphériques et environnementales. Le senseur principale de la détection d'une multitude de signaux environnementaux est la pointe de la racine (Darwin, 1880 ; Takahashi & Scott, 1993 ; Siebrecht *et al.,* 1995 ; Aiken & Smucker, 1996 ; Svistoonoff *et al.,* 2007 ;. Walch-Liu & Forde, 2008). D'un point de vue technique, un modèle de dispersion et de distribution optimale peut-être envisagé. Ce modèle, dans lequel les racines sont situées de façon aléatoire dans un volume de sol occupé, pourrait représenter un autre avantage potentiel d'instabilité développementale dans les racines plutôt que de placer les plantes aux extrémités extérieures de ce volume comme dans des cultures *in vitro* sur gélose en boite de Pétri comme les études réalisées par De Kroon *et al.* (2003) (Figure. 9) ou culture sur sol avec des plantes équidistantes, en périphérie (Grime, 1979) ou en « split root » comme dans l'expérience de De Kroon *et al.* (2003) (Figure. 10).

Figure 9. A. Conceptions de Rhyzotrons (ou chambres de développements racinaires) et de la disposition permettant d'étudier les mécanismes d'interactions des racines (adapté de Mahall & Callaway, 1991). Ils sont composés de boites de Pétri rectangulaires formant « les chambres ». Elles sont placées à un angle de 45 ° de sorte que les racines poussent vers le bas le long d'une fenêtre de visualisation en plexiglas. **a.** Vue latérale. Le tableau de bord ou fenêtre de visualisation est amovible afin que les racines soient observées. **b, c.** Vue de face de l'enceintes d'essai et de la cible. En supprimant les cloisons, les chambres sont reliées de telle manière que les racines des répétitions d'essais se développent dans les mêmes conditions que la rhizosphère des répétitions des tests cibles. **d.** Vue de face des enceintes d'essais et de la cible lorsque les boites sont ou non connectées et que les cloisons ont été supprimées. **B.** Histogrammes illustrant les changements de l'élongation des racines des répétitions d'essai sur clones de *Miscanthus sinensis* après le contact avec les racines de différents clones, ou avec les racines du même clone (Nishiwaki, d'après De Kroon *et al.*, 2003). Quatre clones différents ont été testés. La réduction de la croissance est plus forte avec les racines du même clone qui ont montré un test statistiquement significative (F1, 13 = 5.50, P = 0,036) (De Kroon *et al.*, 2003).

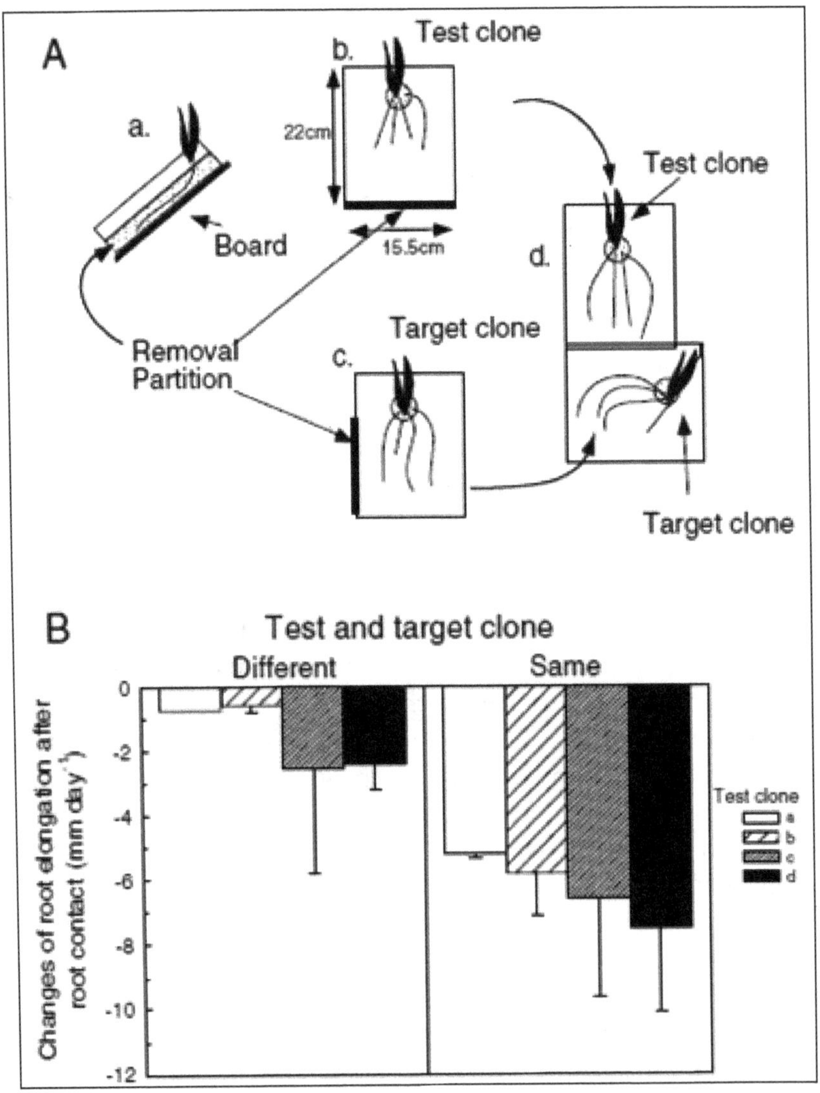

Figure 10. Moyenne (± SE) des poids secs des graines (A) et des racines (B) de *Glycine max* qui se sont développées de plus en plus en tant que plante principale « dite : propriétaire » d'un pot où elles se développent avec un autre individu dans des conditions nutritionnelles équivalentes en éléments nutritifs. D'après les graphiques, il est clair que la concurrence et compétitions des racines entre les plantes individuelles de soja se traduit par une tragédie commune : en raison de l'augmentation de la croissance des racines, le poids des graines produite à partir de la même quantité de nutriment est inférieure au contrôle (D'après Gersani *et al.*,2001 ; De Kroon *et al.*, 2003).

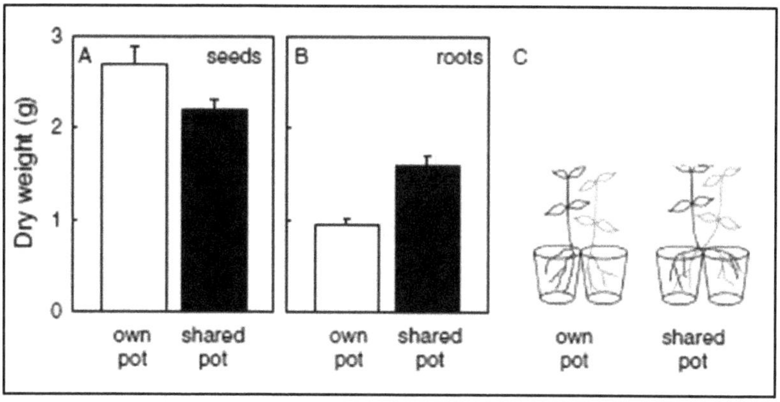

V.6. Point de vue agronomique

La question clef permettant d'élaborer des perspectives agronomiques est la suivante : quelles seraient les implications des différents degrés d'instabilité développementale dans la fonctionnalité du système racinaire des plantes cultivées? Il semble probable que la production intensive choisirait les allèles qui confèrent une meilleure stabilité phénotypique et uniformité des cultures du moins pour les caractères aériens faisant le fruit des récoltes. Ces choix conduisent à des niveaux réduits d'instabilité développementale dans les plantes cultivées par rapport à leurs parents sauvages. Une comparaison de l'instabilité développementale chez différentes variétés commerciales de *N. tabacum* montre que les traits foliaires sont beaucoup plus stables chez les deux cultivars de tabac pour cigares contrairement aux cultivars produits pour la fabrication de cigarettes (Sakai & Shimamoto, 1965). Cet article suggère que les programmes de sélection ont par inadvertance sélectionnés les différents niveaux d'instabilités développementales. De nouvelles questions peuvent être avancées : i) Est-ce que des différences d'instabilités développementales existent chez les traits racinaires de différents cultivars et d'autres espèces cultivées ? ii) Est-ce que le même degré d'instabilités développementales existe entre des plantes cultivées et chez les espèces sauvages apparentées ? iii) Est-ce que cette variabilité est diminuée chez les génotypes issus de plantes cultivées de manière intensive ? Ces questions sont potentiellement importantes car, le système racinaire représente un investissement substantiel du métabolisme de la plante. D'après Lynch (2007), le coût investit par la plante est à hauteur de 50% de la photosynthèse par jour. Ainsi, un système racinaire présentant une moins grande stochastisité (ou plasticité phénotypique à cause environnementale inconnue (Forde, 2009) est moins efficace pour explorer le volume de sol et ce pour une longueur de la racine donnée. D'après Forde, la plante est susceptible d'être pénalisée en termes de productivité. La conséquence de cet argument est qu'il peut y avoir un niveau optimum d'instabilité développementale pour l'architecture des racines. Cet optimum peut être une cible de sélection pour les grandes cultures sur base de l'efficacité de leurs fonctions d'acquisition de l'eau et des nutriments.

Puisque les approches expérimentales, mis en place pour étudier la relation entre l'instabilité développementale et la « Fitness » dans des conditions de terrain, sont susceptibles de se révéler difficiles. Certaines questions cruciales sur la signification agronomique ou écologique de l'importance des variations de l'instabilité développementale peuvent être plus efficacement abordées en utilisant la modélisation informatique. Les modèles architecturaux racinaires existants ont souvent déjà incorporé un élément de stochasticité comme moyen de simuler un système racine réaliste (Page`s, 1999). Toutefois, pour tenir compte de l'ensemble de la stochasticité, le modèle doit intégrer la possibilité d'ajuster le degré d'instabilité développementale et d'examiner les conséquences induites pour l'architecture racinaire et les performances du système racinaire comme les capacités d'absorption de l'eau et des nutriments.

Si l'analyse génétique montre une instabilité développementale à différents stades ontogénétiques et développementaux racinaires à caractère héréditaire indépendant, il sera nécessaire d'introduire un niveau supplémentaire de complexité au modèle informatique comme l'a proposé Forde (2009). Par exemple, les différents degrés d'instabilités développementales dans l'émergence des racines latérales au cours du temps peut affecter de manière très différente l'architecture racinaire. Ces différences de degré d'instabilité développementale sont perceptibles dans le taux de croissance des racines latérales. Par ailleurs, le modèle ne sera pas suffisant pour examiner le rôle des différents niveaux d'instabilités développementales sur les performances du système racinaire isolé. Comme nous avons pu le constater et le dire précédemment, la stochasticité peut conférer un avantage lorsque les racines des plantes génétiquement identiques ou très proches sont en concurrence directe. Ce cas particulier inclut les monocultures.

Finalement, pour tenir compte du « *Bet-hedging* », les modèles devront envisager la possibilité qu'un certain niveau d'instabilité développementale peut être : i) sous-optimal pour un individu se développant dans des conditions de croissances moyennes, ii) mais bénéfique au niveau de la population se développant dans un environnement imprévisible (Simons, 2009).

Conclusion

Forde (2009), dans sa revue, fait le point sur le niveau élevé de stochasticité caractérisant de nombreux aspects du développement des racines. Cet article est un parfait exemple d'illustration du phénomène d'instabilité développementale. Bien que les processus qui génèrent cette instabilité développementale sont inévitables à des degrés divers, nous savons que des moyens de tamponnage développemental contre ces processus perturbateurs aléatoires sont mis en place par les cellules lorsque l'instabilité est inadaptée. Il est proposé que l'instabilité développementale racinaire puisse être un trait adaptatif au même titre que la plasticité. Ce trait pourrait : i) conférer un avantage dans un contexte écologique ou agronomique de différentes façons possibles ; ii) et serait une composante particulière de la plasticité.

Tout comme la plasticité, si l'instabilité du développement est importante. Il semble raisonnable de se demander pourquoi si peu d'attention a été accordée à ces deux traits de variations phénotypiques dans le passé. À cet égard, nous pouvons faire des parallèles frappants de ce nouveau type d'études avec le statut de la plasticité ou plasticité phénotypique établie avant les années 1980 comme un sujet de recherche. Bradshaw a écrit une revue très influente sur la plasticité phénotypique dans le milieu des années 1960 (Bradshaw, 1965). Mais selon Schlichting (1986), les travaux sur la plasticité phénotypique sont largement négligés au cours des 15 années suivantes. Actuellement, l'objectif de nombreux chercheurs est d'étudier la variation d'origine génétique (VG) en lien avec des variations environnementales (VE) par exemple les études de la plasticité ontogénétique (PO) et de rechercher de « gène(s) de plasticité » comme cela est présentées par Pigliucci chez *Arabidopsis* (Figure. 29 ; cf. partie plasticité – Tome 1). Ces variations sont regardées comme une chose à éviter à tout prix. Dans le cas d'instabilité développementale, l'obstacle à franchir pour permettre sa reconnaissance repose largement sur une idée communément répandue et également exprimée par Bradshaw (Bradshaw, 1965). Il s'agit tout simplement d'une sous-classe de la plasticité phénotypique où la cause environnementale est inconnue.

Lorsque cette perception est combinée avec la tendance générale et lors de l'établissement de la moyenne statistique, il est facile de comprendre à quel point l'instabilité développementale peut être négligée et considérée comme un autre indicateur de stress environnementaux (Van Dongen, 2006).

Étant donné les parallèles que l'on peut faire avec l'histoire de la recherche sur la plasticité phénotypique, il est curieux que l'ensemble des questions ouvertes posées par Bradshaw en 1965 soit précisément celles qui sont les plus pertinentes pour étudier aujourd'hui l'instabilité développementale. Plus tard, Schlichting (1986) se posera les questions suivantes : i) Quel est le fondement mécanistique de l'instabilité développementale ? ii) Comment l'instabilité développementale présente dans différents traits peut-elle être rapportée ? iii) Quel est le mécanisme de contrôle génétique de l'instabilité développementale et de quelle manière est-elle sélectionnée ? Combien de variabilités génétiques gérant une instabilité développementale existent au sein des populations naturelles?

Ces questions commencent tout juste à être abordées en biologie végétale (Hall *et al.,* 2007 ; Sangster *et al.,* 2007 ; Tucic *et al.,* 2008), mais uniquement sur des traits issus des parties aériennes obtenues par des mesures en surface sont réalisés. Peu d'études de l'instabilité développementale de ces traits n'ont été réalisées. De plus aucun point de vue de l'intervention de cette instabilité développementale au sein des traits adaptatifs n'a été rapporté. L'élaboration de réponses à ces questions, chez les parties souterraines du végétale comme les racines, devra être émise par un jeu judicieux de combinaison d'approches empiriques et théoriques. Mais, elle commencera le jour où cette caractéristique fonctionnelle deviendra largement admise comme trait digne d'études à part entière. D'après Forde, ce trait permettra l'évaluation de l'instabilité développementale en routine. À court terme, la modélisation informatique peut offrir les meilleures perspectives pour faire progresser la compréhension de l'importance de l'instabilité développementale lors de la production du système racinaire. Pour ce faire, nous pouvons tenir compte des schémas conceptuels présentés par Forde & Lorenzo (2001) qui illustrent un exemple d'une base de réflexion du contrôle nutritionnel principalement azoté sur le développement racinaire (Figure. 3).

Par exemple, nous pouvons nous poser les questions suivantes : i) Comment faire pour changer le degré d'instabilité développementale des différents traits racinaires de sorte d'augmenter le rendement d'exploitation et d'efficience d'utilisation des nutriments issus du sol par le système racinaire ? Comment faire pour changer le degré d'instabilité développementale des différents traits racinaires permettant la génération de topologie racinaire différente? À plus long terme, ces travaux permettront de mettre au point des techniques qui nous permettront d'être capables d'exploiter l'instabilité développementale comme un trait de sélection ou production de plantes plus performantes. La production de végétaux présentant des améliorations dans leurs fonctions d'acquisitions et d'efficiences d'utilisation de l'eau, des nutriments, sera possible en plus de l'amélioration faite sur la base génétique.

D'autres auteurs ont argumenté de façon convaincante que la tendance de la moyenne statistique en science du végétal peut souvent obscurcir des informations importantes sur la variabilité comportementale des individus (Trewavas, 1999, 2003 ; Amzallag, 2001). Forde (2009) met l'accent sur les concepts qui peuvent avoir été absents lors de l'approche d'études du développement racinaire. Il semble probable que l'instabilité développementale peut également jouer un rôle important dans la génération de variations phénotypiques ayant un rôle important dans l'évolution des parties aériennes de la plante. La liste des traits fonctionnels ou d'histoire de vie peut être plus ciblée lors de ce type d'études. Les traits écologiquement importants dignes d'un examen plus approfondi pourraient inclure : i) les parties aériennes : la hauteur des plantes ou hauteur du couvert végétal, l'élongation des tiges, la dominance apicale, la dormance des bourgeons et le temps de la floraison ; ii) Comme pour les racines, le degré dans laquelle la stochasticité permet à un trait d'être adaptatif dépendra probablement de l'espèce considérée, de son histoire de vie et des circonstances écologiques dans lesquelles la plante a évolué.

Dans un contexte plus large, il est nécessaire de réévaluer notre concept de la façon dont les plantes exploitent les variations phénotypiques non génétiques pour faire face à leur environnement changeant et imprévisible. La Plasticité phénotypique permet à la plante de modifier son phénotype en réponse à un changement environnemental. L'instabilité développementale génère également une variation non génétique mais non-directionnelle. Forde (2009) indique que cette instabilité est aléatoire contrairement à la plasticité. Ce type de variation de trait ne dépend pas de déclencheurs environnementaux. Cette instabilité pourrait être particulièrement bien adaptée à l'environnement présent. Elle jouerait le rôle de tampons amortisseurs chez les plantes individuelles ou populations contre les variations stochastiques de leur environnement qui ne peuvent être perçues par ces individus. Ce système est important pour l'avenir des individus. Il permet une adaptation aux facteurs environnementaux biotiques et abiotiques situés au-delà de la gamme actuelle de détections des systèmes sensoriels de la plante.

Dans ses commentaires les plus récents sur la plasticité phénotypique, Bradshaw indique que les gènes doivent exister non seulement pour déterminer les caractères moyens, mais aussi pour déterminer le caractère de réponse, ce qui ajoute un point intéressant à la complexité de ses idées sur l'évolution « *genes must exist not only to determine character means, but also to determine character response, which adds interesting complexity to our ideas about evolution* » (Bradshaw, 2006). Si les gènes existent afin de déterminer l'instabilité de développement d'un trait, mais également pour expliquer la variation non génétique dans la réponse de ces caractères. Il semble que les biologistes évolutionnistes auront plus de complexité à interpréter et gérer l'information qu'ils pourraient le souhaiter.

Dans le cadre de mon travail de recherche, la majorité des travaux antérieurs qui pourrait constituer une base dans l'étude de la plasticité due aux rhizobactéries & PGPR a été abordée par des types d'approches menées séparément sans connaissance de ce concept. L'ensemble des informations et approches sont synthétisées dans ces tomes. Nous distinguons : i) Une approche qui peut être qualifiée de « chimiste-génétique » qui consiste à étudier les interactions épigénétiques et gènes plastiques et une approche qui peut être qualifiée de « physiologiste » qui étudie les mécanismes directes et indirects de la plasticité au sein de l'environnement interne et externe de l'individu ; ii) Et une approche « écologiste, écologie fonctionnelle et écophysiologiste » qui aborde l'évolution des traits en fonction du degré de contraintes ou perturbations comme la disponibilité en nutriment et pour différentes variations de temps.

Toutefois, il est admis que les plantes influencent physiquement et chimiquement leur milieu. Par conséquent, il est important de confronter les deux types d'approche pour évaluer les modifications engendrées par les COV bactériens sur la croissance des plantes et estimer leurs conséquences en matière de plasticité, de croissance - développement et d'acquisition N pour les deux plantes modèles : *Arabidopsis thaliana* (L.) et *Brachypodium distachion* (L.) P. Beauv. Tout en tenant compte d'un possible dialogue moléculaire (ou transmission d'informations biologiques) constitué essentiellement de COV entre Plantes-plantes et rhizobactéries & Bactéries-plantes, Plantes-micro-organismes-insectes-mammifères.

RÉFÉRENCES BIBLIOGRAPHIQUES

Les références citées dans les articles de ce manuscrit ne sont pas reprises dans cette bibliographie.

A

Aerts R., Chapin F.S. III., 2000. The mineral nutrition of wild plants revisited: a re-evaluation of processes and patterns. *Advances in Ecological Research* 30, 1-67.

Aerts R., 1999. Interspecific competition in natural plant communities: mechanisms, trade-offs and plant-soil feedbacks. *Journal of Experimental Botany* 50, 29-37.

Agrawal A.A., 1999. Induced Plant Defense: Evolution of Induction and Adaptative Phenotypic Plasticity. *Reprinted from pages 251-268 in A. A. Agrawal, S. Tuzun, and E. Bent, editors. American Phytopathological Society Press, St. Paul, MN (USA), 18p.*

Agren G.I., Ingestad T., 1987. Root:Shoot ratio as a balance between nitrogen productivity and photosynthesis. *Plant, Cell, and Environment* 10, 579-586.

Aiken R.M., Smucker A.J.M., 1996. Root system regulation of whole plant growth. *Annual Review of Phytopathology* 34, 325–346.

Albert R., Jeong H., Barabasi A.L., 2000. Error and attack tolerance of complex networks. *Nature* 406, 378–382.

Al-Ghazi Y., Muller B., Pinloche S., Tranbarger T.J., Nacry P., Rossignol M., Tardieu F., Doumas P., 2003. Temporal responses of Arabidopsis root architecture to phosphate starvation: evidence for the involvement of auxin signalling. *Plant, Cell and Environment* 26, 1053–1066.

Amzallag G.N., 2001. Data analysis in plant physiology: are we missing the reality? *Plant, Cell and Environment* 24, 881–890.

Ansel J., Bottin H., Rodriguez-Beltran C., Damon C., Nagarajan M., Fehrmann S., Francois J., Yvert G., 2008. Cell-to-cell stochastic variation in gene expression is a complex genetic trait. *PLoS Genetics* 4, e10000049.

Armengaud P., Zambaux K., Hills A., Sulpice R., Pattison R.J., Blatt M.R., Amtmann A., 2009. EZ-Rhizo: integrated software for the fast and accurate measurement of root system architecture. *The Plant Journal* 57, 945–956.

Armengaud P., Breitling R., Amtmann A., 2004. The potassium-dependent transcriptome of *Arabidopsis* reveals a prominent role of jasmonic acid in nutrient signaling. *Plant Physiology* 136, 2556-2576.

Astauroff B.L., 1930. Analyse der erblichen Sto¨ rungsfa¨ lle der bilateralen Symmetrie im Zusammenhang mit der selbststa¨ ndigen Variabilita¨t a¨ nlicher Strukturen. *Zeitschrift fu¨r Induktive Absammungsund Vererbungslehre* 55, 183–262.

B

Bagchi S., Iyama S., 1983. Radiation induced developmental instability in *Arabidopsis thaliana. Theoretical and Applied Genetics* 65, 85-92.

Bao F., Shen J., Brady S.R., Muday G.K., Asami T., Yang Z., 2004. Brassinosteroids Interact with Auxin to Promote Lateral Root Development in *Arabidopsis. Plant Physiol.* 134, 1624-1631.

Barlow P.W., Polarity in roots In polarity in plants (Lindey, k.) oxford: blackwell publishing, 192- 104, In Ivanchenko et al, 2006. In Ivanchenko et al, 2006 . 2004.

Bartumeus F., Da Luz M.G.E., Viswanathan G.M., Catalan J., 2005. Animal search strategies: a quantitative random-walk analysis. *Ecology* 86, 3078–3087.

Beeckman T., Burssens S., Inze D., 2001. The peri-cell-cycle in *Arabidopsis* 61. *J.Exp.Bot.* 52, 403-411.

Beemster G.T.S., De Vusser K., De Tavernier E., De Bock K., Inzé D., 2002. Variation in growth rate between Arabidopsis ecotypes is correlated with cell division and A-type cyclin-dependent kinase activity. *Plant Physiology* 129, 854–864.

Bell J.K., McCully M.E., 1970. A histological study of lateral root initiation and development in Zea mays IN Esau, 1965. *Protoplasma* 70, 179-205.

Benfey P.N., 2005. Developmental networks. *Plant Physiology* 138, 548-549.

Benfey P.N., Scheres B,. 2000. Root development. *Current Biology* 10, R813-R815.

Benkova E., Michniewicz M., Sauer M., Teichmann T., Seifertova D., Jürgens G., Friml J., Teichmann T., 2003. Local, Efflux-Dependent Auxin Gradients as a Common Module for Plant Organ Formation. *Cell* 115, 591-602.

Blakely L.M., Rodaway J., Hollen B., Croker S.G., 1972. Control and kinetics of branch root formation in cultured root segments of Haplopappus ravenii. *Plant Physiol.* 50, 35-42. Ref Type: Generic

Blakely L.M., Durham M., Evans T.A., Blakely R.M., 1982. Experimental Studies on Lateral Root Formation in Radish Seedling Roots. I. General Methods, Developmental Stages, and Spontaneous Formation of Laterals. *Botanical Gazette* 143, 341.

Blakeslee J.J., Peer W.A., Murphy A.S., 2005. Auxin transport. *Current Opinion in Plant Biology* 8, 494-500.

Blewitt M.E., Chong S., Whitelaw E., 2004. How the mouse got its spots. *Trends in Genetics* 20, 550–554.

Blilou I., Xu J., Wildwater M., Willemsen V., Paponov I., Friml J., Heidstra R., Aida M., Palme K., Scheres B., 2005. The PIN auxin efflux facilitator network controls growth and patterning in *Arabidopsis* roots. *Nature* 433, 39-44.

Bloom A.J., Chapin III F.S., Mooney H.A., 1985. Resource limitation in plants—an economic analogy. *Annual Review of Ecology and Systematics* 16, 363–392.

Bonnett H.T., 1969. Cortical cell death during lateral root formation. *Journal of Cell Biology* 40, 144- 159.

Boukcim H., Pages L., Mousain D., 2006. Local NO_3^- or NH_4^+ supply modifies the root system architecture of Cedrus atlantica seedlings grown in a split-root device. *Journal of Plant Physiology* 163, 1293-1304.

Bradshaw A.D., 1965. Evolutionary significance of phenotypic plasticity in plants. *Advances in Genetics* 13, 115–155.

Bradshaw A.D., 2006. Unravelling phenotypic plasticity: why should we bother? *New Phytologist* 170, 644–648.

Brady S.M., Sarkar S.F., Bonetta D., McCourt P., 2003. The Abscisic Acid Insensitive 3 (Abi3) Gene Is Modulated by Farnesylation and Is Involved in Auxin Signaling and Lateral Root Development in Arabidopsis IN Brocard-Gifford, I. et al. 2004. *Plant Journal* 34, 67-75.

Brocard-Gifford I., Lynch T.J., Garcia M.E., Malhotra B., Finkelstein R.R., 2004. The Arabidopsis Thaliana Abscisic Acid-Insensitive8 Locus Encodes A Novel

Protein Mediating Abscisic Acid and Sugar Responses Essential for Growth. *Plant Cell* 16, 406-421.
Bunce J.A., 1997. Does transpiration control stomatal responses to water vapour pressure deficit *Plant, Cell and Environment* **20**, 131–135.
Byrne, J.M., 1973. The root apex of Malva sylvestris. III. Lateral root development and the quiescent center. *American Journal of Botany* 60, 657-662.

C

Cahill Jr J.F., 2003. Lack of relationship between below-ground competition and allocation to roots in 10 grassland species. *Journal of Ecology* 91, 532-540.
Cahn M.D., Zobel R.W., Bouldin D.R., 1989. Relationship between root elongation rate and diameter and duration of growth of lateral roots of maize. *Plant and Soil* 119, 271–279.
Caldwell M.M., Pearcy R.W., 1994. Physiological Ecology: Exploitation of Environmental Heterogeneity by Plants. *Academic Press, San Diego, CA.*
Callahan H.S., Wells C.L., Pigliucci M., 1999. Light-sensitivity plasticity genes in *Arabidopsis thaliana*: mutant analysis and ecological genetics. *Evolutionary Ecology Research* 1, 731–751.
Campbell B.D., Grime J.P., Mackey J.M.L., 1991. A trade-off between scale and precision in resource forag- ing. *Oecologia* 87, 532-538.
Casero P., Casimiro I., Lloret P., 1996. Pericycle proliferation pattern during the lateral root initiation in adventitious roots ofAllium cepa. *Protoplasma* 191, 136-147.
Casero P.J., Casimiro I., Lloret P.G., 1995. Lateral root initiation by asymmetrical transverse divisions of pericycle cells in four plant species: *Raphanus sativus, Helianthus annuus, Zea mays*, and *Daucus carota. Protoplasma* 188, 49-58.
Casero P.J., Casimiro I., Rodriguez-Gallardo L., Martin-Partido G., Lloret P.G., 1993. Lateral root initiation by asymmetrical transverse divisions of pericycle cells in adventitious roots of Allium cepa. *Protoplasma* 176, 138-144.
Casimiro I., Beeckman T., Graham N., Bhalerao R., Zhang H., Casero P., Sandberg G., Bennett M.J., 2003. Dissecting Arabidopsis lateral root development. *Trends in Plant Science* 8, 165- 171.
Casimiro I., Marchant A., Bhalerao R.P., Beeckman T., Dhooge S., Swarup R., Graham N., Inzθ D., Sandberg G., Casero P.J., Bennett M., 2001. Auxin transport promotes arabidopsis lateral root initiation. *Plant Cell* 13, 843-852.
Casimiro I., Marchant A., Bhalerao R.P., Beeckman T., Dhooge S., Swarup R., Graham N., Inze D., Sandberg G., Casero P.J., Bennett M., 2001. Auxin Transport Promotes *Arabidopsis* Lateral Root Initiation 67. *Plant Cell* 13, 843-852.
Chapin III F.S., 1980. The mineral Nutrition of wild plant. *Annual review of Ecology and Systematics* 11, 233-260.
Chapman K., Groot E.P., Nichol S.A., Rost T.L., 2003.Primary Root Growth and the Pattern of Root Apical Meristem Organization are Coupled.
Charlton W.A., Lateral root initiation In Ivanchenko et al, 2006. 1996. Ref Type: Report
Charlton W.A., Lateral root initiation in plant roots/ The hidden hald(ed. Waisel, Y, Eshel, A and Kajkafi, U. in Malamy and Benfey, 1977. m [Marcel Dekker inc.], 107-128. 1991.

Charnov E.L., 1976. Optimal foraging, marginal value theorem. *Theoretical Population* Biology 9, 129–136.

Cheng J.C., Seeley K.A., Sung Z.R., 1995. Rml1 and Rml2, Arabidopsis Genes Required for Cell- Proliferation at the Root-Tip. *Plant Physiology* 107, 365-376.

Clarke G.M., 1998. The genetic basis of developmental stability. IV. Individual and population asymmetry parameters. *Heredity* 80, 553–561.

Coates J.C., Laplaze L., Haseloff J., 2006. Armadillo-related proteins promote lateral root development in Arabidopsis. In Nibau et al, 2008. *Proceedings of the National Academy of Sciences of the United States of Americ*a 103,1621-1626.

Cohen D., 1966. Optimizing reproduction in a randomly varying environment. *Journal of Theoretical Biology* 12, 119–129.

Colasanti R.L., Hunt R., 1997. Resource dynamics and plant growth: a self-assembling model for individuals, populations and communities. *Functional Ecology* 11, 133–145.

Colebatch G., Kloska S., Trevaskis B., Freund S., Altmann T., Udvardi M.K., 2002. Novel aspects of symbiotic nitrogen fixation uncovered by transcript profiling with cDNA arrays. Mol. *Plant Microbe Interact.* 15, 411–420.

Cooper W.S., Kaplan R.H., 1982. Adaptative "coin-flipping": a decision-theoretic examination of natural selection for random individual variation. *J. Theor. Biol.* 94, 135-151.

Cornelissen J.H.C., Aerts R., Cerabolini B., Werger M.J.A., Van der Heijden M.G.A., 2001. Carbon cycling traits of plant species are linked with mycorrhizal strategy. *Oecologia* 129, 611-619.

Crick J.C., Grime J.P., 1987. Morphological plasticity and mineral nutrient capture in two herbaceous species of contrasted ecology. *New Phytol.* 107, 403-414.

Cubas P., Vincent C., Coen E., 1999. An epigenetic mutation responsible for natural variation in floral symmetry. *Nature* 401, 157–161.

D

Darwin C., 1859. The origin of species by means of natural selection or the preservation of favoured races in the struggle for life. London: John Murray.

Darwin C., 1880. The power of movement in plants. London: John Murray.

de Dorlodot S., Forster B., Pagès L., Price A., Tuberosa R., Draye X., 2007. Root system architecture: opportunities and constraints for genetic improvement of crops. *Trends in Plant Science* 12, 474–481.

Davidson D., 1965. Cytological chimeras in roots of *Vicia faba*. *Bot.Gaz.* 126, 149-154.

De Jong G., 1995. Phenotypic plasticity as a product of selection in a variable environment. *American Naturalist* 145, 493–512.

De Jong G., 2005. Evolution of phenotypic plasticity: patterns of plasticity and the emergence of ecotype; Research review. *New Phytologist* 166, 101-118.

De Kroon H., Mommer L., Nishiwaki A., 2003. Root competition: towards a mechanistic understanding. pp. *In: Root Ecology.* (H. de Kroon, E.-J.-W. Visser, eds.) Springer, Berlin, 215-234., 394p. (ISBN: 978-3-642-05520-1).

De Kroon H., Stuefer J.F., Ming D., During H.J., 1994. On plastic and non-plastic variation in clonal plant morphology and its ecological significance. *Folia Geobotanica* 29, 123–138.

De Smet I., Vanneste S., Inzé D., Beeckman T., 2006. Lateral root initiation or the birth of a new meristem. *Plant Molecular Biology* 60, 871–887.

De Smet I., Signora L., Beeckman T., Inzé D., Foyer C.H., Zhang H.M., 2003. An abscisic acidsensitive checkpoint in lateral root development of Arabidopsis 3. *Plant Journal* 33, 543-555.

De Smet I., Tetsumura T., De Rybel B., Frey N.Fd., Laplaze L., Casimiro I., Swarup R., Naudts M., Vanneste S., Audenaert D., Inzé D., Bennett M.J., Beeckman T., 2007. Auxin-dependent regulation of lateral root positioning in the basal meristem of Arabidopsis. *Development* 134, 681- 690.

De Smet I., Vanneste S., Inzé D., Beeckman T., 2006. Lateral root initiation or the birth of a new meristem. *Plant Molecular Biology* 60, 871-887.

De Witt T.J., 1998. Cost and limits of phenotypic plasticity: tests with predator-induced morphology and life history in a freshwater snail. *J. evol. Biol.* 11, 465-480.

Debat V., David J.R., 2002. Analysing phenotypic variation: when oldfashioned means up-to-date. *Journal of Biosciences* 27, 191–193.

Demchenko N.P., Demchenko K.N., 2001. Resumption of DNA synthesis and cell division in wheat roots as related to lateral root initiation 54. *Russian Journal of Plant Physiology* 48, 755-763.

Dharmasiri S., Swarup R., Mockaitis K., Dharmasiri N., Singh S.K., Kowalchyk M., Marchant A., Mills S., Sandberg G., Bennett M.J., Estelle M., 2006. AXR4 is required for localization of the auxin influx facilitator AUX1. *Science* 312, 1218-1220.

DiDonato RJ, Arbuckle E, Buker S, Sheets J, Tobar J, Totong R, Grisafi P, Fink GR, Celenza JL., 2004. Arabidopsis ALF4 encodes a nuclear-localized protein required for lateral root formation. *The Plant Journal* 37, 340-353.

Dolan L., Janmaat K., Willemsen V., Linstead P., Poethig S., Roberts K., Scheres B., 1993. Cellular organization of the *Arabidopsis thaliana* root. *Development* 119, 71–84.

Dong L., Wang L., Zhang Y., Zhang Y.S., Deng X.W., Xue Y.B., 2006. An auxin-inducible f-box protein CEGENDUO negatively regulates auxin-mediated lateral root formation in Arabidopsis. In Nibau et al, 2008. *Plant Molecular Biology* 60, 599-615.

Donohue K., Pyle E.H., Messiqua D., Heschel M.S., Schmitt J., 2001. Adaptive divergence in plasticity in natural populations of Impatiens capensis and its consequences for performance in novel habitats. *Evolution* 55, 692–702.

Draye X., 2002. Consequences of root growth kinetics and vascular structure on the distribution of lateral roots. *Plant, Cell and Environment* 25, 1463–1474.

Dreher K.A., Brown J., Saw R.E., Callis J., 2006. The Arabidopsis Aux/IAA protein family has diversified in degradation and auxin responsiveness, IN Nibau et al, 2008. *Plant Cell* 18, 699-714.

Drew M.C., Saker L.R., Ashley T.W., 1973. Nutrient supply and the growth of the seminal root system in barley. I. The effect of nitrate concentration on the growth of axes and laterals. *Journal of Experimental Botany* 24, 1189–1202.

Drew M.C., 1975. Comparison of Effects of A Localized Supply of Phosphate, Nitrate, Ammonium and Potassium on Growth of Seminal Root System, and Shoot, in Barley. *New Phytol* 75, 479-490.

Drew M.C., Saker L.R., 1975. Nutrient Supply and Growth of Seminal Root System in Barley .2. Localized, Compensatory Increases in Lateral Root Growth and

Rates of Nitrate Uptake When Nitrate Supply Is Restricted to Only Part of Root System. *J.Exp.Bot.* 26, 79-90.
Drew M.C., Saker L.R., 1978. Effects of Direct Drilling and Plowing on Root Distribution in Spring Barley, and on Concentrations of Extractable Phosphate and Potassium in Upper Horizons of A Clay Soil. *Journal of the Science of Food and Agriculture* 29, 201-206.
Dubrovsky J.G., Gambetta G.A., Hernandez-Barrera A., Shishkova S., Gonzalez I., 2006. Lateral root initiation in Arabidopsis: developmental window, spatial patterning, density and predictability. *Annals of Botany* 97, 903–915.
Dubrovsky J.G., Rost T.L., Colon-Carmona A., Doerner P., 2001. Early primordium morphogenesis during lateral root initiation in *Arabidopsis thaliana. Planta* 214, 30–36.
Dubrovsky J., Rost T.L., 2003. Lateral root initiation. *In: Encyclopedia of apllied plant Sciences.* Thomas B, Murphy, Murray. 1101-1107.
Dubrovsky J.G., Gambetta G.A., Hernandez-Barrera A., Shishkova S., Gonzalez I., 2006. Lateral Root Initiation in *Arabidopsis*: Developmental Window, Spatial Patterning, Density and Predictability. *Ann.Bot.* 97(5), 903-915.
Dubrovsky J.G., Rost T.L., Colon-Carmona A., Doerner P., 2001. Early primordium morphogenesis during lateral root initiation in Arabidopsis thaliana. *Planta.* 214, 30-36.
Dubrovsky J.G., Sauer M., Napsucialy-Mendivil S., Ivanchenko M.G., Friml J., Shishkova S., Celenza J., Benkoví E., 2008. Auxin acts as a local morphogenetic trigger to specify lateral root founder cells. *Proceedings of the National Academy of Sciences* 105, 8790-8794.

E

Echevarria-Machado I., Escobedo-GM R.M., Larque-Saavedra A., 2007. Responses of transformed Catharanthus roseus roots to ferntomolar concentrations of salicylic acid. In Nibau et al, 2008. *Plant Physiology and Biochemistry* 45, 501-507.
Elowitz M.B., Levine A.J., Siggia E.D., Swain P.S., 2002. Stochastic gene expression in a single cell. *Science* 297, 1183–1186.
Ericsson T., 1995. Growth and shoot:root ratio of seedlings in relation to nutrient availability. *Plant and Soil* 168/169, 205-214.
Ernande B., Dieckman U., 2004. The evolution of phenotypic plasticity in spatially structured environments: implications of intraspecific competition, plasticity costs and environmental characteristics. *J. Evol. Biol.* 17, 613-62.
Esau K., 1965. Vascular differetiation in plants. (New York, Holt, Rinehart and Winston, Lincoln LIN).
Evans M.E.K., Dennehy J.J., 2005. Germ banking: bet-hedging and varlable release from egg and seed dormancy. *Quarterly Review of Biology* 80, 431–451.
Evans J.P., 1991. The effect of resource integration on fitness related traits in a clonal dune perennial *Hydrocotyle bonariensis*. Oecologia 86, 268–275.

F

Ferguson B.J., Ross J.J., Reid J.B., 2005. Nodulation phenotypes of gibberellin and brassinosteroid mutants of pea. *Plant Physiology* 138, 2396-2405.

Ferrario-Méry S., Thibaud M.C., Betsche T., Valadier M.H., Foyer C.H., Ferrario S., 1997. Modulation of carbon and nitrogen metabolism and nitrate reductase in untransformed and transformed Nicotiana plumbaginifolia during CO2 enrichment of plants grown in pots and in hydroponic culture. *Planta* 202, 510-521.

Ferreira F.J., Kieber J.J., 2005. Cytokinin signaling. IN Kunderova et al 2008. *Current Opinion in Plant Biology* 8, 518-525.

Fitter A.H., 1994. Architecture and biomass allocation as components of the plastic response of root systems to soil heterogeneity. *Exploitation of Environmental Heterogeneity by Plants (eds M.M. Caldwell & R.W. Pearcy), Academic Press, San Diego, CA,* 305-323.

Forde B., Lorenzo H., 2001. The nutritional control of root development. *Plant and Soil* 232, 51–68.

Forde B.G., 2009. Is it good noise? The role of developmental instability in the shaping of a root system. *Journal of Experimental Botany* 60(14), 3989–4002.

Franco-Zorrilla J.M., Martin A.C., Leyva A., Paz-Ares J., 2005. Interaction between Phosphate- Starvation, Sugar, and Cytokinin Signaling in Arabidopsis and the Roles of Cytokinin Receptors CRE1/AHK4 and AHK3. *Plant Physiology* 138, 847-857.

Fraser D., Kaern M., 2009. A chance at survival: gene expression noise and phenotypic diversification strategies. *Molecular Microbiology* 71, 1333–1340.

Freixes S., Thibaud M.C., Tardieu F., Muller B., 2002. Root elongation and branching is related to local hexose concentration in *Arabidopsis thaliana* seedlings. *Plant, Cell and Environment* 25, 1357–1366.

Friml J., 2003. Auxin transport - Shaping the plant. *Current Opinion in Plant Biology* 6, 7-12.

Friml J., Vieten A., Sauer M., Weijers D., Schwarz H., Hamann T., Offringa R., Jurgens G., 2003. Efflux-dependent auxin gradients establish the apical-basal axis of *Arabidopsis*. *Nature* 426, 147-153.

Fu X.D., Harberd N.P., 2003. Auxin promotes *Arabidopsis* root growth by modulating gibberellin response. *Nature* 421, 740-743.

Fukaki H., Tasaka M., 2009. Hormone interactions during lateral root formation. *Plant Molecular Biology* 69, 437-449.

Fukaki H., Okushima Y., Tasaka M., 2007. Auxin Mediated Lateral Root Formation in Higher Plants. In International Review of Cytology A Survey of Cell Biology, W.J.Kwang, ed Academic Press), 111-137.

Fukaki H., Tameda S., Masuda H., Tasaka, M., 2002. Lateral root formation is blocked by a gainof- function mutation in the SOLITARY-ROOT/IAA14 gene of *Arabidopsis* 46. *Plant Journal* 29,153-168.

G

Gan Y.B., Filleur S., Rahman A., Gotensparre S., Forde B.G., 2005. Nutritional regulation of ANR1 and other root-expressed MADS-box genes in *Arabidopsis thaliana*. *Planta* 222, 730-742.

Garnier E. 1992. Growth analysis of congenetic annual and perennial grass species. *Journal of Ecology* 80, 665-675.

Garnier E. 1998. Interspecific variation in plasticity of grasses in response to nitrogen supply. *In: Cheplick, G.P. (Ed.), Population Biology of Grasses. University Press, Cambridge,* 155–182.

Gedroc J.J., McConnaughay K.D.M., Coleman J.S., 1996. Plasticity in root/shoot partitioning: optimal, ontogenetic, or both? *Functional Ecology* 10, 44-50.

Gersani M., Brown J.S., O'Brien E.E., Maina G.M., Abramshy Z., 2001. Tragedy of the commons as a result of root competition. *Jour of Ecology* 89, 660-669.

Gillespie J.H., Turelli M., 1989. Genotype-environment interactions and the maintenance of polygenic variation. *Genetics* 121, 129–138.

Gilroy S., Trewavas A., 2001. Signal processing and transduction in plant cells: the end of the beginning? *Nature Reviews Molecular Cell Biology* 2, 307–314.

Givinish T.J. 2002., Ecological constraints on the evolution of plpasticity in plants. *Evolutionary Ecology* 16, 213-242.

Gonzalez-Rizzo S., Crespi M., Frugier F., 2006. The Medicago truncatula CRE1 cytokinin receptor regulates lateral root development and early symbiotic interaction with Sinorhizobium meliloti. In fukaki and Tasaka, 2009. *Plant Cell* 18, 2680-2693.

Griffith T.M., Sultan S.E., 2005. Shade tolerance plasticity in response to neutral vs green shade cues in Polygonum species of contrasting ecological breadth. *New Phytologist* 166, 141-148.

Grime J.P., Hunt R., 1975. Relative growth-rate: Its range and adaptive significance in local flora. *Journal of Ecology* 63, 393-422.

Grime J.P., 1979. Plant Strategies and Vegetation Processes. *John Wiley & Sons, Chichester, UK.*

Grime J.P., Hodgson J.G., Hunt R., 1988. Comparative plant Ecology. Allen & Unwin. London.

Grime J.P., Thompson K., Hodgson J.G., Cornelissen J.H.C., Rorison I.H., Hendry G.A.F., Ashenden T.W., Askew A.P., Band S.R., Booth R.E., Bossard C.C., Campbell B.D., Cooper J.E.L., Davison A.W., Gupta P.L., Hall W., Hand D.W., Hannah M.A., Hillier S.H., Hodkinson D.J., Jalili A., Liu Z., Mackey J.M.L., Matthews N., Mowforth M.A., Neal M.A., Reader R.J., Reiling K., Ross-Fraser W., Spencer R.E., Sutton F., Tasker D.E., Thorpe P.C., Whitehouse J., 1997. Integrated screening validates primary axes of specialization in plants. *Oikos* 79, 259–281.

Gurevitch J., Wilson P., Teese P., Stone J., Stoutenburgh R., 1990. Competition among old-field perennials: effects of available space and resource level. *Journal of Ecology* 78, 727-744.

H

Hall M.C., Dworkin I., Ungerer M.C., Purugganan M., 2007. Genetics of microenvironmental canalization in Arabidopsis thaliana. Proceedings of the National Academy of Sciences, USA 104, 13717–13722.

Hartnett D.C., Bazzaz F.A., 1983. Physiological integration among intraclonal ramets in Solidago canadensis. *Ecology* 64, 779-788.

He Z., Ma Z., Brown K.M., Lynch J.P., 2004. Assessment of inequality of root hair density in Arabidopsis thaliana using the Gini coefficient: a close look at the effect of phosphorus and its interaction with ethylene. *Annals of Botany* 95, 287–293.

Heller M., 1984. Physiologie végétale. Tome II. Développement. Paris: Masson, 20p.
Hermanutz L.A., Weaver S.E., 1996. Agroecotypes or phenotypic plasticity? Comparison of agrstal and ruderal populations of the weed *Solanum ptycanthum. Oecologia* 105, 271-280.
Himanen K., Boucheron E., Vanneste S., Engler J.D., Inze D., Beeckman T., 2002. Auxinmediated cell cycle activation during early lateral root initiation, In Malamy 2005. *Plant Cell* 14, 2339-2351.
Hirel B., Le Gouis J., Ney B., Gallais A., 2007. The challenge of improving nitrogen use efficiency in crop plants: towards a more central role for genetic variability and quantitative genetics within integrated approaches. *Journal of Experimental Botany* 58, 2369–2387.
Ho M.D., McCannon B.C., Lynch J.P., 2004. Optimization modeling of plant root architecture for water and phosphorus acquisition. *Journal of Theoretical Biology* 226, 331-340.
Hobbie L., Estelle M., 1995. The Axr4 Auxin-Resistant Mutants of Arabidopsis-Thaliana Define A Gene Important for Root Gravitropism and Lateral Root Initiation. In Osmond et al, 2007. *Plant Journal* 7, 211-220.
Hochholdinger F., Woll K., Sauer M., Dembinsky D., 2004. Genetic dissection of root formation in maize (*Zea mays*) reveals root-type specific developmental programmes. *Ann Bot* 93, 359-368.
Hodge A., 2006. Plastic plants and patchy soils. *Journal of Experimental Botany* 57, 401–411.
Hodge A., Robinson D., Griffiths B.S., Fitter A.H., 1999a. Why plants bother: root proliferation results in increased nitrogen capture from an organic patch when two grasses compete. *Plant, Cell & Environment* 22, 811–820.
Hodge A., Robinson D., Griffiths B.S., Fitter A.H., 1999b. Nitrogen capture by plants grown in N-rich organic patches of contrasting size and strength. *Journal of Experimental Botany* 50, 1243–1252.
Hodge A., Stewart J., Robinson D., Griffiths B.S., Fitter A.H., 1999c. Plant, soil fauna and microbial responses to N-rich organic patches of contrasting temporal availability. *Soil Biology and Biochemistry* 31, 1517–1530.
Hodge A., Robinson D., Fitter A.H., 2000a. Are microorganisms more effective than plants at competing for nitrogen? *Trends in Plant Science* 5, 304–308.
Hodge A., Robinson D., Fitter A.H., 2000b. An arbuscular mycorrhizal inoculum enhances root proliferation in, but not nitrogen capture from, nutrient-rich patches in soil. *New Phytologist* 145, 575–584.
Hodge A., Stewart J., Robinson D., Griffiths B.S., Fitter A.H., 2000c. Spatial and physical heterogeneity of N supply from soil does not influence N capture by two grass species. *Functional Ecology* 14, 645–653.
Hodge A., Stewart J., Robinson D., Griffiths B.S., Fitter A.H., 2000d. Competition between roots and soil micro-organisms for nutrients from nitrogen-rich patches of varying complexity. *Journal of Ecology* 88, 150–164.
Hodge A., Stewart J., Robinson D., Griffiths B.S., Fitter A.H., 2000e. Plant N capture and microfaunal dynamics from decomping grass and earthworm residues in soil. *Soil Biology and Biochemistry* 32, 1763–1772.
Hodge A., 2004. The plastic plant: root responses to heterogeneous supplies of nutrients. *New Phytologist* 162, 9-24.

Hong-Qing L., Petra B., Zsolt B., Beat K., Martin G., 2002. The tomato fer gene encoding a bHLH protein controls iron-uptake responses in roots. *Plant Physiol.* 99, 13938- 13943.

Hooper D.U., Chapin III F.S., Ewel J.J., Hector A., Inchausti P., Lavorel S., Lawton J.H., Lodge D.M., Loreau M., Naeem S., Schmid B., Setälä H., Symstad A.J., Vandermeer J., Wardle D.A., 2005. Effects of biodiversity on ecosystem functioning: a consensus of current knowledge. *Ecological Monographs* 75(1), 3-35.

Hooshangi S., Thiberge S., Weiss R., 2005. Ultrasensitivity and noise propagation in a synthetic transcriptional cascade. *Proceedings of the National Academy of Sciences, USA* 102, 3581–3586.

Hou G.C., Hill J.P., Blancaflor E.B., 2004. Developmental anatomy and auxin response of lateral root formation in *Ceratopteris richardii. Journal of Experimental Botany* 55, 685-693.

Huante P., Rincon E., Chapin III F.S., 1998. Foraging for nutrients, responses to changes in light, and competition in tropical deciduous tree seedlings. *Oecologia* 117, 209–216.

Hunt R., Cornelissen J.H.C., 1997. Components of relative growth rate and their interrelationships in 59 temperate plant species. *The New Phytologist* 135, 395-417.

Hutchings M.J., de Kroon H., 1994. Foraging in plants: the role of morphological plasticity in resource acquisition. *Advances in Ecological Research* 25, 159–238.

I

Ivanchenko M.G., Coffeen W.C., Lomax T.L., Dubrovsky J.G., 2006. Mutations in the Diageotropica (Dgt) gene uncouple patterned cell division during lateral root initiation from proliferative cell division in the pericycle. *Plant Journal* 46, 436-447.

J

Jackson R.B., Manwaring J.H., Caldwell M.M., 1990. Rapid physiological adjustment of roots to localized soil enrichment. *Nature* 344, 58-60.

Jaillais Y., Santambrogio M., Rozier F., Fobis-Loisy I., Miege C., Gaude T., 2007. The retromer protein VPS29 links cell polarity and organ initiation in plants. *Cell* 130, 1057-1070.

Jennings D.H., Trewavas A.J., 1986 Plasticity in plants. *[Symp. exp. Biol., 40, 1985.] Company of Biologists: Cambridge.* 372p.

Jeong H., Tombor B., Albert R., Oltvai Z.N., Barabasi A.L., 2000. The large-scale organization of metabolic networks. *Nature* 407, 651–654.

Jiang C., Gao X., Liao L., Harberd N.P., Fu X., 2007. Phosphate Starvation Root Architecture and Anthocyanin Accumulation Responses Are Modulated by the Gibberellin-DELLA Signaling Pathway in Arabidopsis IN Nibau et al, 2008. *Plant Physiology* 145, 1460-1470.

Johnson J.F., Vance C.P., Allan D.L., 1996. Phosphorus Deficiency in *Lupinus albus* (Altered Lateral Root Development and Enhanced Expression of Phosphoenolpyruvate Carboxylase). *Plant Physiology* 112, 31-41.

Johnston I.A., 2006. Environment and plasticity of myogenesis in teleost fish. Review. *The Journal of Experimental Biology* 209, 2249-2264.

K

Kaneko M., Itoh H., Inukai Y., Sakamoto T., Ueguchi-Tanaka M., Ashikari M., Matsuoka M., 2003. Where do gibberellin biosynthesis and gibberellin signaling occur in rice plants? *Plant Journal* 35, 104-115.

Karas I., McCully M.E., Further studies of the histology of lateral root development in Zea mays. *Protoplasma* 77, 243-269. 1973.

Esau K., 1965. Anatomy of seed plants 2nd edition.

Kaufmann B.B., van Oudenaarden A., 2007. Stochastic gene expression: from single molecules to the proteome. *Current Opinion in Genetics and Development* 17, 107–112.

Kirongo B.B., Mason E.G., 2003. Decline in relative growth rate of 3 juvenile radiate pine clones subjected to varying competition levels in Canterbury, New Zealand. *Ann. For. Sci.* 60, 585-591.

Koch K.E., 1996. Carbohydrate-modulated gene expression in plants. IN Brocard-Gifford, I. et al. 2004. *Annual Review of Plant Physiology and Plant Molecular Biology* 47, 509-540.

Kokko H., Sutherland W.J., 2001. Ecological trap in changing environments: Ecological and evolutionary consequences of a behaviourally mediated Allee effect. *Evolutionary Ecology Research* 3, 537-551.

Crick J.C., Grime J.P., 1987. Morphological plasticity and mineral nutrient capture in two herbaceous species of contrasted ecology. *New Phytologist* 107, 403-414.

Krivan V., 2003. Competitive co-existence caused by adaptive predators. *Evol. Ecol. Res.* 5, 1163–1182.

Krusell L., Madsen L.H., Sato S., Aubert G., Genua A., Szczyglowski K., Duc G., Kaneko T., Tabata S., de Bruijn F., Pajuelo E., Sandal N., Stougaard J., 2002. Shoot control of root development and nodulation is mediated by a receptor-like kinase. *Nature* 420, 422-426.

Kuderova A., Urbankova I., Valkova M., Malbeck J., Brzobohaty B., Nemethova D., Hejatko J., 2008. Effects of Conditional IPT-Dependent Cytokinin Overproduction on Root Architecture of Arabidopsis Seedlings. *Plant Cell Physiol.* 49, 570-582.

Kutz A., Muller A., Henning P., Kaiser W.M., Piotrowsky M., Weiler E.W., 2002. A role for nitrilase 3 in the regulation of root morphology in sulphur-starving *Arabidopsis thaliana. Plant Journal* 30, 95-106.

L

Lajus D., Graham J.H., Kozhara A., 2003. Developmental instability and the stochastic component of total phenotypic variance. *In: Developmental instability: causes and consequences,* (M Polak, eds), New York: Oxford University Press, 343–363.

Lal R., 2007. Anthropogenic influences on world soils and implications to global food security. *Advances in Agronomy* 93, 69–93.

Laplaze L., Benkova E., Casimiro I., Maes L., Vanneste S., Swarup R., Weijers D., Calvo V., Parizot B., Herrera-Rodriguez M.B., Offringa R., Graham N., Doumas P., Friml J., Bogusz D., Beeckman T., Bennett M., 2007. Cytokinins Act Directly on Lateral Root Founder Cells to Inhibit Root Initiation. *Plant Cell* 19, 3889-3900.

Laskowski M.J., Williams M.E., Nusbaum H.C., Sussex I.M., 1995. Formation of lateral root meristems is a two-stage process. *Development* 121, 3303–3310.

Laskowski M.J., Williams M.E., Nusbaum H.C., Sussex I.M., 1995. Formation of lateral root meristems is a two-stage process. Development 121, 3303-3310.

Lecompte F., Ozier-Lafontaine H., Pagès L,. 2001. The relationships between static and dynamic variables in the description of root growth. Consequences for field interpretation of rooting variability. *Plant and Soil* 236, 19–31.

Lecompte F., Pagès L., 2007. Apical diameter and branching density affect lateral root elongation rates in banana. *Environmental and Experimental Botany* 59, 243–251.

Lehner B., Crombie C., Tischler J., Fortunato A., Fraser A.G., 2006. Systematic mapping of genetic interactions in Caenorhabditis elegans identifies common modifiers of diverse signaling pathways. *Nature Genetics* 38, 896–903.

Lelandais-Briere C., Jovanovic M., Torres G.A.M., Perrin Y., Lemoine R., Corre-Menguy F., Hartmann C., 2007. Disruption of AtOCT1, an organic cation transporter gene, affects root development and carnitine-related responses in *Arabidopsis. Plant Journal* 51, 154-164.

León J., 1993 Plasticity in fluctuating environments. *In Adaptation in stochastic environments,* (J. Yoshimura, C.-W. Clark, eds), Berlin, Germany: Springer-Verlag, 105–121.

Levins R., 1968. Evolution in changing environments. *Princeton, NJ: Princeton University Press.*

Levy S.F., Siegal M.L., 2008. Network hubs buffer environmental variation in Saccharomyces cerevisiae. *PLoS Biology* 6, 2588–2604.

Lewis K., 2007. Persister cells, dormancy and infectious disease. *Nature Reviews Microbiology* 5, 48–56.

Lewontin R.C., 1957. The adaptations of populations to varying environments. *Cold Spring Harbor Symp. Quant. Biol.* 22, 395–408.

Li X., Mo X.R., Shou H.X., Wu P., 2006. Cytokinin-mediated cell cycling arrest of pericycle founder cells in lateral root initiation of *Arabidopsis. Plant Cell Physiol.* 47, 1112-1123.

Liscum E., Reed J.W., 2002. Genetics of Aux/IAA and ARF action in plant growth and development. In Nibau et al, 2008. *Plant Molecular Biology* 49, 387-400.

Liu W., Xu Z.H., Luo D., Xue H.W., 2003. Roles of OsCKI1, a rice casein kinase I, in root development and plant hormone sensitivity. *Plant Journal* 36, 189-202.

Lloret P.C., Pulgarin A., Casimiro I., Casero P.J., Molina M., 1998. Effect of a treatment with naphthaleneacetic acid on the arrangement of lateral roots in onion (*Allium cepa* L.): General pattern and coordination between ranks. *Botanica Acta* 111, 55-61.

Lloret P.G., Casero P.J., Pulgarin A., Navascues J., 1989. The Behaviour of Two Cell Populations in the Pericycle of *Allium cepa, Pisum sativum*, and *Daucus carota* During Early Lateral Root Development. *Ann Bot* 63, 465-475.

lo Ioio R., Linhares F.S., Scacchi E., Casamitjana-Martinez E., Heidstra R., Costantino P., Sabatini S., 2007. Cytokinins determine Arabidopsis root-meristem size by controlling cell differentiation. In Laplaze et al, 2007. *Current Biology* 17, 678-682.

Lopez B.C., Cruz-Ramirez A., Herrera-Estrella L., 2003. The role of nutrient availability in regulating root architecture. *Current Opinion in Plant Biology* 6, 280-287.

Lopez-Bucio J., Hernandez-Abreu E., Sanchez-Calderon L., Nieto-Jacobo M.F., Simpson J., Herrera-Estrella L., 2002. Phosphate availability alters architecture and causes changes in hormone sensitivity in the *Arabidopsis* root system. *Plant Physiol.* 129, 244-256.

Lopez-Bucio J., Millan-Godinez M., Mendez-Bravo A., Morquecho-Contreras A., Ramirez-Chavez E., Molina-Torres J., Perez-Torres A., Higuchi M., Kakimoto T., Herrera-Estrella L., 2007. Cytokinin receptors are involved in alkamide regulation of root and shoot development in *Arabidopsis. Plant Physiology* 145, 1703-1713.

Lorens L., Menuelas J., Estiarte M., Bruna P., 2004. Contrasting growth changes in two dominant species of a mediterranean shurbland submitted to experimental drought and warming. *Annals of Botany* 94, 843-853.

Loveys B.R., Scheurwater I., Pons T.L., Fitter A.H., Atkin K., 2002. Growth temperature influences the underlying components of relative growth rate: an investigation using inherently fast- and slow-growing plant species. *Plant, Cell and Environment* 25, 975-987.

Lucas M., Godin C., Jay-Allemand C., Laplaze L., 2008. Auxin fluxes in the root apex coregulate gravitropism and lateral root initiation. In Nibau, et al, 2008. *J.Exp.Bot.* 59, 55-66.

Lukens L.N., Doebley J., 1999. Epistatic and environmental interactions for quantitative trait loci involved in maize evolution. *Genet. Res., Camb.* 74, 291-302.

Lynch J.P., 2007. Roots of the second green revolution. *Australian Journal of Botany* 55, 493–512.

M

Mack R.N., Simberloff D., Lonsdale W.M., Evans H., Clout M., Bazzaz F.A., 2000. Biotic invasions: causes, epidemiology, global consequences, and control. *Ecol. Appl.* 10, 689–710.

MacLeod R.D., McLachlan S.M., 1975. The development of large primordia inVicia faba L.: Some cytological and anatomical changes. *Protoplasma* 85, 291-304.

Madakadze I.C., Stewart K.A., Madakadze R.M., Smith D.L., 2003. Base temperatures for seedling growth and their correlation with chilling sensitivity for warm-season grasses. *Crop Physiology & Metabolism, Crop. Sci.* 43, 874-878.

Magyar G., Kun A., Oborny B., Stuefer J.F., 2007. Importance of plasticity and decision-making strategies for plant resource acquisition in spatio-temporally variable environments. *New Phytologist* 174, 182–193.

Mahall B.E., Callaway R.M., 1991. Root communication among desert shrubs. *Proceeding of the National Academy of Sciences, USA* 88, 874-876.

Malamy J.E., Benfey P.N., 1997. Organization and cell differentiation in lateral roots of *Arabidopsis thaliana. Development* 124, 33–44.

Malamy J.E., 2005. Intrinsic and environmental response pathways that regulate root system architecture. *Plant, Cell and Environment* 28, 67–77.

Malamy J.E., Ryan K.S., 2001. Environmental regulation of lateral root initiation in *Arabidopsis. Plant Physiol.* 127, 899-909.

Marchant A., Bhalerao R., Casimiro I., Eklof J., Casero P.J., Bennett M., Sandberg G., 2002. AUX1 Promotes Lateral Root Formation by Facilitating Indole-3-

Acetic Acid Distribution between Sink and Source Tissues in the *Arabidopsis* Seedling. *Plant Cell* 14, 589.
Marshall C., Price A.C., 1997. Sectoriality and its implications for physiological integration. *In: The Ecology and Evolution of Clonal Plants,* (H. de Kroon, J. van Groenendael, eds), Backhuys Publishers, Leiden.
Marshall C. 1990. Source–sink relations of interconnected ramets. *In: Clonal growth in plants: regulation and function,* (J. Van Groenendael, H. De Kroon, eds), The Hague, the Netherlands: SPB Academic Publishers, 23–42.
Maruyama-Nakashita A., Nakamura Y., Yamaya T., Takahashi H., 2004. Regulation of highaffinity sulphate transporters in plants: towards systematic analysis of sulphur signalling and regulation. *J.Exp.Bot.* 55, 1843-1849.
Mather K. 1953. Genetical control of stability in development. *Heredity* 7, 297–336.
Matilla A., Gallardo M., Puga-Hermida M.I., 2005. Structural, physiological and molecular aspects of heterogeneity in seeds: a review. *Seed Science Research* 15, 63–76.
May L.H., Randles F.H., Aspinall D., Paleg L.G., 1967. Quantitative studies of root development. II. Growth in the early stages of development. *Australian Journal of Biological Sciences* 20, 273–283.
Mc Kenna M.F., Houle G., 1999. The effect of light on the growth and reproduction of *Floerkea proserpinacoides*. *New Phytologist* 141, 99-108.
McAdams H.H., Arkin A., 1999. It's a noisy business! Genetic regulation at the nanomolar scale. *Trends in Genetics* 15, 65–69.
McCully M.E., 2006. the development of LR. *In: the development and function of roots*, (J.-G. Torrey, D.-T. Clarkson, eds) In Ivanchenko, 1975. New York; Academic Press, 105-125.
McKenna M.F., Shipley B., 1999. Interacting determinants of interspecific relative growth: empirical patterns and a theoretical explanation. *Ecoscience* 6, 286-296.
McNickle G.G., Cahill J.F., 2009. Plant root growth and the marginal value theorem. *Proceedings of the National Academy of Sciences, USA* 106, 4747–4751.
Meziane D., Shipley B., 1999. Interacting determinants of specific leaf area in 22 herbaceous species: effects of irradiance and nutrient availability. *Plant, Cell and Environment* 22, 447-459.
Miklos G.L, Rubin G.M., 1996. The role of the genome project in determining gene function: insights from model organisms. *Cell* 86, 521-9.
Miller N.J., Kift N.B., Tatchell G.M., 2005. Host-associated populations in the lettuce root aphid, *Pemphigus bursarius (*L.). *Heredity* 94, 556-564.
Milton C.C., Ulane C.M., Rutherford S., 2006. Control of canalization and evolvability by Hsp90. *PLoS One* 1, e75.
Mitchell R.S., 1976. Submergence Experiments on Nine Species of Semi-Aquatic *Polygonum*. *American Journal of Botany* 63, 1158–1165.
Miura K., Agetsuma M., Kitano H., Yoshimura A., Matsuoka M., Jacobsen S.E., Ashikari M., 2009. A metastable DWARF1 epigenetic mutant affecting plant stature in rice. *Proceedings of the National Academy of Sciences,* USA 106, 11218–11223.
Miyawaki K., Matsumoto-Kitano M., Kakimoto T., 2004. Expression of cytokinin biosynthetic isopentenyltransferase genes in *Arabidopsis*: tissue specificity and regulation by auxin, cytokinin, and nitrate. In Kunderova et al, 2008. *Plant Journal* 37, 128-138.

Mondor E.B., Tremblay M.N., Lindroth R.L., 2004. Transgenerational phenotypic plasticity under future atmospheric conditions. *Ecology Letters* 7, 941-946.
Mondor E.B., Rosenheim J.A., Addicott J.F., 2005. Predator-induced transgenerational phenotypic plasticity in the cotton aphid. *Oecologia* 142, 104-108.
Monroe-Augustus M., Zolman B.K., Bartel B., 2003. IBR5, a Dual-Specificity Phosphatase-Like Protein Modulating Auxin and Abscisic Acid Responsiveness in *Arabidopsis. The Plant Cell* 15, 2979- 2991.
Moran N.A., 1992. The evolutionary maintenance of alternative phenotypes. *Am. Nat.* 139, 971–989.
Mou P., Michell R.J., Jones R.H., 1997. Root distribution of two tree species under a heterogeneous nutrient environment. *Journal of Applied Ecology* 34, 645-656.

N

Nacry P., Canivenc G., Muller B., Azmi A., Van Onckelen H., Rossignol M., Doumas P., 2005. A role for auxin redistribution in the responses of the root system architecture to phosphate starvation in *Arabidopsis. Plant Physiology* 138, 2061-2074.
Negi S., Ivanchenko M.G., Muday G.K., 2008. Ethylene regulates lateral root formation and auxin transport in *Arabidopsis thaliana. Plant Journal* 55, 175-187.
Nibau C., Gibbs D.J., Coates J.C., 2008. Branching out in new directions: the control of root architecture by lateral root formation. *New Phytol* 179, 595-614.
Nikiforova V.J., Daub C.O., Hesse H., Willmitzer L., Hoefgen R., 2005. Integrative genemetabolite network with implemented causality deciphers informational fluxes of sulphur stress response. *J.Exp.Bot.* 56,1887-1896.
Nilsson P., Tuomi J., Astrom M., 1996. Bud dormancy as a bethedging strategy. *American Naturalist* 147, 269–281.
Nishimura R., Hayashi M., Wu G.J., Kouchi H., Imaizumi-Anraku H., Murakami Y., Kawasaki S., Akao S., Ohmori M., Nagasawa M., Harada K., Kawaguchi M., 2002. HAR1 mediates systemic regulation of symbiotic organ development. *Nature* 420, 426-429.
Noble I.R., Slatyer R.O., 1980. The use of vital attributes to predict successional changes in plant communities subject to recurrent disturbances. *Vegetatio* 43, 5-21.
Nollen E.A.A., Morimoto R.I., 2002. Chaperoning signaling pathways: molecular chaperones as stress-sensing 'heat shock' proteins. *Journal of Cell Science* 115, 2809–2816.
Normand F., Habib R., Chadoeuf J., 2002. A stochastic flowering model describing an asynchronically flowering set of trees. *Annals of Botany* 90, 405–415.
Novoplansky A., 2002. Developmental plasticity in plants: implications of non-cognitive behaviour. *Evolutionary Ecology* 16, 177-188.
Nunney L., Cheung W., 1997. The effect of temperature on body size and fecundity in female *Drosophila melanogaster*: Evidence for adaptive plasticity. *Evolution* 51, 1529-1535.

O

Okushima Y., Overvoorde P.J., Arima K., Chan A., Chang C., Hughes B., Lui A., Nguyen D., Onodera C., Quach H., Smith A., Yu G., Theologis A., Alonso J.M., Ecker J.R., 2005. Functional genomic analysis of the AUXIN RESPONSE FACTOR gene family members in Arabidopsis thaliana: Unique and overlapping functions of ARF7 and ARF19. In Nibau et al, 2008. *Plant Cell* 17, 444-463.

Omar S., Lalonde M., Marcotte M., Cook M., Proulx J., Goel K., Durst T., Philogène B.J.R., Arnason J.T., 2000. Insect growth-reducing and antifeedant activity in Eastern North America hardwood species and bioassay-guided isolation of active principles from *Prunus serotina. Agricultural and Forest Entomology* 12, 253-257.

Oparka K.J., Prior D.A.M., Wright K.M., 1995. Symplastic Communication Between Primary and Developing Lateral Roots of *Arabidopsis-Thaliana. J.Exp.Bot.* 46,187-197.

Osmont K.S., Sibout R., Hardtke C.S., 2007a. Hidden Branches: Developments in Root System Architecture. *Annu.Rev.Plant Biol.* 58, 93.

Osmont K.S., Sibout R., Hardtke C.S., 2007b. Hidden Branches: Developments in Root System Architecture. *Annual Review of Plant Biology* 58, 93-113.

Ouagazzal A.M., Grottick A.J., Moureau J.L., Higgins G.A., 2001. Effect of LSD on Prepulse Inhibition in and Spontaneous Behavior in the Rat: A Pharmacological Analysis and Comparison between Two Rat Strains. *Neuropsychopharmacology* 25, 565–575.

Ozbudak E.M., Thattai M., Kurtser I., Grossman A.D., van Oudenaarden A., 2002. Regulation of noise in the expression of a single gene. *Nature Genetics* 31, 69–73.

P

Padilla D.K., Adolph S.C., 1996. Plastic inducible morphologies are not always adaptive: the importance of time delays in a stochastic environment. *Evolutionary Ecology* 10, 105-117.

Pagès L., Kervella J., Chadoeuf J., 1993. Development of the root system of young peach trees (*Prunus persica* L. Batsch): a morphometrical analysis. *Annals of Botany* 71, 369–375.

Pagès L., Pellerin S., 1994. Evaluation of parameters describing the root-system architecture of field-grown maize plants (*Zea mays* L.). 2. Density, length, and branching of first-order lateral roots. *Plant and Soil* 164, 169–176.

Pagès L., 1995. Growth patterns of the lateral roots of young oak (*Quercus robur*) tree seedlings: relationship with apical diameter. *New Phytologist* 130, 503–509.

Pagès L., 1999. Root system architecture: from its representation to the study of its elaboration. *Agronomie* 19, 295–304.

Parizot B., Laplaze L., Ricaud L., Boucheron-Dubuisson E., Bayle V., Bonke M., De Smet I., Poethig S.R., Helariutta Y., Haseloff J., Chriqui D., Beeckman T., Nussaume L., 2008. Diarch Symmetry of the Vascular Bundle in *Arabidopsis Root* Encompasses the Pericycle and Is Reflected in Distich Lateral Root Initiation. *Plant Physiol.* 146, 140-148.

Parrish J.A.D., Bazzaz F.A., 1976. Underground niche separation in successional plants. *Ecology* 57, 1281–1288.

Parsons P.A., 1992. Fluctuating asymmetry: a biological monitor of environmental and genomic stress. *Heredity* 68, 361–364.
Paxman G., 1956. Differentiation and stability in the development of *Nicotiana rustica. Annals of Botany* 20, 331–347.
Pazourek J., Votrubova O., 1997. *Atlas of Plant Anatomy.* Prague: PERES Publishers. Peterson R.L. (1979) Root buds in *Hieracium florentinum*: effects of nitrogen and observations on bud outgroth. *In E. Husakova Bc. Bot.Gaz.* 140, 407-413.
Pearson K., Lee A., Warren E., Fry A., Fawcett C.D., 1901. Mathematical contributions to the theory of evolution. IX. On the principle of homotyposis and its relation to heredity, to the variability of the individual, and to that of the race. Part I. Homotyposis in the vegetable kingdom. *Proceedings of the Royal Society* 68, 1–5.
Persson L., De Roos A., 2003. Adaptive habitat use in size structured populations: linking individual behavior to population processes. *Ecology* 84, 1129–1139.
Peterson R.L., Peterson C.A., 1986. Ontogeny and anatomy of lateral roots. *In: New root formation in Plants and cuttings,* (M.-B. Jackson, eds.) in Ivanchenko *et al*, 2006, 1-30.
Peterson R.L., 1967. Differentiation and maturation of primary tissues in white mustard root tips. *Canadian Journal of Botany* 45, 319-331.
Petroski M.D., Deshaies R.J., 2005. Function and regulation of cullin-RING ubiquitin ligases. In Nibau *et al.,* 2008. *Nature Reviews* 6, 9-20.
Piersma T., Drent J., 2003 Phenotypic flexibility and the evolution of organismal design. *Trends Ecol. Evol.* 18, 228–233.
Piersma T., Lindström A., 1997. Rapid reversible changes in organ size as a component of adaptive behaviour. *Trends Ecol. Evol.* 12, 134–138.
Pigliucci M., Schmitt J., 1999. Genes affecting phenotypic plasticity in *Arabidopsis*: Pleiotropic effects and reproductive fitness of photomorphogenic mutants. *J. Evol. Biol.* 12, 551–562.
Pigliucci M., 2001. *Phenotypic Plasticity: Beyond Nature and Nurture.* Johns Hopkins University Press, Baltimore.
Pigliucci M., 2005. Evolution of phenotypic plasticity: where are we going now? *Trends in Ecology and Evolution* 20, 481–486.
Pigliucci M., 1996. How organisms respond to environmental changes: from phenotypes to molecules (and vice versa). *Trends Ecol. Evol.* 11, 168–173.
Pigliucci M., 1997. Ontogenetic phenotypic plasticity during the reproductive phase in *Arabidopsis thaliana* (*Brassicaceae*). *American Journal of Botany* 84, 887-895.
Pigliucci M., 2001. Phenotypic Plasticity: Beyond Nature and Nurture. *Johns Hopkins University Press, Baltimore, MD.*
Pigliucci M., 2006. Evolutionary biology: Puzzle solving or paradigm shifting? *The quarterly Review of Biology* 81(4), 377-379.
Pigliucci M., 2006. Genetic variance-covariance matrices: a critique of the evolutionary quantitative genetics research program. *Biology and Philosophy* 21, 1-23.
Pitelka L.F., Ashmun J.M., 1985. Physiology and integration of ramets in clonal plants. *In: Jackson, JBC (ed), Population biology and evolution of clonal organisms. Yale Univ. Newhaven.* 399-435.

Poorter H., Remkes C., 1990. Leaf area ratio and net assimilation rate of 24 wild species differing in relative growth rate. *Oecologia* 83, 553-559.

Pophan R.A., 1955. Levels of tissue differentiation in primary roots of *Pisum sativum.* Riopel, Studies on the root of Musa acuminata. *American Journal of Botany* 42, 529-540. Ref Type: Generic

Pretty J., 2008. Agricultural sustainability: concepts, principles and evidence. *Philosophical Transactions of the Royal Society B-Biological Sciences* 363, 447–465.

Q

Queitsch C., Sangster T.A., Lindquist S., 2002. Hsp90 as a capacitor of phenotypic variation. *Nature* 417, 618–624.

R

Rajaniemi T.K., Allison V.J., Goldberg D.E., 2003. Root competition can cause a decline in diversity increased productivity. *Journal of Ecology* 91, 407-416.

Rao C.V., Wolf D.M., Arkin A.P., 2002. Control, exploitation and tolerance of intracellular noise. *Nature* 420, 231–237.

Raser J.M., O'Shea E.K., 2004. Control of stochasticity in eukaryotic gene expression. *Science* 304, 1811–1814.

Raser J.M., O'Shea E.K., 2005. Noise in gene expression: origins, consequences, and control. *Science* 309, 2010–2013.

Reynolds H.L., D'Antonio C., 1996. The ecological significance of plasticity in root weight ratio in response to nitrogen: opinion. *Plant and Soil* 185, 75-97.

Richards C.L., Bossdorf O., Muth N.Z., Gurevitch J., Pigliucci M., 2006. Jack of all trades, master of some? On the role of phenotypic plasticity in plant invasions. *Ecology Letters* 9, 981-993.

Richards C.L., Pennings S.C., Donovan L.A., 2005. Habitat range and phenotypic variation in salt marsh plants. *Plant Ecol.* 176, 263–273.

Riopel J.L., 1964. Studies on the roots of Musa acuminata. I. The anatomy and development of main roots. *Ann.Bot.(Lond).* 28, 475-490.

Robinson D., 1994 The responses of plants to non-uniform supplies of nutrients. *New Phytol.* 127, 635–674.

Robinson D., Hodge A., Griffiths B.S., Fitter A.H., 1999. Plant root proliferation in nitrogen-rich patches confers competitive advantage. *Proc. R. Soc. London* B 266, 431–435.

Robinson B.W., Dukas R., 1999. The influence of phenotypic modifications on evolution: the Baldwin effect and modern perspectives. *Oikos* 85, 582–589.

Roff D.A., Tucker J., Stirling G., Fairbairn D.J., 1999. The evolution of threshold traits: effects of selection on fecundity and correlated response in wing dimorphism in the sand cricket. *J. Evol. Biol.* 12, 535-546.

Rogg L.E., Lasswell J., Bartel B., 2001. A Gain-of-Function Mutation in IAA28 Suppresses Lateral Root Development. *Plant Cell* 13, 465-480.

Roy S.K., 1962. Variation of organs of individual plants. *Journal of Genetics* 58, 147–176.

Rutherford S.L., Lindquist S., 1998. Hsp90 as a capacitor for morphological evolution. *Nature* 396, 336–342.

Ryser P., Eek L., 2000. Consequences of phenotypic plasticity vs. Interspecific differences in leaf and root traits for acquisition of aboveground and Belowground resources. *American Journal of Botany* 87(3), 402-411.
Ryser P., Notz R., 1996. Competitive ability of three ecologically contrasting grass species at low nutrient supply in relation to their maximal relative growth rate and tissue density. *Bulletin of the Geobotanical Institute ETH* 62, 3-12.

S

Sachs T., Novoplansky N., 1993. The development and patterning of stomata and glands in the epidermis of Peperomia. *New Phytol.* 123, 567–574.
Sakai K.I., Shimamoto Y., 1965. Developmental instability in leaves and flowers of Nicotiana tabacum. *Genetics* 51, 801–813.
Salathia N., Queitsch C., 2007. Molecular mechanisms of canalization: Hsp90 and beyond. *Journal of Biosciences* 32, 457–463.
Salisbury F.B., Ross C.W., 1992. Plant Physiology, Fourth edition. Belmont CA: Wadsworth Publishing Co.
Sangster T., Bahrami A., Wilczek A., Watanabe E., Schellenberg K., McLellan C., Kelley A., Won Kong S., Queitch C., Lindquist S., 2007. Phenotypic diversity and altered environmental plasticity in *Arabidopsis thaliana* with reduced Hsp90 levels. *PLoS One* 2, e648.
Sangster T.A., Lindquist S., Queitsch C., 2004. Under cover: causes, effects and implications of Hsp90-mediated genetic capacitance. *Bioessays* 26, 348–362.
Sangster T.A., Salathia N., Undurraga S., Milo R., Schelienberg K., Lindquist S., Queitsch C., 2008. HSP90 affects the expression of genetic variation and developmental stability in quantitative traits. *Proceedings of the National Academy of Sciences, USA* 105, 2963–2968.
Santi S., Schmidt W., 2008. Laser microdissection-assisted analysis of the functional fate of iron deficiency-induced root hairs in cucumber. *J.Exp.Bot.* 59, 697-704.
Sauer M., Balla J., Luschnig C, Wisniewska J, Reinohl V, Friml J., Benkova E., 2006. Canalization of auxin flow by Aux/IAA-ARF dependent feedback regulation of PIN polarity. In Nibau et al, 2008(branching out in new directions). *Genes & Development* 20, 2911.
Savidge R.A., 1994. The tracheid-differentiation factor of conifer needles. *Internat. J. Plant Sci.* 155, 272–290.
Schade C., von Guttenberg H., 1951. Über die Entwicklung des Wurzelvegetations-Punktes der Monokotyledonen. *Planta* 40, 170-198.
Scheiner S.M., Lyman R.F., 1989. The genetics of phenotypic plasticity. 1. Heritability. *J. evol. Biol.* 2, 95-107.
Scheiner S.M., Lyman R.F., 1991. The genetics of phenotypic plasticity. II. Response to selection. *J. Evol. Biol.* 4, 23–50.
Scheiner S.M., 1993. Genetics and evolution of phenotypic plasticity. *Annual Review of Ecology and Systematics* 24, 35-68.
Scheres B., Wolkenfelt H., Terlou M., Lawson E., Dean C., Weisbeek P., 1994. Embryonic origin of the *Arabidopsis* primary root and root meristem initials. In Laskowski et al, 1995. *Development* 120, 2487.
Schipley B., 2000. Plasticity in relative growth rate and ist components following a change in irradiance. *Plant, Cell and Environment* 23, 1207-1216.

Schlaepfer M.A., Runge M.C., Sherman P.W., 2002. Ecological and evolutionary traps. *Trends in Ecology & Evolution* 17, 474-480.

Schlichting C.D., Pigliucci M., 1998. Phenotypic Evolution: A Reaction Norm Perspective. *Sinauer Associates, Sunderland, MA.*

Schlichting C.D., Smith H., 2002. Phenotypic plasticity: linking molecular mechanisms with evolutionary outcomes. *Evol. Ecol.* 16, 189–211.

Schlichting C.D., 1986. The evolution of phenotypic plasticity in plants. *Annual Review of Ecology and Systematics* 17, 667–693.

Schlichting C.D., 2002. Phenotypic plasticity in plants. *Plant Sp. Biol.* 17, 85–88.

Schmalhausen II., 1949. Factors of Evolution. *Blakiston, Philadelphia, PA.*

Schmid B., 1992. Phenotypic variation in plants. *Evolutionary Trends in Plants* 6, 45–60.

Schmitt J., McCormac A.C., Smith H., 1995. A test of the adaptive plasticity hypothesis using transgenic and mutant plants disabled in phytochrome-mediated elongation responses to neighbors. *Am. Nat.* 146, 937–953.

Schulze J., Temple G., Temple S.J., Beschow H., Vance C.P., 2006. Nitrogen fixation by white lupin under phosphorus deficiency. *Ann Bot* 98, 731-740.

Schwager K.M., Calderon-Villalobos L.I.A., Dohmann E.M.N., Willige B.C., Knierer S., Nill C., Schwechheimer C., 2007. Characterization of the VIER F-BOX PROTEINE genes from *Arabidopsis* reveals their importance for plant growth and development. In Nibau et al, 2008. *Plant Cell* 19, 1163-1178.

Seago J.L., 1973. Developmental anatomy in roots of Ipomoea purpurea. I. Radicle and primary root. II. Initiation and development of secondary roots. *American Journal of Botany* 60, 607-618. *American Journal of Botany* 58, 604-615. Ref Type: Generic

Seago J.L., Marsh L.C., 1990. Origin and development of lateral roots in typha-glauca. *American Journal Of Botany* 77, 713-721.

Sekhon R.S., Chopra S., 2009. Progressive loss of DNA methylation releases epigenetic gene silencing from a tandemly repeated maize Myb gene. *Genetics* 181, 81–91.

Shahrezaei V., Swain P.S., 2008. The stochastic nature of biochemical networks. *Current Opinion in* Biotechnology 19, 369–374.

Shin R., Burch A.Y., Huppert K.A., Tiwari S.B., Murphy A.S., Guilfoyle T.J., Schachtman D.P., 2007. The Arabidopsis transcription factor MYB77 modulates auxin signal transduction. *Plant Cell* 19, 2440- 2453.

Shipley B., Peters R.H., 1990. A test of Tilman model plant strategies: relative growth rate and biomass partitioning. *The American Naturalist* 136, 139-153.

Shumway S.W., 1995. Physiological integration omong clonal ramets during invasion of disturbance patches in a New England salt marsh. *Annals of Botany* 76, 225-233.

Sibly R.M., 1997. Life history evolution in heterogeneous environments: a review of theory. *In: Plant Life Histories: Ecology, Phylogeny and Evolution,* (J.-W. Silvertown, M. Franco, J.-L. Harper, eds), Cambridge University Press, Cambridge.

Siebrecht S., Mäck G., Tischner R., 1995. Function and contribution of the root tip in the induction of N0_3 uptake along the barley root axis. *Journal of Experimental Botany* 46, 1669–1676.

Siegal M.L., Bergman A., 2002. Waddington's canalization revisited: developmental stability and evolution. *Proceedings of the National Academy of Sciences, USA* 99, 10528–10532.
Signora L., De Smet I., Foyer C.H., Zhang H.M., 2001. ABA plays a central role in mediating them regulatory effects of nitrate on root branching in *Arabidopsis. Plant Journal* 28, 655-662.
Simon J.C., Decau M.L., Jacquet A., 2005. Fonctionnement des couverts prairiaux : les effets morphologiques majeurs liés à la coupe. *Le guide de l'herbe* fiche 8.
Simons A.M., Johnston M.O., 2006. Environmental and genetic sources of diversification in the timing of seed germination: implications for the evolution of bet hedging. *Evolution* 60, 2280–2292.
Simons A.M., 2009. Fluctuating natural selection accounts for the evolution of diversification bet hedging. *Proceedings of the Royal Society Series B, Biological Sciences* 276, 1987–1992.
Slade A.J., Hutchings M.J., 1987b. The effects of light intensity on foraging in the clonal herb *Glechoma hederacea. J. Ecol.* 75, 639-650.
Smith A.B., 1988. Patterns of diversification and extinction in early Palaeozoic echinoderms. *Palaeontology* 31, 799-828.
Smith-Gill S.J., 1983. Developmental plasticity: Developmental conversion versus phenotypic modulation. *Amer. Zool.* 23, 47-55.
Soti C., Pal C., Papp B., Csermely P., 2005. Molecular chaperones as regulatory elements of cellular networks. *Current Opinion in Cell Biology* 17, 210–215.
Spudich J.L., Koshland D.E., 1976. Non-genetic individuality: chance in the single cell. *Nature* 262, 467–471.
Steffens B., Wang J.X., Sauter M., 2006. Interactions between ethylene, gibberellin and abscisic acid regulate emergence and growth rate of adventitious roots in deepwater rice. *Planta* 223, 604- 612.
Stepanova A.N., Yun J., Likhacheva A.V., Alonso J.M,. 2007. Multilevel Interactions between Ethylene and Auxin in Arabidopsis Roots. *Plant Cell* 19, 2169-2185.
Stephens D.W., Krebs J.R., 1986. Foraging theory. Princeton: Princeton University Press.
Strader L.C., Monroe-Augustus M., Bartel B., 2008. The IBR5 phosphatase promotes Arabidopsis auxin responses through a novel mechanism distinct from TIR1-mediated repressor degradation. In Fukaki and Tasaka 2009. *Bmc Plant Biology* 8.
Street H.E., Roberts E.H., 1952. Factor controlling meristematic activity in exciced root. I. Experiments showing the operation of internal factor. *Physiologia Plantarum* 5, 498-509. Ref Type: Generic
Stuefer J.F., 1998. Two types of division of labour in clonal plants: benefits, costs and constraints. *Persp. Plant. Ecol. Evol. Syst.* 1, 47–60.
Sultan S.E., Spencer H.G., 2002. Metapopulation structure favors plasticity over local adaptation. *Am. Nat.* 160, 271–283.
Sultan S.E., 2000. Phenotypic plasticity for plant development, function and life history. *Trends Plant Sci.* 5, 537–542.
Sultan S.E., Wilczek A.M., Hann S.D., Brosi B.J., 1998a. Contrasting ecological breadth of co-occurring annual *Polygonum* species. *J. Ecol.* 86, 363–383.

Sultan S.E., Wilczek A.M., Bell D.L., Hand G., 1998b. Physiological response to complex environments in annual *Polygonum* species of contrasting ecological breadth. *Oecologia* 115, 564–578.

Sultan S.E., 1987. Evolutionary implications of phenotypic plasticity in plants. *Evolutionary Biology* 21, 127-178.

Sultan S.E., 1995. Phenotypic plasticity and plant adaptation. *Acta Bot. Neerland.* 44, 363–383.

Sultan S.E., 2001. Phenotypic plasticity for fitness components in *Polygonum* species of contrasting ecological breadth. *Ecology* 82, 328–343.

Svistoonoff S., Creff A., Reymond M., Sigoillot-Claude C., Ricaud L., Blanchet A., Nussaume L., Desnos T., 2007. Root tip contact with low-phosphate media reprograms plant root architecture. *Nature Genetics* 39, 792–796.

Swain P.S., Elowitz M.B., Siggia E.D., 2002. Intrinsic and extrinsic contributions to stochasticity in gene expression. *Proceedings of the National Academy of Sciences, USA* 99, 12795–12800.

Swarup K., Benkova E., Swarup R., Casimiro I., Peret B., Yang Y., Parry G., Nielsen E., De Smet I., Vanneste S., Levesque M.P., Carrier D., James N., Calvo V., Ljung K., Kramer E., Roberts R., Graham N., Marillonnet S., Patel K., Jones J.D.G., Taylor C.G., Schachtman D.P., May S., Sandberg G., Benfey P., Friml J., Kerr I., Beeckman T., Laplaze L., Bennett M.J., 2008. The auxin influx carrier LAX3 promotes lateral root emergence. *Nature Cell Biology* 10, 946-954.

Swarup R., Parry G., Graham N., Allen T., Bennett M., 2002. Auxin cross-talk: integration of signalling pathways to control plant development. *Plant Molecular Biology* 49, 409-424.

T

Takahashi H., Scott T.K., 1993. Intensity of hydrostimulation for the induction of root hydrotropism and its sensing by the root cap. *Plant, Cell and Environment* 16, 99–103.

Tatematsu K., Kumagai S., Muto H., Sato A., Watahiki M.K., Harper R.M., Liscum E., Yamamoto K.T., 2004. MASSUGU2 encodes Aux/IAA19, an auxin-regulated protein that functions together with the transcriptional activator NPH4/ARF7 to regulate differential growth responses of hypocotyl and formation of lateral roots *in Arabidopsis thaliana. Plant Cell* 16, 379-393.

Thattai M., van Oudenaarden A., 2001. Intrinsic noise in gene regulatory networks. *Proceedings of the National Academy of Sciences, USA* 98, 8614–8619.

Tilman D., 2004. Niche tradeoffs, neutrality, and community structure: A stochastic theory of resource competition, invasion, and community assembly. *PNAS* 101(30), 10854-10861.

Tilman D., Cassman K.G., Matson P.A., Naylor R., Polasky S., 2002. Agricultural sustainability and intensive production practices. *Nature* 418, 671–677.

Tilman D., 1988. Plant strategies and the dynamics and structure of plant communities. Princeton University Press, Princeton, New Jersey, USA.

Timsina J., Garrity D.P., Pandey R.K., 1994. Plant water relations and growth of cowpea cultivars subjected to varying degrees of waterlogging. *Field Crops Research* 39, 49-57.

Touchette B.W., Burkholder J.M., 2000. Review of nitrogen and phosphorus metabolism in seagrasses. *Journal of Experimental Marine Biology and Ecology* 253, 133-167.
Trewavas A., 1999. The importance of individuality. In: Lerner HR, ed. Plant response to environmental stresses: from phytohormones to genome reorganization. New York: M Dekker Inc., 27–50.
Trewavas A., 2003. Aspects of plant intelligence. *Annals of Botany* 92, 1–20.
Tucic B., Manitasevic S., Vuleta A., Matic G., 2008. Linking Hsp90 function to micro-environmental and stochastic variation in floral organs of *Iris pumila* L. *Archives of Biological Sciences* 60, 411–419.
Tufto J., 2000. The evolution of plasticity and nonplastic spatial and temporal adaptations in the presence of imperfect environmental cues. *Am. Nat.* 156, 121–130.

V

Vance C.P., 2001. Symbiotic nitrogen fixation and phosphorus acquisition. Plant nutrition in a world of declining renewable resources. *Plant Physiol.* 127, 390-387.
Van der Weele C.M., Spollen W.G., Sharp R.E., Baskin T.I., 2000. Growth of *Arabidopsis thaliana* seedlings under water deficit studied by control of water potential in nutrient-agar media. *J.Exp.Bot.* 51, 1555-1562.
Van Dongen S., Lens L., 2002. Modelling developmental instability as the joint action of noise and stability: a Bayesian approach. *BMC Evolutionary Biology* 2, 11.
Van Dongen S., 2006. Fluctuating asymmetry and developmental instability in evolutionary biology: past, present and future. *Journal of Evolutionary Biology* 19, 1727–1743.
Van Thieghem P., Douliot H., 1888. Recherches comparatives sur ¾origine des membres endogénes dans les plantes vasculaires. *Annales Des Sciences Naturelles(Botanique)* 8, 660.
van Tienderen P.H., 1991. Evolution of generalists and specialists in spatially heterogeneous environments. *Evolution* 45, 1317–1331.
Van Tienderen P.H., 1997. Generalists, specialists, and the evolution of phenotypic plasticity in sympatric populations of distinct species. *Evolution; International Journal of Organic Evolution* 51, 1372 – 1380 .
Van Valen L., 1965. Morphological variation and width of ecological niche. *Am. Nat.* 99, 377–390.
Vance C.P., Uhde-Stone C., Allan D.L., 2003. Phosphorus acquisition and use: critical adaptations by plants for securing a non-renewable resource. *New Phytologist* 157, 423–447.
Vanneste S., De Rybel B., Beemster G.T.S., Ljung K., De Smet I., Van Isterdael G., Naudts M., Iida R., Gruissem W., Tasaka M., Inze D., Fukaki H., Beeckman T., 2005. Cell Cycle Progression in the Pericycle Is Not Sufficient for SOLITARY ROOT/IAA14-Mediated Lateral Root Initiation in Arabidopsis thaliana. IN Laplaze et al, 2007. *Plant Cell* 17, 3035-3050.
Varin S., Lemauviel-Lavenant S., Cliquet J.B., Diquélou S., Michaelson-Yeates T.P.T., 2009. Functional plasticity of *Trifolium repens* L. in response to sulphur and nitrogen availability. *Plant Soil* 317, 189-200.

Verschoor A.M., Van der Stap I., Helmsing N.R., Lürling M., Van Donk E., 2004a. Inducible colony formation within the Scenedesmaceae: adaptive responses to infochemicals from two different herbivore taxa. *Journal of Phycology* 40, 808–814.

Verschoor A.M., Vos M., Van der Stap I., 2004b. Inducible defences prevent strong population fluctuations in bi- and tritrophic food chains. *Ecology Letters* 7, 1143–1148.

Via S., Gomulkiewicz R., De Jong G., Scheiner S.M., Schlichting C.D., Van Tienderen P.H., 1995. 'Adaptive Phenotypic Plasticity: Consensus and Controversy', *Trends in Ecology and Evolution* 10, 212–217.

Vitousek P.M., D'Antonio C.M., Loope L.L., Westbrooks R., 1996. Biological invasions as global environmental change. *Am. Sci.* 84, 468–478.

Volis S., Verhoeven J.F., Mendlinger S., Ward D., 2004. Phenotypic selection and regulation of reproduction in different environments in wild barley. *J. Evol. Biol.* 17, 1121-1131.

Vos M., Kooi B.W., DeAngwlis D.L., Mooij W.M., 2004a. Inducible defences and the paradox of enrichment. *Oikos* 105, 471–480.

Vos M., Verschoor A.M., Kooi B.W., Wäckers F.L., DeAngelis D.L., Mooij W.M., 2004b. Inducible defenses and trophic structure. *Ecology* 85, 2783–2794.

W

Waddington C.H., 1942. Canalization of development and the inheritance of acquired characters. *Nature* 150, 563–565.

Walch-Liu P., Forde B.G., 2008. Nitrate signaling mediated by the NRT1.1 nitrate transporter antagonises L-glutamate-induced changes in root architecture. *The Plant Journal* 54, 820–828.

Waligora C., Vian J.F., 2010. Relations racine et sol : Un monde de communications et d'équilibres. *Techniques culturales simplifiées* 57, 18-28.

Watt M., Evans J.R., 1999a. Proteoid roots. Physiology and development. *Plant Physiology* 121, 317–323.

Watt M., Evans J.R., 1999b. Linking development and determinacy with organic acid efflux from proteoid roots of white lupin grown with low phosphorus and ambient or elevated atmospheric CO_2 concentration. *Plant Physiology* 120, 705–716.

Weiher E., 1999. The combined effects of scale and productivity on species richness. *Journal of Ecology* 87, 1005-1011.

Went F.W., 1953. Gene action in relation to growth and development. 1. Phenotypic variability. *Proceedings of the National Academy of Sciences, USA* 39, 839–848.

Werner T., Motyka V., Laucou V., Smets R., Van Onckelen H., Schmulling T., 2003. Cytokinindeficient transgenic Arabidopsis plants show multiple developmental alterations indicating opposite functions of cytokinins in the regulation of shoot and root meristem activity. *Plant Cell* 15, 2532-2550.

West-Eberhard M.J., 1986. Alternative adaptations, speciation and phylogeny. *Proc. Nat. Acad. Sci. USA* 83, 1388–1392.

West-Eberhard M.J., 1989. Phenotypic plasticity and the origins of diversity. *Ann. Rev. Ecol. Syst.* 20, 249–278.

West-Eberhard M.J., 2003. Developmental Plasticity and Evolution. *Oxford University Press, Oxford.*

Whitlock M.C., 1996. The Red Queen beats the Jack-of-all Trades: The limitations on the evolution of phenotypic plasticity and niche breadth, *Am. Naturalist* 148, S65_S77.

Wigler M., Levy D., Perucho M., 1981. The somatic replication of DNA methylation. *Cell* 24, 33–40.

Wijesinghe D.K., Beurskens E.A.J.S., Hutchings M.J., 2001. Root system size and precision in nutrient foraging: responses to spatial pattern of nutrient supply in six herbaceous species. *Journal of Ecology* 89, 972–983.

Wijesinghe DK, Whigham DF., 2001. Nutrient foraging in woodland herbs: a comparison of three species of *Uvularia* (Liliaceae) with contrasting belowground morphologies. *American Journal of Botany* 88, 1071–1079.

Williams D.G., Mack R.N., Black R.A., 1995. Ecophysiology of introduced Pennisetum setaceum on Hawaii: the role of phenotypic plasticity. *Ecology* 76, 1569–1580.

Williams W., 1960. Relative variability of inbred lines and F1 hybrids in Lycopersicon esculentum. *Genetics* 45, 1457–1465.

Williamson L.C., Ribrioux S.P.C.P., Fitter A.H., Leyser H.M.O., 2001. Phosphate availability regulates root system architecture in *Arabidopsis. Plant Physiology* 126, 875-882.

Wilson R.S., Franklin C.E., 2002. Testing the beneficial acclimation hypothesis. *Trends Ecol. Evol.* 17, 66–70.

Woehrmann K., Tomiuk J., 1988. Life cycle strategies and genotypic variability in populations of aphids. *J. Genet.* 67, 43–52.

Woodward A.W., Bartel B., 2005. Auxin: Regulation, action, and interaction. *Ann Bot* 95, 707-735.

Wright S.D., McConnaughay K.D.M., 2002. Interpreting phenotypic plasticity: the importance of ontogeny. *Plant Species Biology* 17, 119-131.

Wu R., Grissom J.E., McKeand S.E., O'Malley D.M., 2004. Phenotypic plasticity of fine root growth increases plant productivity in pine seedlings. *BMC Ecology* 4, 14-20.

X

Xiong L.M., Wang R.G., Mao G.H., Koczan J.M., 2006. Identification of drought tolerance determinants by genetic analysis of root response to drought stress and abscisic acid. *Plant Physiology* 142, 1065-1074.

Z

Zhang H.M., Forde B.G., 1998. An *Arabidopsis* MADS box gene that controls nutrient-induced changes in root architecture. *Science* 279, 407–409.

Zhang H.M., Jennings A., Barlow P.W., Forde B.G., 1999. Dual pathways for regulation of root branching by nitrate. *Proceedings of the National Academy of Sciences, USA* 96, 6529–6534.

Zhang H., Forde B.G., 1998. An Arabidopsis MADS Box Gene That Controls Nutrient-Induced Changes in Root Architecture. In Nibau, 2008. *Science* 279, 407-409.

Zhang H., Jennings A., Barlow P.W., Forde B.G., 1999. Dual pathways for regulation of root branching by nitrate. In Lopez BC, 2003. *Proceedings of the National Academy of Sciences of the United States of America* 96, 6529-6534.

Zhu L.H., Welander M., Hellgren O., 1999. Growth rates and biomass production of micropropagated apple plants of M26 and Gravenstein on their own roots and in different micrografted combinations under non-limiting and limiting nutrient conditions. *Journal of Experimental Botany* 50(336), 1189-1198.

Ziska L.H., Bunce J.A., 1998. The influence of increasing growth temperature and CO_2 concentration on the ratio of respiration to photosynthesis in soybean seedling. *Global Change Biology* 4, 637-643.

REMERCIEMENTS

J'espère que par un exposé assez détaillé du concept de la Plasticité dans le monde du vivant (Tomes I, II) dans le contexte des changements globaux, des mécanismes et techniques de génie rhizosphèrique (ou rhizo-ingénieries) (Tomes II, III) et de production des composés organiques volatils d'origines microbiennes intervenant dans les dialogues moléculaires (Tomes III, IV) exploitant ce concept dans un cadre Agro-écologique, Agroforestier et Permacultural, de ses avantages et des problèmes rencontrés pour le développement et l'évolution de notre société, j'ai œuvré pour une plus grande diffusion, à la base, de ce moyen de production d'énergie, d'alimentation et d'amélioration de la santé publique qui sauvegarde à la fois la qualité de l'environnement, la fertilité des sols et notre santé, trois conditions nécessaires pour permettre aux générations futures de mieux manger et vivre avec plus d'autonomie dans un contexte de changements climatiques globaux.

Que toutes les personnes ou organismes, qui par leur apport précieux de compétences ont contribué à ce travail qui sans eux n'aurait eu aucune chance d'aboutir, reçoivent ici l'expression de ma plus profonde gratitude. Et, plus particulièrement, mes parents et les équipes belges au sein de laquelle deux ans de collaboration et les équipes françaises au sein de laquelle plus de quatre ans de collaborations ont pour une grande part permis mon travail de recherche sur la plasticité & acquisition des nutriments (principalement le fruit de mon travail de technicien-ingénieur, thèse et chercheur contractuel ; livre tome I, II, III) et d'autre part sur les composés organiques volatils (fruit de mon travail de chercheurs contractuel post doctorant présenté dans ce mémoire ; tomes III, IV et technologique).

Si des critiques sont à formuler ou des informations complémentaires à apporter sur ce qui sera dit plus loin, qu'elles m'arrivent sans crainte, elles seront les bienvenues, la qualité d'un travail de cette importance ne pouvant qu'être améliorée par une critique collective. Encore merci !

Ainsi, mon dernier souhait serait que toutes les remarques sur le contenu actuel du dossier seront les bienvenues. Soyez-en remercié à l'avance.

Sébastien Varin.

Les Flux d'informations, de matières et d'énergies au sein de l'organisme :

Livre 1 : Plasticité & Instabilité Développementale – Concept en biologie : exemple des végétaux *(Plasticity & Developmental instability – Concept in Biology: Plant example).*

Livre 2 : Ontogénèse et Variations Génétiques de l'Architecture du système racinaire des mono et dicotylédones modèles
(Ontogenesis and Genetic Variations in root system architecture of mono and dicotyledonous models).

L'Environnement et ces Flux d'informations :

Livre 3 : Rhizobactéries & PGPR émettrices de Composés Organiques Volatils et implication Agro-Ecologique
(Rhizobacteria & PGPR emitting the Volatile Organic Compounds and Implication in Agro-Ecology & permaculture).

Livre 4 : Implication des Bactéries Solvantogénes et Rhizobactéries émettrices de COV dans les Changements Globaux et La Plasticité
(Implication of Solvantogenic Bacteria and Rhizobacteria emitting the VOCs in Global Changes and Plasticity).

LISTE DES ABRÉVIATIONS

A

ABA : Acide abscissique
ABE : Acétone, Butanol, Ethanol
ACC : 1-Aminocyclopropane-1-carboxylate
ACC desaminase : 1-amino cyclopropane-1-carboxylique désaminase
acd : Accelerated cell death
ACGIH : American Conference of Governmental Industrial Hygienists
ACR : Aldéhyde/cétone réductases
ADH : Alcool déshydrogénase
ADN : Acide Desoxyribonucleique
ADNc : Acide Desoxyribonucleique complémentaire
ADP : Adénosine diphosphate
AFM :Anti-fungal metabolite ou Métabolites anti-fongiques
AFNOR : Agence Française pour la Normalisation
AFP : Anti-Freeze Proteins
AGI : *Arabidopsis* Genome Initiative
AHLs N-acyl homoserine lactones
AIA : Acide indole-3-acétique (auxine)
Al : Aluminium
AM : champignons mycorhiziens arbusculaires
ANOVA : Analysis of variance
ARF : Auxin-Responsive Factors
ARN : Acide Ribonucléique
ARNm : Acide Ribonucléique messager
ASTM : American Society for Testing and Materials
At : Arabidopsis thaliana L.
ATP : Adénosine-5'-triphosphate
Aux : Auxine voir AUX/IAA
avr : Protéine d'avirulence

B

BABA : Acide DL-3-amino-n-butyrique ou acide β-amino butyrique
BCA : Bio Control Agent
Bd : Brachypodium distachyon (L.)
BL : Brassinolide
BPC : Biphényles polychlorés

BR : Brassinostéroïdes
BRX : BREVIS RADIX
BTH : Acide benzo-(1,2,3)-thiadiazole-7- carbothioïque
BYMV : Bean yellow mosaic potyvirus ou Virus II de la mosaïque jaune du haricot

C

C : Carbone
^{11}C : Isotope stable 11 du carbone
^{13}C : Isotope stable 13 du carbone
^{14}C : Isotope stable 14 du carbone
Ca^{2+} : Ion calcium
$CaCO_3$: Carbonate de calcium
CARB : California Air Resources Board
CAS : Chemical Abstract Service
CBF : Cold Binding Factor
CCME : Conseil canadien des ministres de l'environnement
CDK : kinases cycline-dépendantes
CH_4 : Méthane radicalaire avec électron libre
CIRC : Centre international de Recherche sur le Cancer
CK : Cytokinines
CL_{50} : Concentration létale 50
CLV : CLAVATA
CO : Monoxyde de carbone
CO_2 : Dioxyde de carbone
CO_2 : Dioxyde de carbone radicalaire avec électron libre
CO_2 : Dioxyde de carbone radicalaire avec électron libre
CoA : Co-enzyme A
Col : Columbia
COLIPA : Association Européenne des produits cosmétiques et des parfums
COV : Composé Organiques Volatiles
COVM : Composé Organique Volatiles d'origines Microbiennes ou MVOCs
CS : Character stat
CSA : Cambridge Scientific Abstracts
CSI Central insecticide board
CT : X-ray computed tomography
CTFA : Cosmetics, Toiletries and Fragrances Association
Cu : Cuivre
CV : Coefficient de variation

D

d : Variation infinitésimale
Δ : Variation
DAMPs : Dammage-Associated Molecular Pattern
DAPG : 2,4-diacetylphloroglucinol
DL_{50} : Dose létale 50
DMS : Diméthyle sulfure organique
DMS : Disulfure de diméthyle

DMSP : Diméthylpropionate
dnd : defense, no death
DNPH 2,4-dinitrophenyl hydrazine
DOVE-MO : Database Of Volatiles Emitted by MicroOrganisms - base de données des substances volatiles émises par les micro-organismes
DSEO : Dose sans effet observable ou NOEL
DSSS : Dimethyltrisulfide

E

E : Environnement
EDS : Enhanced disease suceptibility
ELISA : Enzyme-Linked Immunosorbent Assay
EMS : Méthane-sulfonate d'éthyle
EPA : Agence de protection de l'environnement
ePGPR : PGPRs extracellulaires
ESPI : Environmentally Standardized Plasticity Index
EST : *expressed sequence tag*
ET : Ethylene
ETI : Effector-Triggered Immunity-Immunité secondaire
ETS : Effector-Triggered Susceptibility

F

FAO : Food and Agricultural Organization
Fe : Fer
FID : Flame ionisation detector-Détecteur à ionisation de flamme
FNRS : Fonds de la Recherche Scientifique

G

G : Génotype
GA : Gibbérelline ou acide gibbérellique
GC : Gas chromatography-Chromatographie en phase Gazeuse à haute résolution
GC/MS : Chromatographie en gazeuse couplée à de la spectrométrie de masse ou Gaz Chromatography/Mass Spectrometry
Glc : Glucose
::GUS : Transposon associé à un gène rapporteur GUS

H

H^+ : Ion proton
H_2 : Dihydrogène
H_2O : Eau
H_2O_2 : Peroxyde d'hydrogène radicalaire avec electron libre
H_2O_2 : Peroxyde d'hydrogène
H_2PO^{4-} : Anion Phosphate soluble monobasique
H_2S : Sulfure d'hydrogène
HCN : Cyanure
HCO_3^- : Ion bicarbonate radicalaire avec électron libre

$HO_2^{\cdot-}$: Radicalhydroperoxyle radicalaire avec électron libre
HPO_4^{2-} : Anion phosphate soluble diabasique radicalaire avec électron libre

I

IAA ou AIA : acide 3-indole acétique
IARC International Agency for Research on Cancer
IBE : Isopropanol, Butanol, Ethanol
IFRA : International Fragrance Association
IL : couche intérieure
INA : Acide 2,6- dichloroisonicotinique
INRA : Institut National de la Recherche Agronomique (France)
iPGPR : PGPRs intracellulaires
ISR Induced systemic resistance
ISR : Resistance Systémique Induite
IST : Information Scientifique et Technique
IUPAC : International Union of Pure and Applied Chemistry

J

JA : Acide jasmonique ou jasmonate

K

K : Potassium
K^+ : Cation Potassium
KOH : Hydroxyde de potatium (Patasse)

L

LAR : Leaf Area Ratio-Rapport de Surface Foliaire
LC50 : Lethal concentration for 50 % of the animals at single exposure
LCLo : Lowest observed lethal concentration
LD50 : Lethal dose for 50 % of the exposed animals at single administration
LEP : Limites d'exposition professionnelle
LMR : Leaf Mass Ratio-Rapport de Biomasse Foliaire
LOEL : Lowest observed effect level
LOX : Lipoxygenase
LPS : Lipopolysaccharides
LR : Lateral Root-racines latérales
LRP ou PRL : Lateral Root Primordium -tissus
LTP : Lipid Transfer Protein

M

MAK Maximale Arbeitsplatz-Konzentration
MAMPs : Microbial-Associated Molecular Pattern
MAP : Mitogen-Activated Protein
MAPK : Mitogen-activated protein kinase
MAPKKK : MAPK kinase kinase

MAPKs : Mitogen-Activated Protein Kinases
MeJA : Methyljasmonate (en solution aqueuse) ou acide méthyl jasmonique
MELISA : Dosage des lymphocytes mémoire d'une Immunostimulation
Mg : Magnésium
Mg^{2+} : Anion Magnésium
MGM : Microorganismes génétiquement modifiés
Mn : Manganèse
MO : Matière Organique
MOS : Matière Organique du Sol
MP : MONOPTEROS
MPS : Phosphate solubilizing microorganisms
MR-VP : Méthyl-Rouge-Voges-Proskauer
MS : Mass spectrometry-spectrométrie de masse
MS : Murashige & Skoog
MVOCs : Microbial Volatile Organic Compounds

N

N : Azote
N_2 : Diazote
N_2 : Diazote avec un électron libre forme radicalaire
NADH : Nicotinamide Adénine Dinucléotide
NADP : Nicotinamide Adénine Dinucléotide Phosphate oxydé
NADPH : Nicotinamide Adénine Dinucléotide Phosphate réduit
NahG : Salicylate hydroxylase
NaOH : Hydroxyde de sodium (soude)
NAR : Net Assimilation Rate-Taux d'Assimilation Net
NCMS : National Center for Manufacturing Sciences
NH_3 : Ammoniac radicalaire avec électron libre
NH_4^+ : Ammonium radicalaire avec électron libre
NH_4^+ : Cation ammonium
NH_4OH : Hydroxyde d'azote
NO : Monoxyde d'azote
NO_3^- : Anion nitrate radicalaire avec électron libre
NO_3^-: Ion nitrate
NO_3^{2-} : nitrate radicalaire avec électron libre
NOEL : de l'anglais *No Observed Effect Level* ou DSEO
NoR : Norme de réaction
NO_x : Oxydes d'azote
NPA : Acide **N**-(1-naphtyl) **p**htal**a**mique
NPR-1 : Non-expressor of PR-1
NTP : United States National Toxicology Program
NUE : Nitrogen Use Efficiency

O

O_3 : Ozone
OEL Occupational exposure limit
OGM : Organismes génétiquement modifiés
OH^- : Ions hydroxyle

OH$^-$: Radicalhydroxyle
OL : Couche extérieure
ONU : Organisation des Nations Unies
OPDA : Acide 12-oxo-phytodiènoïque

P

P : Phosphate
PAL Phenylalanine ammonia-lyase
PAMPs : Pathogenic-Associated Molecular Pattern
Pb : Plomb
PCBs Polychlorinated biphenyls
PCR : Polymerase Chain Reaction
PDI : Pourcentage d'incidence des maladies
pdr : A phosphate deficiency response
PEG : Poly Ethylène Glycol
PEP : Phosphoénolpyruvate
PGPB : Plant Growth Promoting Bacterium
PGPF : Plant Growth Promoting Fungus
PGPM : Plant Growth Promoting Microorganism
PGPR : Plant Growth Promoting Rhizobacteria - Rhizobactéries promotrice de croissance des plantes
PGPY : Plant Growth Promoting Yeast
Pi : phosphate inorganique
PID : PINOID
PLT : PLETHORA
PMN : Polymorphonuclear neutrophil
PNN : Polynucléaires neutrophiles
PO Peroxidise
PO : Peroxydase
Po : Plasticité ontogénétique
PO_4^{2-} : Phosphates inorganiques radicalaire avec électron libre
PO_4^{3-}: Phosphate
PP : Pyrophosphate
Pp : Plasticité phénotypique
Ppm : Parties par millions
PPO : Polyphénol oxydase
PR : Pathogenesis Related
PRRs : Pattern-Recognition Receptor
PTI : PAMP Triggered Immunity-Immunité primaire
PTR-MS : Réactions transfert de proton/spectrométrie de masse
PYG : Peptone-Yeast-Glucose

Q

QC : Centre quiescent
QS Quorum sensing
QTL : Quantitative Trait Locus
QTLs : Quantitative trait loci
QTN : Quantitative Trait Nucleotide

R

r : Taux de croissance
R : Protéine de résistance
RD50 : Concentration associated with a 50 % decrease in the respiratory rate
RDPI : Relative Distance Plasticity Index
RFLP Restriction fragment length polymorphism
RGR : Relative Growth Rate-taux de croissance relatif
RH : Réaction d'hypersensibilité
RIL : Recommended indoor air level-niveau d'air intérieur recommandé
RMN : Résonance magnétique nucléaire
RN : Register Number
ROS : Reactive Oxygen Species-espèce reactive de l'oxygène
RRLC : Rapid resolution liquid chromatography-chromatographie liquide à haute résolution rapide
RSA : Root System Architecture-architecture du système racinaire
RZT Root zone temperature

S

S : Soufre
SA : Acide salicylique
SAR : Resistance Systèmique Acquise
SAUR : Small auxin up RNA
SESI-MS : pulvérisation secondaire d'électrons permettant la ionisation/spectrométrie de masse
SID : Salicylic-acid-induction deficient
SIFT-MS : Sélection de flux d'ions tube/spectrométrie de masse
SLA : Specific Leaf Area-Surface Foliaire Spécifique
SO_4^{2-}: Sulfate
SO_x : Oxydes de soufre radicalaire avec électron libre
SPAK : *Self-Pruning associated k inase*
SPME : Solid-phase microextraction - Micro-extraction en phase solide
SRL : Specific Root Length- longueur racinaire spécifique
STEL : Short-term exposure limit
STM : SHOOTMERISTEMLESS
STS : Stilbène synthase
SO_4^{2-}: Sulfate

T

t : Temps
TDM : Tomodensitométrie
TLV®: Threshold limit value
TOXNET : Bases de données toxicologie et santé environnementale
TWA : Time weighted average

U

Ulg : Université de Liégé
UNESCO :
UV : Radiation Ultra Violette

V

V : Variance
VE : Variation d'origine environnementale
VG : Variation d'origine génétique
VLE : Valeurs limites d'exposition
VLEP : Valeur limites d'exposition professionnelle ou Occupational exposure limits OEL
VOC : Volatile Organique Compounds

W

W : Poids sec ou masse sèche
WHO : Organisation mondiale de la Santé
WUS : WUSCHEL

Y

y : Correspond à un trait
YCF1 : Yeast cadmium factor protein

Z

Zn : Zinc

TABLE DES MATIÈRES

L'HARMATTAN ITALIA
Via Degli Artisti 15; 10124 Torino
harmattan.italia@gmail.com

L'HARMATTAN HONGRIE
Könyvesbolt ; Kossuth L. u. 14-16
1053 Budapest

L'HARMATTAN KINSHASA
185, avenue Nyangwe
Commune de Lingwala
Kinshasa, R.D. Congo
(00243) 998697603 ou (00243) 999229662

L'HARMATTAN CONGO
67, av. E. P. Lumumba
Bât. – Congo Pharmacie (Bib. Nat.)
BP2874 Brazzaville
harmattan.congo@yahoo.fr

L'HARMATTAN GUINÉE
Almamya Rue KA 028, en face
du restaurant Le Cèdre
OKB agency BP 3470 Conakry
(00224) 657 20 85 08 / 664 28 91 96
harmattanguinee@yahoo.fr

L'HARMATTAN MALI
Rue 73, Porte 536, Niamakoro,
Cité Unicef, Bamako
Tél. 00 (223) 20205724 / +(223) 76378082
poudiougopaul@yahoo.fr
pp.harmattan@gmail.com

L'HARMATTAN CAMEROUN
TSINGA/FECAFOOT
BP 11486 Yaoundé
699198028/675441949
harmattancam@yahoo.com

L'HARMATTAN CÔTE D'IVOIRE
Résidence Karl / cité des arts
Abidjan-Cocody 03 BP 1588 Abidjan 03
(00225) 05 77 87 31
etien_nda@yahoo.fr

L'HARMATTAN BURKINA
Penou Achille Some
Ouagadougou
(+226) 70 26 88 27

L'HARMATTAN SÉNÉGAL
10 VDN en face Mermoz, après le pont de Fann
BP 45034 Dakar Fann
33 825 98 58 / 33 860 9858
senharmattan@gmail.com / senlibraire@gmail.com
www.harmattansenegal.com

Achevé d'imprimer par Corlet Numérique - 14110 Condé-sur-Noireau
N° d'Imprimeur : 136174 - Dépôt légal : février 2017 - *Imprimé en France*

www.ingramcontent.com/pod-product-compliance
Lightning Source LLC
LaVergne TN
LVHW011256061026
849535LV00005B/1284
* 9 7 8 2 3 4 3 1 0 0 4 6 3 *